环境应急响应实用手册

（2013）

环境保护部环境应急指挥领导小组办公室　编

中国环境出版社·北京

图书在版编目（CIP）数据

环境应急响应实用手册. 2013 / 环境保护部环境应急指挥领导小组办公室编. ——北京：中国环境出版社，2013.3
ISBN 978-7-5111-1162-3

Ⅰ. ①环… Ⅱ. ①环… Ⅲ. ①化学物质——环境污染事故——应急对策——手册 Ⅳ. ①X507-62

中国版本图书馆 CIP 数据核字（2012）第 241649 号

出 版 人　王新程
责任编辑　黄晓燕　侯华华
文字编辑　袁彦婷
责任校对　唐丽虹
封面设计　金　喆

出版发行　中国环境出版社
　　　　　（100062　北京市东城区广渠门内大街 16 号）
　　　　　网　址：http://www.cesp.com.cn
　　　　　电子邮箱：bjgl@cesp.com.cn
　　　　　联系电话：010-67112765（编辑管理部）
　　　　　　　　　　010-67112735（环评与监察图书出版中心）
　　　　　发行热线：010-67125803，010-67113405（传真）
印　　刷　北京市联华印刷厂
经　　销　各地新华书店
版　　次　2013 年 3 月第 1 版
印　　次　2013 年 3 月第 1 次印刷
开　　本　880×1230　1/32
印　　张　9.25
字　　数　300 千字
定　　价　45.00 元

编 委 会

序

党的十八大报告把生态文明建设纳入中国特色社会主义事业五位一体的总体布局，提出推进生态文明，建设美丽中国，实现中华民族永续发展，实现了党的执政兴国理念和实践的重大创新。

环境保护是生态文明建设的主阵地和根本措施。生态文明建设面临的繁重任务和巨大压力，决定了它不可能一蹴而就，需要坚持不懈地努力。当前我国工业化、城镇化加速发展，重化工行业占国民经济比重较大，经济增长方式比较粗放，行业企业的结构性、布局性环境风险还比较突出，突发环境事件高发态势仍未从根本上得到遏制，形势依然严峻。

国家环境保护"十二五"规划明确提出，要加强环境风险防控，切实解决突出环境问题。面对新形势、新任务、新挑战，我们必须深入学习贯彻落实党的十八大精神，积极探索创新环境应急管理模式，整合资源、形成合力，有效防范和应对突发环境事件，努力让人民群众喝上干净的水、呼吸清洁的空气、吃上放心的食物，在良好的环境中生产生活。

环境保护部应急办和基层环保部门有关同志编写的《环境应急响应实用手册（2013）》，是近几年突发环境事件应急处置工作的总结，对环境应急管理工作具有较强的指导性。该书的出版，对于提高突发环境事件应急响应效率和环境应急管理水平，最大限度地避免或减少突发环境事件的影响及损失具有重要意义。

前　言

　　为更好地指导环保部门应对化学品突发环境事件，加大公众自救互救常识宣传普及力度，确保一旦有事，能够快速反应、高效运转、临事不乱，环境保护部应急指挥领导小组办公室编写了《环境应急响应实用手册（2013）》。该手册的编辑围绕化学物质的特性，立足环境应急管理的角度，以实用性为主要原则，引用了我国现行的相应国家标准，提供了应对突发环境事件的相关信息，方便使用者查询。

　　该手册主要内容包括两大部分。第一部分列举了近年来在我国突发环境事件中出现的 149 种化学物质，并划分为无机物和有机物两节内容；第二部分筛选了我国目前产用量最大的化学物质中的 82 种毒性大、环境风险高的化学物质。手册对这两部分化学物质的理化性质、环境标准、毒理学资料、应急措施、主要用途和事件信息进行了系统阐述，具有较强的针对性和实用性，供各级环保部门参考。

　　由于篇幅和时间限制，一些化学物质的有关资料尚未收录其中，如果有更多需求或意见建议请发邮件至 epi@12369.gov.cn。

环境保护部应急指挥领导小组办公室
二〇一二年十二月

目　录

一、几点说明

　　本书筛选了 231 种常用化学物质，其中 149 种在突发环境事件中出现过，其他 82 种是从全国化学品检查结果使用量、储存量最大的 500 种中筛选出来的。本书列举了其理化性状、急救措施与泄漏处置方法，提供了应对突发环境事件的相关信息，供各级环保部门参考。

（一）选择原则

　　发生过突发环境事件，或者具备以下特征的化学品：
- ➢ 有毒有害或者本身虽毒性较小，但受热或遇酸碱等其他物质易产生有毒有害的新物质；
- ➢ 易燃易爆或具有强腐蚀性；
- ➢ 生产、运输、储存、使用量大；
- ➢ 易流失到环境中并造成环境污染。

（二）主要内容

　　本书对化学品的介绍主要包括以下内容：
　　（1）标识：包括化学名、英文名、常用名以及 CAS 号。
　　（2）理化特性：包括外观性状、分子式、分子量、相对密度、熔点、沸点、蒸气压、溶解性。
　　（3）稳定性和危险性。
　　（4）环境标准：包括环境质量标准、排放标准和卫生标准。
　　（5）毒理学资料：包括急性毒性、急性中毒表现、亚急性毒性、慢性毒性。
　　（6）应急措施：包括现场急救、泄漏处理、消防措施。
　　（7）主要用途。
　　（8）事件信息。

（三）参考标准

本部分所引用的标准值，除注明国别者外，均为我国现行的相应国家标准中规定的有关限值。（注：有时间段的标准选择高值）

工作场所有害因素职业接触限值　化学有害因素	GB Z 2.1—2007
工作场所有害因素职业接触限值　物理因素	GB Z 2.2—2007
恶臭污染物排放标准	GB 14554—93
大气污染物综合排放标准	GB 16297—1996
生活饮用水卫生标准	GB 5749—2006
地表水环境质量标准	GB 3838—2002
渔业水质标准	GB 11607—89
农田灌溉水质标准	GB 5084—2005
污水综合排放标准	GB 8978—1996
地下水质量标准	GB/T 14848—93
海水水质标准	GB 3097—1997
土壤环境质量标准	GB 15618—1995
城镇垃圾农用控制标准	GB 8172—87
工业企业设计卫生标准	GBZ 1—2010

（四）英文缩写说明

（1）LC（Lethal Concentration）致死浓度

（2）LC_{50}（Median Lethal Concentration）半数致死浓度

（3）LC_{100}（Absolute Lethal Concentration）绝对致死浓度

（4）LC_{Lo}（Lethal Concentration Lowest）最小致死浓度

（5）LD（Lethal Dose）致死剂量

（6）LD_{50}（Median Lethal Dose）半数致死剂量

（7）LD_{100}（Absolute Lethal Dose）绝对致死剂量

（8）LD_{Lo}（Lethal Dose Lowest）最小致死剂量

（9）MTL（Median Tolerance Limit）半数耐受限度

（10）TL（Tolerance Limit）耐受限度

（11）CAS（Chemical Abstract Service）美国化学文摘对化学物质登录的检索服务号

二、已发生事故化学品应急防护与处置方法

（一）无机物

1．三氧化硫：CAS 7446-11-9

品名	三氧化硫	别名		硫酸酐	英文名	Sulfur trioxide
理化性质	分子式	SO_3	分子量	80.06	熔点	16.8℃
	沸点	44.8℃	相对密度	（水=1）：1.97 （空气=1）：2.8	蒸气压	37.32 kPa（25℃）
	外观性状	针状固体或液体，有刺激性气味				
	溶解性	溶于水				
稳定性和危险性	稳定性：容易分解。 危险性：与水发生爆炸性剧烈反应。与氧气、氟、氧化铅、次亚氯酸、过氯酸、磷、四氟乙烯等接触剧烈反应。与有机材料如木、棉花或草接触，会着火。吸湿性极强，在空气中产生有毒的白烟。遇潮时对大多数金属有强腐蚀性。					
环境标准	中国车间空气最高容许浓度（mg/m^3）：2； 前苏联车间空气最高容许浓度（mg/m^3）：1。					
毒理学资料	侵入途径：吸入、食入。 健康危害：其毒表现与硫酸同。对皮肤、黏膜等组织有强烈的刺激和腐蚀作用。可引起结膜炎、水肿、角膜混浊，以致失明；引起呼吸道刺激症状，重者发生呼吸困难和肺水肿；高浓度引起喉痉挛或声门水肿而死亡。口服后引起消化道的烧伤以至溃疡形成。严重者可能有胃穿孔、腹膜炎、喉痉挛和声门水肿、肾损害、休克等。 慢性影响有牙齿酸蚀症、慢性支气管炎、肺气肿和肺硬化。					

应急措施	急救措施	皮肤接触：立即脱去污染的衣着，用大量流动清水冲洗至少15 min。就医。 眼睛接触：立即提起眼睑，用大量流动清水或生理盐水彻底冲洗至少15 min。就医。 吸入：迅速脱离现场至空气新鲜处。保持呼吸道通畅。如呼吸困难，给输氧。如呼吸停止，立即进行人工呼吸。就医。 食入：用水漱口，给饮牛奶或蛋清。就医。
	泄漏处置	迅速撤离泄漏污染区人员至安全区，并立即隔离150 m，严格限制出入。建议应急处理人员戴自给正压式呼吸器，穿防酸碱工作服。尽可能切断泄漏源。 若是液体，用泵转移至槽车或专用收集器内，回收或运至废物处理场所处置。 若是固体，用洁净的铲子收集于干燥、洁净、有盖的容器中。 小量泄漏：用沙土、蛭石或其他惰性材料吸收； 大量泄漏：构筑围堤或挖坑收容。
	消防方法	本品不燃。消防人员必须佩戴过滤式防毒面具（全面罩）或隔离式呼吸器、穿全身防火防毒服，在上风向灭火。尽可能将容器从火场移至空旷处。喷水保持火场容器冷却，直至灭火结束。灭火时尽量切断泄漏源，然后根据着火原因选择适当灭火剂灭火。禁止用水和泡沫灭火。
主要用途		有机合成磺化剂。
事件信息		2011年9月4日17:30分左右，一辆给沧县建新化工厂运输三氧化硫的罐车卸车后，在吹扫残留三氧化硫过程中车上配备的法兰垫撕裂发生三氧化硫泄漏。事故造成的中毒病人197余人，情况较重的40余人。 处置措施情况：接到报告后，市县政府领导高度重视，沧县县政府有关领导第一时间赶赴现场，指导事故处理工作，并立即启动应急预案，市县环保、安监、公安、消防等相关部门立即采取堵漏、疏散人员、现场管制等措施进行处置；20:30分，泄漏成功封堵，疏散群众安全返回。同时，县政府责成沧县建新化工厂立即停产整顿，并在全县范围内组织开展安全生产大检查，坚决杜绝此类事故发生。 市政府应急办与新闻办及时将情况通报各新闻媒体。沧州市政府组织各医院全力做好伤员救治工作同时，加大宣传力度，张官屯乡政府向周边群众发放明白纸，密切关注周边群众的身体状况，对事故引起身体不适的群众，及时采取治疗措施并做好安抚工作，有效避免了群众恐慌情况的发生。 沧县县政府成立了由安监、公安、环保、卫生、交通、工会、监察局等部门组成的事故调查组和善后工作领导小组，积极做好事故调查处理和善后处理工作。

2. 五氧化二钒：CAS 1314-62-1

品名	五氧化二钒	别名		钒酸酐	英文名	Vanadium pentoxide
理化性质	分子式	V_2O_5	分子量	182.00	熔　点	690℃
	沸　点	1 750℃	相对密度	（水=1）：3.35	蒸气压	
	外观性状	橙黄色或红棕色结晶粉末				
	溶解性	微溶于水，不溶于乙醇，溶于浓酸、碱				
稳定性和危险性	稳定性：稳定。 危险性：不燃。与三氟化氯、锂接触剧烈反应。 有害燃烧产物：可能产生有害的毒性烟雾。					
环境标准	中国（TJ 36—79）车间空气中有害物质的最高容许浓度　0.1 mg/m³[烟]； 　　　　　　　　　　　　　　　　　　　　　　　　　　0.5 mg/m³[粉尘] 前苏联（1977）大气质量标准　0.02 mg/m³					
毒理学资料	急性毒性：大鼠经口半数致死剂量（LD_{50}）：10 mg/kg　LC_{50}：无资料 侵入途径：吸入、食入、经皮吸收。 健康危害：对呼吸系统和皮肤有损害作用。急性中毒：可引起鼻、咽、肺部刺激症状，接触者出现眼烧灼感、流泪、咽痒、干咳、胸闷、全身不适、倦怠等表现，重者出现支气管炎或支气管肺炎。皮肤高浓度接触可致皮炎，剧烈瘙痒。慢性中毒：长期接触可引起慢性支气管炎、肾损害、视力障碍等。					
应急措施	急救措施	皮肤接触：立即脱去污染的衣着，用大量流动清水冲洗。就医。 眼睛接触：提起眼睑，用流动清水或生理盐水冲洗。就医。 吸入：迅速脱离现场至空气新鲜处。保持呼吸道通畅。如呼吸困难，给输氧。如呼吸停止，立即进行人工呼吸。就医。 食入：饮足量温水，催吐。就医。				
	泄漏处置	隔离泄漏污染区，限制出入。建议应急处理人员戴自给正压式呼吸器，穿防毒服。避免扬尘，小心扫起，置于袋中转移至安全场所。若大量泄漏，用塑料布、帆布覆盖。收集回收或运至废物处理场所处置。				
	消防方法	消防人员必须穿全身防火防毒服，在上风向灭火。灭火时尽可能将容器从火场移至空旷处。				
主要用途	广泛用于有机合成工业及硫酸工业中，也用做玻璃搪瓷着色剂，磁性材料。					
事件信息	2008年10月14日，网络上出现"湖北监利遭受钒污染，千人同患皮肤病"消息，环保部工作组赴监利调查处理。经调查，此次群众所患疾病是由棉花中昆虫及其毒物引起的接触性（过敏性）皮炎，经治疗所有患者痊愈，无新增病例。监利县9家五氧化二钒冶炼企业是违法建设的私营企业，均受到查处。					

3. 五氧化二磷：CAS 1314-56-3

品名	五氧化二磷	别名	磷酸酐、五氧化磷	英文名	Phosphorus pentoxide
理化性质	分子式	P_2O_5	分子量	141.94	熔点	563℃
	沸点		相对密度	2.39	蒸气压	0.13 kPa/384℃
	外观性状	白色粉末，不纯品为黄色粉末，易吸潮
	溶解性	不溶于丙酮、氨水，溶于硫酸

稳定性和危险性	稳定性：稳定。 危险性：接触有机物有引起燃烧危险。受热或遇水分解放热，放出有毒的腐蚀性烟气。具有强腐蚀性。
环境标准	中国车间空气最高容许浓度（mg/m^3）：1； 前苏联车间空气最高容许浓度（mg/m^3）：1。
监测方法	钼酸铵比色法。
毒理学资料	急性毒性： 大鼠吸入半数致死浓度（LC_{50}）：1 217 mg/m^3，1 h
安全防护措施	工程控制：密闭操作，注意通风。尽可能机械化、自动化。 呼吸系统防护：可能接触其粉尘时，必须佩戴防毒面具或供气式头盔。紧急事态抢救或逃生时，建议佩戴自给式呼吸器。 眼睛防护：必要时戴安全防护眼镜。 身体防护：穿工作服（防腐材料制作）。 手防护：戴橡皮手套。 其他防护：工作后，淋浴更衣。单独存放被毒物污染的衣服，洗后再用。保持良好的卫生习惯。

应急措施	急救措施	皮肤接触：尽快用软纸或棉花等擦去毒物，继之用 3%碳酸氢钠液浸泡。然后用水彻底冲洗。就医。脱去并隔离被污染的衣服和鞋。对少量皮肤接触，避免将物质播散面积扩大。在医生指导下擦去皮肤已凝固的熔融物。注意患者保暖并且保持安静。 眼睛接触：尽快用软纸或棉花等擦去毒物，然后用水彻底冲洗。就医。 吸入：迅速脱离现场至空气新鲜处。必要时进行人工呼吸。就医。如果呼吸困难，给予吸氧。 食入：误服者立即漱口，给饮牛奶或蛋清。就医
	泄漏处置	隔离泄漏污染区，周围设警告标志，建议应急处理人员戴好防毒面具，穿化学防护服。不要直接接触泄漏物，勿使泄漏物与可燃物质（木材、纸、油等）接触，禁止向泄漏物直接喷水，更不要让水进入包装容器内。小心扫起，以少量加入大量水中，调节至中性，再放入废水系统。如果大量泄漏，在技术人员指导下清除。
	消防方法	灭火剂：沙土、干粉。禁止用水。如果该物质或被污染的流体进入水路，通知有潜在水体污染的下游用户，通知地方卫生、消防官员和污染控制部门。在安全防爆距离以外，使用雾状水冷却暴露的容器。
主要用途		用作干燥剂、脱水剂，用于制造高纯度磷酸、磷酸盐及农药等。
事件信息		2002 年 7 月 2 日凌晨 3 点，四川省攀枝花市川投电冶有限公司黄磷厂的泥磷池围墙突然垮塌，泥磷遇火燃烧发生火灾，造成严重的空气污染，据当地环保部门监测，主要污染物是可吸入颗粒物和五氧化二磷，其中五氧化二磷遇水蒸气产生磷酸，事故发生后，当地政府采取果断措施，立即组织消防、环保、卫生等部门赶赴现场，除了扑灭火源外，还进行了人工降雨等措施。截至 7 月 3 日晚上，市区内空气基本恢复正常。

4. 五硫化二磷：CAS 1314-80-3

品名	五硫化二磷		别名	五硫化磷	英文名	Phosphorus pentasulfide
理化性质	沸　点	514℃	相对密度	（水=1）：2.03	蒸气压	0.13 kPa（300℃）
	外观性状	灰色到黄绿色结晶，有似硫化氢的气味				
	溶解性	微溶于二硫化碳，溶于氢氧化钠水溶液				
稳定性和危险性	稳定性：干燥时稳定。 危险性：遇明火、高热、摩擦、撞击有引起燃烧的危险。受热分解，放出磷、硫的氧化物等毒性气体。燃烧时放出有毒的刺激性烟雾。与潮湿空气接触会发热以至燃烧。与大多数氧化剂如氯酸盐、硝酸盐、高氯酸盐或高锰酸盐等组成敏感度极高的爆炸性混合物。遇水或潮湿空气分解成有腐蚀和刺激作用的磷酸及硫化氢气体。 有害燃烧产物：氧化磷、磷烷、硫化氢、氧化硫。					
环境标准	PC-TWA 1 PC-STEL 3					
毒理学资料	侵入途径：吸入、食入。 健康危害：对眼、呼吸道及皮肤有刺激性。 急性毒性：大鼠经口半数致死剂量（LD$_{50}$）：389 mg/kg；LC$_{50}$：无资料。					
应急措施	急救措施	皮肤接触：脱去污染的衣着，用肥皂水和清水彻底冲洗皮肤。 眼睛接触：提起眼睑，用流动清水或生理盐水冲洗。就医。 吸入：迅速脱离现场至空气新鲜处。保持呼吸道通畅。如呼吸困难，给输氧。如呼吸停止，立即进行人工呼吸。就医。 食入：饮足量温水，催吐。就医。				
	泄漏处置	隔离泄漏污染区，限制出入。切断火源。建议应急处理人员戴自给正压式呼吸器，穿化学防护服。不要直接接触泄漏物。 小量泄漏：用干燥的沙土或石灰覆盖，收集于干燥、洁净、有盖的容器中，转移至安全场所。 大量泄漏：用塑料布、帆布覆盖。与有关技术部门联系，确定清除方法。				
	消防方法	消防人员必须穿全身防火防毒服，在上风向灭火。 灭火剂：二氧化碳、干粉、沙土。				

主要用途	制造润滑油添加剂的中间体，也用于制造杀虫剂和浮选剂。
事件信息	2008 年 9 月 22 日凌晨，湖北省阳新县木港镇的驰顺化工厂在试生产期间废水处理设施出现故障，废水经 13 km 排污管道（5 个排洪阀）进入西湖港。该厂主要生产农药中间体（甲基一氯化物），生产原料主要有五硫化二磷、乙醇、氯气。事故发生地下游富河主要为农业灌溉用水，没有集中式饮用水水源地。 处置措施：事故发生后，阳新县环保局迅速派出应急人员赶到现场进行调查和应急监测，一是责令企业立即停止生产；二是在该废水排放口设置围堰进行拦截；三是立即将废水处理池中废水排入事故应急池。

5. 四氯化钛：CAS 7550-45-0

品名	四氯化钛	别名		氯化钛	英文名	Titanium tetrachloride
理化性质	分子式	$TiCl_4$	分子量	189.71	熔　点	−25℃
	沸　点	136.4℃	相对密度	（水=1）：1.73	蒸气压	1.33 kPa（21.3℃）
	外观性状	无色或微黄色液体，有刺激性酸味；在空气中发烟				
	溶解性	溶于冷水、乙醇、稀盐酸				
稳定性和危险性	稳定性：不稳定。 危险性：受热或遇水分解放热，放出有毒的腐蚀性烟气。 燃烧（分解）产物：氯化物、氧化钛。					
环境标准	前苏联　车间空气中有害物质的最高容许浓度　1 mg/m³					
毒理学资料	侵入途径：吸入、食入。 健康危害：皮肤直接接触液态四氯化钛可引起不同程度的灼伤。其烟尘对呼吸道黏膜有强烈刺激作用。轻度中毒有喘息性支气管炎，严重者出现呼吸困难、呼吸脉搏加快、体温升高、咳嗽等，可发展成肺水肿。 毒性：属高毒类。 急性毒性：大鼠吸入半数致死浓度（LC_{50}）：400 mg/m³。					

应急措施	急救措施	皮肤接触：尽快用软纸或棉花等擦去毒物，然后用水彻底冲洗。若有灼伤，就医治疗。 眼睛接触：立即提起眼睑，用流动清水冲洗 10 min 或用 2%碳酸氢钠溶液冲洗。就医。 吸入：迅速脱离现场至空气新鲜处。保持呼吸道通畅。呼吸困难时给输氧。给予 2%～4%碳酸氢钠溶液雾化吸入。就医。 食入：患者清醒时立即漱口，给饮牛奶或蛋清。立即就医。
	泄漏处置	疏散泄漏污染区人员至安全区，禁止无关人员进入污染区，建议应急处理人员戴正压自给式呼吸器，穿化学防护服。不要直接接触泄漏物，在确保安全情况下堵漏。喷水雾减慢挥发（或扩散），但不要对泄漏物或泄漏点直接喷水。将地面撒上苏打灰，然后用大量水冲洗，经稀释的洗水放入废水系统。如果大量泄漏，最好不用水处理，在技术人员指导下清除。
	消防方法	灭火剂：干粉、沙土。禁止用水。
主要用途		用于制造钛盐、虹彩剂、人造珍珠、烟幕、颜料、织物媒染剂等。
事件信息		2007 年 5 月 15 日凌晨，一辆装载四氯化钛的运输车辆因阀门老化发生泄漏，近 20 t 液态四氯化钛在京珠高速公路 645 km 处（新乡市原阳境内）沿高速公路下水道口流到桥下，并与空气接触生成白色酸雾弥漫在高速公路周围，酸雾沿风向绵延长达近百米，造成事发地下风向大片农田受污染。 处置措施：一是封堵损坏的阀门；二是采用中和和填埋方式处置泄漏物，调集石灰和铲车调取附近干土对泄漏物进行中和并填埋；三是开展应急监测。

6. 四氯化硅：CAS 10026-04-7

品名	四氯化硅	别名			英文名	Silicon tetrachloride
理化性质	分子式	$SiCl_4$	分子量	169.90	熔点	−70℃
	沸点	57.6℃	相对密度	（水=1）：1.48 （空气=1）：5.86	蒸气压	55.99 kPa（37.8℃）
	外观性状	无色或淡黄色发烟液体，有刺激性气味，易潮解				
	溶解性	可混溶于苯、氯仿、石油醚等多数有机溶剂				
稳定性和危险性	稳定性：稳定。 危险性：受热或遇水分解放热，放出有毒的腐蚀性烟气。 燃烧（分解）产物：氯化氢、氧化硅。					

环境标准	前苏联（1975）车间卫生标准 5 mg/m³	
毒理学资料	急性毒性： 大鼠经口半数致死浓度（LC_{50}）：54 640 mg/kg	
应急措施	急救措施	皮肤接触：立即脱去污染的衣着，用流动清水冲洗 15 min。若有灼伤，就医治疗。 眼睛接触：立即提起眼睑，用流动清水冲洗 10 min 或用 2%碳酸氢钠溶液冲洗。 吸入：迅速脱离现场至空气新鲜处。注意保暖，保持呼吸道通畅。必要时进行人工呼吸。就医。 食入：患者清醒时立即漱口，给饮牛奶或蛋清。立即就医。
	泄漏处置	疏散泄漏污染区人员至安全区，禁止无关人员进入污染区，建议应急处理人员戴自给式呼吸器，穿化学防护服。不要直接接触泄漏物，勿使泄漏物与可燃物质（木材、纸、油等）接触，在确保安全情况下堵漏。喷水雾减慢挥发（或扩散），但不要对泄漏物或泄漏点直接喷水。将地面撒上苏打灰，然后用大量水冲洗，经稀释的洗水放入废水系统。如果大量泄漏，最好不用水处理，在技术人员指导下清除。
	消防方法	灭火剂：干粉、沙土。禁止用水。
主要用途	用于制取纯硅、硅酸乙酯等，也用于制取烟幕剂。	
事件信息	2010 年 3 月 8 日，上海翔骏光纤电子材料有限公司由于蒸气加热时管道老化开裂，造成四氯化硅泄漏，与水接触发生化学反应，产生刺激性气体，遇雨产生氯气和氯化氢气体的雾化。 　　处置措施：一是用粉状水泥对泄漏管道进行了覆盖，实施对泄漏点的封堵；二是对地面残留物作中和、吸附处理；三是开展应急监测。	

7. 发烟硫酸：CAS 8014-95-7

品名	发烟硫酸	别名	浓硫酸	英文名	Sulphuric acid fuming
理化性质	分子式	$H_2SO_4 \cdot xSO_3$	分子量	$98+80x$	熔 点	4.0℃
	沸 点	99℃（40%）	相对密度	（水=1）：1.99	蒸气压	
	外观性状	无色或微有颜色的稠厚液体				
	溶解性	与水混溶				
稳定性和危险性	稳定性：性质不稳定，遇水会反应生成硫酸。 危险性：遇水大量放热，可发生沸溅。与易燃物（如苯）和可燃物（如糖、纤维素等）接触会发生剧烈反应，甚至引起燃烧。遇电石、高氯酸盐、雷酸盐、硝酸盐、苦味酸盐、金属粉末等猛烈反应，发生爆炸或燃烧。能与普通金属发生反应，放出氢气而与空气形成爆炸性混合物。有强烈的腐蚀性和吸水性。				
环境标准	中国车间空气最高容许浓度（mg/m^3）：2；				
监测方法	氯化钡比色法				
毒理学资料	急性毒性：大鼠经口半数致死剂量（LD_{50}）：80 mg/kg。 对皮肤、黏膜等组织有强烈的刺激和腐蚀作用。蒸气或雾可引起结膜炎、结膜水肿、角膜混浊，以致失明；引起呼吸道刺激症状，重者发生呼吸困难和肺水肿；高浓度引起喉痉挛或声门水肿而死亡。口服后引起消化道的灼伤以致溃疡形成；严重者可能有胃穿孔、腹膜炎、肾损害、休克等。皮肤灼伤轻者出现红斑，重者形成溃疡，愈后影响收缩瘢痕功能。溅入眼内可造成灼伤，甚至角膜穿孔、全眼炎以至失明。慢性影响：牙齿酸蚀症、慢性支气管炎、肺气肿和肺硬化。				
安全防护措施	工程控制：密闭操作，注意通风。尽可能机械化、自动化。提供安全淋浴和洗眼设备。 呼吸系统防护：可能接触其烟雾时，佩戴自吸过滤式防毒面具（全面罩）或空气呼吸器。紧急事态抢救或撤离时，建议佩戴氧气呼吸器。 眼睛防护：呼吸系统防护中已作防护。 身体防护：穿橡胶耐酸碱服。 手防护：戴橡胶耐酸碱手套。 其他防护：工作完毕，淋浴更衣。单独存放被毒物污染的衣服，洗后备用。保持良好的卫生习惯。				

应急措施	急救措施	皮肤接触:立即脱去污染的衣着,用大量流动清水冲洗至少 15 min。就医。 眼睛接触:立即提起眼睑,用大量流动清水或生理盐水彻底冲洗至少 15 min。就医。 吸入:迅速脱离现场至空气新鲜处。保持呼吸道通畅。如呼吸困难,给输氧。如呼吸停止,立即进行人工呼吸。就医。 食入:用水漱口,给饮牛奶或蛋清。就医。
	泄漏处置	应急处理:迅速撤离泄漏污染区人员至安全区,并立即隔离 150 m,严格限制出入。建议应急处理人员戴自给正压式呼吸器,穿防酸碱工作服。不要直接接触泄漏物。尽可能切断泄漏源。 小量泄漏:将地面撒上苏打灰,然后用大量水冲洗,洗水稀释后放入废水系统。 大量泄漏:构筑围堤或挖坑收容。在专家指导下清除。
	消防方法	消防人员必须穿全身耐酸碱消防服。 灭火剂:干粉、二氧化碳、沙土。避免水流冲击物品,以免遇水会放出大量热量发生喷溅而灼伤皮肤。
主要用途		用作磺化剂,还广泛用于制造染料、炸药、硝化纤维以及药物等。
事件信息		1993 年 4 月 2 日,德国某公司在法兰克福的生产现场发生硫酸泄漏事故,13 名工人因接触发烟硫酸而受到伤害。事故发生后,消防队员进到现场,往泄漏的发烟硫酸中加水,降低酸浓度,大部分稀释的酸被围在溢流罐中,然后由废水处理系统进行中和处理。工人们受到生成的酸性蒸气云伤害,到医院治疗。当地居民被告知留在家中,关闭门窗,直至酸云分散。在工厂商部区测到的最大发烟硫酸浓度是 3.6 mg/m³。公司分析认为三氧化硫结晶堵塞了排气管路,使数吨发烟硫酸从贮罐中溢出,进入发烟硫酸吸收剂,发烟硫酸和吸收液之间强烈反应使压力骤增,炸裂了玻璃排气管,发烟硫酸泄出,烟雾充满整个建筑物。

8. 亚硫酸钠: CAS 7757-83-7

品名	亚硫酸钠	别名		无水亚硫酸钠	英文名	Sodium sulfite
理化性质	分子式	Na_2SO_3	分子量	126.04	熔 点	150℃
	沸 点		相对密度	(水=1): 2.633	蒸气压	
	外观性状	无色、单斜晶体或粉末				
	溶解性	易溶于水,不溶于乙醇等				
稳定性和危险性	稳定性:稳定。 危险性:对眼睛、皮肤、黏膜有刺激作用。对环境有危害,对水体可造成污染。该品不燃,具刺激性。					

环境标准		前苏联车间空气最高容许浓度（mg/m³）：0.2。
监测方法		分光光度法
毒理学资料		无资料
安全防护措施		工程控制：密闭操作，加强通风。 呼吸系统防护：建议操作人员佩戴自吸过滤式防尘口罩。 眼睛防护：戴化学安全防护眼镜。 身体防护：穿防毒物渗透工作服。 手防护：戴橡胶手套。 其他防护：避免产生粉尘。避免与酸类接触。
应急措施	急救措施	皮肤接触：脱去污染的衣着，用大量流动清水冲洗。 眼睛接触：提起眼睑，用流动清水或生理盐水冲洗。就医。 吸入：脱离现场至空气新鲜处。如呼吸困难，给输氧。就医。 食入：饮足量温水，催吐。就医。
	泄漏处置	应急处理：隔离泄漏污染区，限制出入。建议应急处理人员戴防尘面具（全面罩），穿防毒服。避免扬尘，小心扫起，置于袋中转移至安全场所。也可以用大量水冲洗，洗水稀释后放入废水系统。若大量泄漏，用塑料布、帆布覆盖。收集回收或运至废物处理场所处置。
	消防方法	消防人员必须穿全身防火防毒服，在上风向灭火。灭火时尽可能将容器从火场移至空旷处。
主要用途		工业上主要用于制亚硫酸纤维素酯、硫代硫酸钠、有机化学药品、漂白织物等，还用作还原剂、防腐剂、去氯剂等。
事件信息		2010 年 6 月 12 日 19 时 58 分，青岛市开发区位于黄河东路一仓库物流公司堆放的亚硫酸钠发生火灾，接到报警后，青岛市开发区公安消防大队特勤三中队按照化学危险品处置方案赶到现场，救援队利用泡沫水枪进行灭火，并对火场实施冷却降温，20 时 30 分，消防战士用干粉灭火器和沙子将亚硫酸钠彻底扑灭。

9. 次氯酸钠：CAS 7681-52-9

品名	次氯酸钠	别名		漂白水	英文名	Diketene Sodium hypochlorite solution
理化性质	分子式	NaClO	分子量	74.44	熔　点	−6℃
	沸　点	102.2℃	相对密度	（水=1）：1.10	蒸气压	
	外观性状	微黄色溶液，有似氯气的气味				
	溶解性	溶于水				
稳定性和危险性	稳定性：不稳定。 危险性：受高热分解产生有毒的腐蚀性气体。有腐蚀性。 燃烧（分解）产物：氯化物。					
环境标准	我国暂无相关标准。					
毒理学资料	侵入途径：吸入、食入、经皮吸收。 健康危害：次氯酸钠放出的游离氯可引起中毒，亦可引起皮肤病。已知本品有致敏作用。用次氯酸钠漂白液洗手的工人，手掌大量出汗，指甲变薄，毛发脱落。 急性毒性：小鼠经口半数致死剂量（LD_{50}）：5 800 mg/kg					
应急措施	急救措施	皮肤接触：脱去污染的衣着，用大量流动清水彻底冲洗。 眼睛接触：立即提起眼睑，用大量流动清水彻底冲洗。 吸入：脱离现场至空气新鲜处。必要时进行人工呼吸。就医。 食入：误服者给饮大量温水，催吐，就医。				
	泄漏处置	疏散泄漏污染区人员至安全区，禁止无关人员进入污染区，建议应急处理人员戴好防毒面具，穿相应的工作服。不要直接接触泄漏物，在确保安全情况下堵漏。用沙土、蛭石或其他惰性材料吸收，然后转移到安全场所。如大量泄漏，利用围堤收容，然后收集、转移、回收或无害处理后废弃。				
	消防方法	灭火剂：雾状水、二氧化碳、沙土、泡沫。				
主要用途	用于水的净化，以及做消毒剂、纸浆漂白等，医药工业中用制氯胺等。					
事件信息	2009 年 7 月 28 日 7 点 53 分，上海外环线附近沪太路发成一起车祸，一槽罐车发生泄漏，泄漏次氯酸钠约 100 kg，无人员伤亡。该事件未对周边环境造成影响。					

10. 钠：CAS 7440-23-5

品名	钠	别名	金属钠		英文名	Sodium
理化性质	分子式	Na	分子量	22.99	熔 点	97.8℃
	沸 点	892℃	相对密度	（水=1）：0.97	蒸气压	0.13 kPa（440℃）
	外观性状	银白色柔软的轻金属，常温下质软如蜡				
	溶解性	不溶于煤油				

稳定性和危险性	稳定性：不稳定。 危险性：化学反应活性很高，在氧、氯、氟、溴蒸气中会燃烧。遇水或潮气猛烈反应放出氢气，大量放热，引起燃烧或爆炸。金属钠暴露在空气或氧气中能自行燃烧并爆炸使熔融物飞溅。与卤素、磷、许多氧化物、氧化剂和酸类剧烈反应。燃烧时呈黄色火焰。100℃时开始蒸发，蒸气可侵蚀玻璃。 燃烧（分解）产物：氧化钠。
环境标准	日本（1970）农业灌溉水质标准 10 mg/L； 欧洲共同体（1975）饮用水水质标准指导标准　20 mg/L；最大允许浓度 100 mg/L；生活饮用水卫生标准　200 mg/L； 前苏联（1975）污水排放标准　500 mg/L。
毒理学资料	侵入途径：吸入、食入。 健康危害：在空气中能自燃，燃烧产生的烟（主要含氧化钠）对鼻、喉及上呼吸道有腐蚀作用及极强的刺激作用。同潮湿皮肤或衣服接触可燃烧，造成烧伤。 急性毒性：小鼠腹腔内半数致死剂量（LD$_{50}$）　4 000 mg/kg。

应急措施	急救措施	皮肤接触：用大量流动清水冲洗，至少 15 min。就医。 眼睛接触：立即提起眼睑，用大量流动清水或生理盐水彻底冲洗至少 15 min。就医。 吸入：迅速脱离现场至空气新鲜处。保持呼吸道通畅。如呼吸困难，给输氧。如呼吸停止，立即进行人工呼吸。就医。 食入：误服者用水漱口，给饮牛奶或蛋清。就医。
	泄漏处置	隔离泄漏污染区，限制出入。切断火源。建议应急处理人员戴自给式呼吸器，穿消防防护服。不要直接接触泄漏物。 小量泄漏：避免扬尘，收入金属容器并保存在煤油或液体石蜡中。 大量泄漏：用塑料布、帆布覆盖，减少飞散。在专家指导下清除。
	消防方法	不可用水、卤代烃（如 1211 灭火剂）、碳酸氢钠、碳酸氢钾作为灭火剂，而应使用干燥氯化钠粉末、干燥石墨粉、碳酸钠干粉、碳酸钙干粉、干沙等灭火。

主要用途	用于制造氰化钠、过氧化钠和多种化学药物或作还原剂
事件信息	2008 年 3 月 11 日 18 时许，广州市从化市鳌头镇一家化工厂磺胺对甲氧嘧啶中间体生产车间使用的原材料金属钠，因包装物破损遇潮，引起自燃并引燃甲醇。经从化市有关部门及时采取措施，将灭火产生的消防废水引入厂内供水塘内，防止了污水外排，未对附近小河（琶二河支流）水质造成影响。当地环保部门监测表明，周围大气环境质量未发现异常。

11. 氟硅酸：CAS 16961-83-4

品名	氟硅酸	别名		硅氟氢酸	英文名	Fluosilicic acid
理化性质	分子式	H₂SiF₆	分子量	144.09	熔点	19℃
	沸点	108.5℃	相对密度	（水=1）：1.32	蒸气压	
	外观性状	其水溶液为无色透明的发烟液体，有刺激性气味				
	溶解性	溶于水				
稳定性和危险性	稳定性：不稳定。易分解为四氟化硅和氟化氢。					
	危险性：该品不燃，具强腐蚀性，可致人体灼伤。					
环境标准	参照氟标准					
毒理学资料	侵入途径：吸入、食入、经皮吸收。					
	健康危害：皮肤直接接触，引起发红，局部有烧灼感，重者有溃疡形成，对机体的作用似氢氟酸，但较弱。					
安全防护措施	工程控制：密闭操作，注意通风。操作尽可能机械化、自动化。					
	呼吸系统防护：建议操作人员佩戴自吸过滤式防毒面具（全面罩）。					
	眼睛防护：戴化学安全防护眼镜。					
	身体防护：穿橡胶耐酸碱服。					
	手防护：戴橡胶耐酸碱手套。					
应急措施	急救措施	皮肤接触：立即脱去污染的衣着，用大量流动清水冲洗至少15 min。就医。				
		眼睛接触：立即提起眼睑，用大量流动清水或生理盐水彻底冲洗至少15 min。就医。				
		吸入：迅速脱离现场至空气新鲜处。保持呼吸道通畅。如呼吸困难，给输氧。如呼吸停止，立即进行人工呼吸。就医。				
		食入：用水漱口，给饮牛奶或蛋清。就医。				
	泄漏处置	应急处理：迅速撤离泄漏污染区人员至安全区，并进行隔离，严格限制出入。建议应急处理人员戴自给正压式呼吸器，穿防酸碱工作服。不要直接接触泄漏物。尽可能切断泄漏源。				
		小量泄漏：用沙土或其他不燃材料吸附或吸收。也可以用大量水冲洗，洗水稀释后放入废水系统。				
		大量泄漏：构筑围堤或挖坑收容。用泡沫覆盖，降低蒸气灾害。用泵转移至槽车或专用收集器内，回收或运至废物处理场所处置。				
	消防方法	消防人员必须穿全身耐酸碱消防服。 灭火剂：泡沫、干粉、二氧化碳、沙土。				
主要用途	用于制氟硅酸盐和冰晶石，并用于电镀、啤酒消毒、木材防腐等。					

事件信息	2010 年 8 月 21 日 10 时 12 分，红河个旧消防大队接到 110 指挥中心报警称：个屯公路王林寨岔口处发生一起交通事故，事故造成 13 t 氟硅酸泄漏，严重威胁着公路周边居民生命和财产安全。现场立即成立了由红河消防支队廖海滨处长为总指挥、公安、消防、交警、环保部门和人员为成员的救援指挥部，为了确保在救援过程中做到万无一失，指挥部制订了详细的施救方案。通过现场指挥小组认真的分析和研究后决定：调集大量纯碱继续进行中和，对公路两侧的水渠出口进行封堵，并中和水渠内氟硅酸，防止氟硅酸进一步扩散。命令下达后，消防官兵又投入到紧张事故救援中。11 时 45 分，经过消防官兵 1 个多小时的紧张救援，圆满完成了氟硅酸泄漏事故处置，成功保住了周围农田和水源的安全。

12. 氢氰酸：CAS 74-90-8

品名	氢氰酸	别名	甲腈		英文名	Hydrocyanic acid
理化性质	分子式	CHN	分子量	27.03	熔　点	−13.2℃
	沸　点	25.7℃	相对密度	0.697（18℃）	蒸气压	53.33 kPa（9.8℃）
	外观性状	无色透明液体，易挥发，具有苦杏仁气味				
	溶解性	与水混溶，可混溶于乙醇、乙醚、甘油、苯、氯仿				
稳定性和危险性	稳定性：不稳定。危险性：其蒸气与空气可形成爆炸性混合物，遇明火、高热能引起燃烧爆炸。与硝酸盐、亚硝酸盐、氯酸盐反应剧烈，有发生爆炸的危险。若遇高热，可发生聚合反应，放出大量热量而引起容器破裂和爆炸事故。					
环境标准	中国车间空气最高容许浓度（mg/m^3）：0.3[皮];					
监测方法	异菸酸钠–巴比妥钠比色法。					
毒理学资料	急性毒性：小鼠吸入半数致死浓度（LC$_{50}$）：357 mg/m^3，5 min					

安全防护措施		工程控制：严加密闭，提供充分的局部排风和全面通风。采用隔离式操作。尽可能机械化、自动化。提供安全淋浴和洗眼设备。
		呼吸系统防护：可能接触毒物时，应该佩戴隔离式呼吸器。紧急事态抢救或撤离时，必须佩戴氧气呼吸器。
		眼睛防护：呼吸系统防护中已作防护。
		身体防护：穿连衣式胶布防毒衣。
		手防护：戴橡胶手套。
		其他防护：工作现场禁止吸烟、进食和饮水。保持良好的卫生习惯。车间应配备急救设备及药品。作业人员应学会自救互救。
应急措施	急救措施	皮肤接触：立即脱去污染的衣着，用流动清水或5%硫代硫酸钠溶液彻底冲洗至少20 min。就医。
		眼睛接触：立即提起眼睑，用大量流动清水或生理盐水彻底冲洗至少15 min。就医。
		吸入：迅速脱离现场至空气新鲜处。保持呼吸道通畅。如呼吸困难，给输氧。呼吸心跳停止时，立即进行人工呼吸（勿用口对口）和胸外心脏按压术。给吸入亚硝酸异戊酯，就医。
		食入：饮足量温水，催吐。用1∶5 000高锰酸钾或5%硫代硫酸钠溶液洗胃。就医。
	泄漏处置	迅速撤离泄漏污染区人员至安全区，并立即隔离150 m，严格限制出入。切断火源。建议应急处理人员戴自给正压式呼吸器，穿防毒服。不要直接接触泄漏物。尽可能切断泄漏源。防止流入下水道、排洪沟等限制性空间。
		小量泄漏：用沙土或其他不燃材料吸附或吸收。收集于密闭容器中。大量泄漏：构筑围堤或挖坑收容。用泡沫覆盖，降低蒸气灾害。喷雾状水冷却和稀释蒸气，保护现场人员，但不要对泄漏点直接喷水。用防爆泵转移至槽车或专用收集器内，回收或运至废物处理场所处置。
	消防方法	消防人员必须穿戴全身专用防护服，佩戴氧气呼吸器，在安全距离以外或有防护措施处操作。
		灭火剂：抗溶性泡沫、雾状水、干粉、沙土。
主要用途		用于制造丙烯腈、丙烯酸树脂及杀虫剂等。

事件信息	2004 年 4 月 20 日怀柔区北京中发黄金有限公司八道河冶炼厂（雁栖镇八道河村西）在处理金矿废液过程中发生有毒氰化氢气体泄漏事故。在听取了事故报告后，相关部门制订了紧急处理方案：疏散当地和工厂内群众；将本厂内 12 t 次氯酸钠（漂白粉）运送至事故现场，并与市公安消防局做好次氯酸钠的交接工作，由公安消防局做好用消防车高压枪将次氯酸钠喷洒到事故污染地段；由市卫生局、环保局安排工作人员从该厂外围向中心区推进，检测污染源浓度，并制定了六项措施：一是拆掉事发地点门脸，进行通风串气；二是在距事故源 0.5 km 之外筑堤，防止液体外移；三是用消防车将 4 t 次氯酸钠，喷洒在车间门外 150 m² 被污染的区域；四是在车间内，用氢氧化钠对溢液进行中和处理；五是对车间内中和过溢液进行无害化处理；六是对泄漏贮罐进行无害化处理。在事故现场对大气进行检测，并在八道河村及下游河沟中提取水样，均未检出污染物，所有污染全部处理完毕。

13. 氢溴酸：CAS 10035-10-6

品名	氢溴酸	别名		溴氢酸；溴化氢	英文名	Hydrobromic acid
理化性质	分子式	HBr	分子量	80.911 94	熔 点	−11℃
	沸 点	−67℃（lit）	相对密度	1.49（47%）	蒸气压	53.32 kPa（−78℃）
	外观性状	无色液体，具有刺激性酸味				
	溶解性	与水混溶，可混溶于醇、乙酸				
稳定性和危险性	稳定性：稳定。危险性：对大多数金属有强腐蚀性。能与普通金属发生反应，放出氢气而与空气形成爆炸性混合物。遇氢发泡剂立即燃烧。遇氰化物能产生剧毒的氰化氢气体。					
环境标准	前苏联车间空气中有害物质的最高容许浓度　2 mg/m³。					
毒理学资料	大鼠静脉半数致死剂量（LD_{50}）：76 mg/kg；大鼠吸入半数致死浓度（LC_{50}）：9 460 mg/m³，1 h；小鼠吸入半数致死浓度（LC_{50}）：2 694 mg/m³，1 h					

安全防护措施		工程控制：密闭操作，注意通风。尽可能机械化、自动化。提供安全淋浴和洗眼设备。
		呼吸系统防护：可能接触其烟雾时，佩戴自吸过滤式防毒面具（全面罩）或空气呼吸器。紧急事态抢救或撤离时，建议佩戴氧气呼吸器。
		眼睛防护：呼吸系统防护中已做防护。
		身体防护：穿橡胶耐酸碱服。
		手防护：戴橡胶耐酸碱手套。
		其他防护：工作现场禁止吸烟、进食和饮水。工作完毕，淋浴更衣。单独存放被毒物污染的衣服，洗后备用。保持良好的卫生习惯。
应急措施	急救措施	皮肤接触：立即脱去污染的衣着，用大量流动清水冲洗至少15 min。就医。
		眼睛接触：立即提起眼睑，用大量流动清水或生理盐水彻底冲洗至少15 min。就医。
		吸入：迅速脱离现场至空气新鲜处。保持呼吸道通畅。如呼吸困难，给输氧。如呼吸停止，立即进行人工呼吸。就医。
		食入：用水漱口，给饮牛奶或蛋清。就医。
	泄漏处置	迅速撤离泄漏污染区人员至安全区，并进行隔离，严格限制出入。建议应急处理人员戴自给正压式呼吸器，穿防酸碱工作服。不要直接接触泄漏物。尽可能切断泄漏源。
		小量泄漏：用沙土、干燥石灰或苏打灰混合。也可以用大量水冲洗，洗水稀释后放入废水系统。
		大量泄漏：构筑围堤或挖坑收容。用泵转移至槽车或专用收集器内，回收或运至废物处理场所处置。
	消防方法	用碱性物质如碳酸氢钠、碳酸钠、消石灰等中和。小火可用干燥沙土闷熄。
主要用途		用于制造无机溴化物和有机溴化物，用作分析试剂、触媒及还原剂。
事件信息		2007年6月12日早晨6点05分左右,位于乍嘉苏高速公路苏州方向新塍服务区一辆危险品车上有氢溴酸泄漏。现场救援人员对泄漏的桶盖垫上塑料袋进行密封，消防人员用水枪对地面的化学品冲洗，泄漏物未对附近环境造成影响。

14．钼：CAS 7439-98-7

品名	钼	别名			英文名	Molybdenum
理化性质	分子式	Mo	分子量	95.94	熔　点	2 620℃
	沸　点	4 800℃	相对密度	（水=1）：10.2	蒸气压	0.133 kPa（3 102℃）
	外观性状	灰黑色粉末				
	溶解性	不溶于水，溶于盐酸、硫酸、硝酸				
稳定性和危险性	稳定性：稳定。 危险性：其粉体遇高热、明火能燃烧甚至爆炸。与氧化剂能发生强烈反应。 燃烧（分解）产物：氧化钼。					
环境标准	中国地下水质量标准（mg/L）Ⅰ类 0.001；Ⅱ类 0.01；Ⅲ类 0.1；Ⅳ类 0.5； Ⅴ类＞0.5； 中国（待颁布）　饮用水水源中有害物质的最高容许浓度　0.5 mg/L。					
毒理学资料	侵入途径：吸入、食入。 健康危害：对眼睛、皮肤有刺激作用。部分接触者出现尘肺病变，有自觉呼吸困难、全身疲倦、头晕、胸痛、咳嗽等。 急性毒性：大鼠经口半数致死剂量（LD_{50}）6.1 mg/kg					
应急措施	急救措施	皮肤接触：用肥皂水及清水彻底冲洗。就医。 眼睛接触：拉开眼睑，用流动清水冲洗 15 min。就医。 吸入：脱离现场至空气新鲜处。就医。 食入：误服者饮适量温水，催吐。就医。				
	泄漏处置	隔离泄漏污染区，周围设警告标志，切断火源。建议应急处理人员戴自给式呼吸器，穿化学防护服。使用不产生火花的工具小心扫起，避免扬尘，运至废物处理场所。用水刷洗泄漏污染区，经稀释的洗水放入废水系统。如大量泄漏，收集回收或无害处理后废弃。				
	消防方法	灭火剂：干粉。				
主要用途	用于冶炼特种钢、耐热耐酸合金、电工器材、玻璃、陶瓷、颜料及化学工业。					
事件信息	2008 年 1 月 11 日 11 时，河北省承德市丰宁满族自治县鑫源矿业有限责任公司发现该企业尾矿库溢洪管的水泥挡板被人钩开，2 000～3 000 t 的钼矿尾矿矿浆泄漏进附近的潮河。 处置措施：一是针对已经拦截住的废水，在丰宁县城的橡胶坝处，添加石灰乳降解吸附重金属和石油类污染物。对尾矿库泄漏出的矿渣以及部分泄漏废水结成的冰块进行清除，防止造成二次污染；二是加强环境应急监测，预测分析污染的变化规律，并向北京市环保局通报，对开春化冰后的河流水质及时监测。					

15. 氩气：CAS 7440-37-1

品名	氩气	别名			英文名	Argon
理化性质	分子式	Ar	分子量	39.938	熔点	−189.2℃
	沸点	−185.9℃	相对密度	1.41（−185.9℃）	蒸气压	159.99 kPa（−181.301℃）
	外观性状	无色、无味、无嗅无毒的惰性气体				
	溶解性	微溶于水和有机溶剂				
稳定性和危险性	稳定性：稳定。 危险性：不燃气体。					
环境标准	我国暂无相关标准。					
毒理学资料	本身无毒，空气中浓度高时有窒息危险。					
安全防护措施	工程控制：密闭操作，加强排风。 呼吸系统防护：空气中浓度超标时，应迅速撤离现场，抢救及事故处理要戴空气呼吸器或氧气呼吸器。 眼睛防护：接触液氩环境应戴面罩。 身体防护：低温工作区应穿防寒服。 手防护：低温环境戴棉手套。					
应急措施	急救措施	皮肤接触：接触液氩，可形成冻伤。用水冲洗患处，就医。 眼睛接触：液氩溅入眼内，可引起炎症，翻开眼睑用水冲洗，就医。 吸入：将患者移至空气新鲜处。呼吸停止，施行呼吸复苏术，心跳停止，施行心肺复苏术，就医。				
	泄漏处置	泄漏应急处理：切断气源，迅速撤离泄漏污染区，处理泄漏事故人员戴自给正压式呼吸器，处理液氩应配戴防冻护具。若气瓶泄漏而无法堵漏时，将气瓶移至空旷安全处放空。				
	消防方法	用水冷却火中容器，用与着火环境相适应的灭火剂。				

主要用途	在金属冶炼方面，氧、氩吹炼是生产优质钢的重要措施，每炼 1 t 钢的氩气消耗量为 1～3 m³。此外，对钛、锆、锗等特殊金属的冶炼，以及电子工业中也需要用氩作保护气。
事件信息	2008 年 1 月 19 日晚 9 时 12 分许，一辆客车在行驶至 324 国道覃塘区根竹乡路段时，因超车撞上一辆氩气槽罐车尾部，导致槽罐车尾部阀门被撞坏，18 t 氩气泄漏。氩气只要不是高浓度聚合，不会对人员造成伤害。

16. 氨溶液：CAS 1336-21-6

品名	氨溶液	别名		氨水	英文名	Ammonium Hydroxide; Ammonia Water	
理化性质	分子式	$NH_3 \cdot H_2O$	分子量	35.05	熔　点	−77℃	
	沸　点	36℃	相对密度	（水=1）：0.91	蒸气压	1.59 kPa（20℃）	
	外观性状	无色透明且具有刺激性气味					
	溶解性	溶于水、醇					
稳定性和危险性	稳定性：不稳定。危险性：本品不燃，具腐蚀性、刺激性，可致人体灼伤。易分解放出氨气，温度越高，分解速度越快，可形成爆炸性气氛。						
环境标准	我国暂无相关标准。						
毒理学资料	中国工作场所时间加权平均容许浓度（mg/m³）　20；中国工作场所短时间接触容许浓度（mg/m³）　30。						
安全防护措施	工程控制：严加密闭，提供充分的局部排风和全面通风。提供安全淋浴和洗眼设备。呼吸系统防护：可能接触其蒸气时，应该佩戴导管式防毒面具或直接式防毒面具（半面罩）。眼睛防护：戴化学安全防护眼镜。身体防护：穿防酸碱工作服。手防护：戴橡胶手套。其他防护：工作现场禁止吸烟、进食和饮水。工作完毕，淋浴更衣。保持良好的卫生习惯。						

应急措施	急救措施	皮肤接触：立即脱去污染的衣着，用大量流动清水冲洗至少 15 min。就医。 眼睛接触：立即提起眼睑，用大量流动清水或生理盐水彻底冲洗至少 15 min。就医。 吸入：迅速脱离现场至空气新鲜处。保持呼吸道通畅。如呼吸困难，给输氧。如呼吸停止，立即进行人工呼吸。就医。 食入：用水漱口，给饮牛奶或蛋清。就医。
	泄漏处置	迅速撤离泄漏污染区人员至安全区，并进行隔离，严格限制出入。建议应急处理人员戴自给正压式呼吸器，穿防酸碱工作服。不要直接接触泄漏物。尽可能切断泄漏源。 小量泄漏：用沙土、蛭石或其他惰性材料吸收。也可以用大量水冲洗，洗水稀释后放入废水系统。 大量泄漏：构筑围堤或挖坑收容。用泵转移至槽车或专用收集器内，回收或运至废物处理场所处置。
	消防方法	采用水、雾状水、沙土灭火。
主要用途		用于制药工业，纱罩业，晒图，农业施肥等。
事件信息		1. 2011 年 7 月 8 日 8 时 20 分左右，一辆由宁波开往兰溪的槽罐车在经过甬金高速义乌东段时，与一辆集装箱大货车发生追尾，事故导致槽罐车尾部罐体破裂，车内装载的约 20 t 氨水全部泄漏。事故发生后，义乌市消防、高速交警、环保等部门在第一时间赶到现场进行处置，消防部门立即成立侦检、堵漏、稀释、搜救疏散、供水、保障 6 个战斗小组；由于罐体多处破裂，破口面积大，约 20 t 氨水已经全部泄漏，消防队员使用水枪对挥发出的液态氨进行稀释；11 时 30 分，隧道内泄漏的氨水被成功稀释，事故车辆被成功转移；12 时，事故现场已清理完毕，甬金高速公路金华段恢复通行。 2. 2007 年 1 月 30 日中午 11 时 23 分，杭州印染洗涤剂厂一氨水储罐发生泄漏，杭州市公安消防局接警后出动多辆专勤抢险车、大型东风后援车、洗消车、东风水罐车、泡沫排烟车急赴现场进行抢救，现场划定了警戒区，并用水稀释储罐里残留和已经流向地面的氨水，就近用沙土掩盖，1 h 后，氨水储罐泄漏得到控制，未造成人员伤亡。 3. 2011 年 7 月 7 日晚，一辆装有氨水的槽罐车行驶至宁远三中附近路段时发生泄漏。该县环保、消防、公安等部门及时赶赴现场开展救援行动，现场用高压水枪对泄漏的氨水进行稀释，防止散发的氨气向四周肆意扩散；并在 100 m 范围内拉起警戒线，疏散围观群众，并抓紧时间进行补漏，到次日凌晨 1 时，泄漏的氨水得到了有效的控制，罐槽车被转移到安全地带。 4. 2009 年 7 月 1 日青白江区川化公司氨水站氨水泄漏，青白江区应急办立即启动《重大环境污染事故应急预案》，并成立"7·1"氨水泄漏污染事故应急处置指挥部，为防止氨水进一步泄漏，川化公司救援人员率先出动，封堵了氨水泄漏口、清理场地，并对槽车内氨水进行转移处置。经过 1 个多小时紧急处置，险情最终得以排除。

17. 硝铵：CAS 6484-52-2

品名	硝铵	别名		硝酸铵	英文名	Ammonium nitrate
理化性质	分子式	NH_4NO_3	分子量	80.05	熔点	169.6℃
	沸点	210℃（分解）	相对密度	1.72	蒸气压	
	外观性状	无色无臭的透明结晶或呈白色的小颗粒，有潮解性				
	溶解性	易溶于水、乙醇、丙酮、氨水，不溶于乙醚				
稳定性和危险性	稳定性：稳定。 危险性：强氧化剂。遇可燃物着火时，能助长火势。与可燃物粉末混合能发生激烈反应而爆炸。受强烈震动也会起爆。急剧加热时可发生爆炸。与还原剂、有机物、易燃物如硫、磷或金属粉末等混合可形成爆炸性混合物。					
环境标准	我国暂无相关标准。					
毒理学资料	急性毒性： 大鼠经口半数致死剂量（LD_{50}）：4 820 mg/kg。					
安全防护措施	工程控制：生产过程密闭，加强通风。提供安全淋浴和洗眼设备。 呼吸系统防护：可能接触其粉尘时，建议佩戴自吸过滤式防尘口罩。 眼睛防护：戴化学安全防护眼镜。 身体防护：穿聚乙烯防毒服。 手防护：戴橡胶手套。 其他防护：工作现场禁止吸烟、进食和饮水。工作完毕，淋浴更衣。保持良好的卫生习惯。					
应急措施	急救措施	皮肤接触：脱去污染的衣着，用大量流动清水冲洗。 眼睛接触：提起眼睑，用流动清水或生理盐水冲洗。就医。 吸入：迅速脱离现场至空气新鲜处。保持呼吸道通畅。如呼吸困难，给输氧。如呼吸停止，立即进行人工呼吸。就医。 食入：用水漱口，给饮牛奶或蛋清。就医。				
	泄漏处置	隔离泄漏污染区，限制出入。建议应急处理人员戴防尘面具（全面罩），穿防毒服。不要直接接触泄漏物。勿使泄漏物与还原剂、有机物、易燃物或金属粉末接触。 小量泄漏：小心扫起，收集于干燥、洁净、有盖的容器中。 大量泄漏：收集回收或运至废物处理场所处置。				
	消防方法	消防人员须佩戴防毒面具、穿全身消防服，在上风向灭火。切勿将水流直接射至熔融物，以免引起严重的流淌火灾或引起剧烈的沸溅。遇大火，消防人员须在有防护掩蔽处操作。 灭火剂：水、雾状水。				

主要用途	用作分析试剂、氧化剂、制冷剂、烟火和炸药原料。
事件信息	2010年9月9日龙岩漳平市永漳公路卓宅大桥上1辆满载30 t硝酸铵溶液的槽车发生交通事故，接到报警后，大队立即出动2部消防车15名官兵赶赴事故现场，启动化学灾害类事故处置预案，并向漳平市政府报告现场情况。漳平市李达武副市长得知险情后，立即带领安监局、环保局和交通等部门和技术人员赶到现场。结合事故特点，救援队利用水枪清理事故现场泄漏的汽油，并对罐体破损部位进行冷却降温，并检查硝酸铵槽车是否有泄漏，并做好堵漏准备，11时许，险情排除。

18．硫：CAS 63705-05-5

品名	硫	别名		硫黄	英文名	Sulphur
理化性质	分子式	S	分子量	32.06	熔点	115.21℃
	沸点	444.72℃	相对密度	2（25℃）	蒸气压	0.13 kPa
	外观性状	为淡黄色脆性结晶或粉末，有特殊臭味				
	溶解性	硫黄不溶于水，微溶于乙醇、醚，易溶于二硫化碳				
稳定性和危险性	稳定性：化学性质比较活泼，能与氧、金属、氢气、卤素（除碘外）及已知的大多数元素化合。它存在正氧化态，也存在负氧化态，可形成离子化合物、共价化合物和配位共价化合物。 危险性：易燃。					
环境标准	我国暂无相关标准。					
毒理学资料	元素硫无毒，不易引起中毒，吞服本品后在大肠内10%转化为硫化氢，口服10～20 g后，可出现硫化氢中毒表现，长期吸入无明显毒性，对皮肤眼睑有刺激性。 短期暴露： 吸入：鼻黏膜炎症，引起大量鼻分泌物，发生气管炎、呼吸困难、顽固性咳嗽和咳痰。 皮肤：可患红斑、湿疹及溃疡。 眼睛：刺激眼睛，引起流泪、畏光、结膜炎、眼睑结膜炎，危及晶体混浊。 长期暴露：慢性作用为气管、肺部疾病，合并肺气肿和支气管扩张，起病初期、出现咳嗽、吐黏液痰。					

安全防护措施	工程防护：严加密闭，提供充分的局部排风和全面通风。
	呼吸系统防护：建议操作人员佩戴自吸过滤式防尘口罩。
	眼睛防护：戴化学安全防护眼镜。
	身体防护：穿防毒物渗透工作服。
	手防护：戴橡胶手套。

应急措施	急救措施	脱去污染的衣着，用大量流动清水冲洗。
		眼睛接触：提起眼睑，用流动清水或生理盐水冲洗。就医。
		吸入：脱离现场至空气新鲜处。如呼吸困难，给输氧。就医。
		食入：饮足量温水，催吐。洗胃，导泻。就医。
	泄漏处置	应急处理：隔离泄漏污染区，限制出入。建议应急处理人员戴防尘面具（全面罩），穿防毒服。用洁净的铲子收集于干燥、洁净、有盖的容器中，转移至安全场所。若大量泄漏，收集回收或运至废物处理场所处置。
	消防方法	消防人员必须穿全身防火防毒服，在上风向灭火。灭火时尽可能将容器从火场移至空旷处。

主要用途	用于制造硫酸、染料和橡胶制品，也用于制药。

事件信息	1. 2009年1月7日，天谗高速公路李家堡路段发生一起特大交通事故，一辆载有20余t硫黄的半挂车与另一辆载有水果的货车发生撞击后，所载硫黄燃烧释放出大量的有毒气体，定西市公安消防支队启动化学危险品应急处置方案，，一组在灭火的同时对挥发到空气中的粉尘用高压水枪稀释，防止空气形成粉尘爆炸；另一组用高压水枪控制着火车辆的油路部位，防止二次着火的形成。 2. 2010年11月12日凌晨，一辆满载硫黄的货车途经南北二级公路南宁市良庆区南晓镇路段时，翻入路边10余米深的沟，引起硫黄燃烧，产生大量有毒气体。南宁市消防支队指挥中心接到报警后，立即调集特勤消防中队、良庆消防中队赶赴现场处置，事故发生后，环保、安监、公安等相关部门均赶到了现场，并开展了相关工作。 3. 2008年1月13日凌晨3点52分，位于海口镇的云南云天化国际化工股份有限公司三环分公司硫酸厂的硫黄仓库，工人在装卸硫黄的过程中发生剧烈爆炸。昆明市委、市政府接到报告后高度重视，市政府立即启动《昆明市火灾事故应急预案》和《突发公共事件医疗卫生救援应急预案》，消防、公安、卫生、安监、环保等部门负责人在第一时间赶到现场，指挥协调灭火救援工作。经环保部门监测，事故现场周边空气环境指标正常。没有造成有毒有害气体泄漏事件。

19. 硫氢化钠：CAS 16721-80-5

品名	硫氢化钠		别名		酸性硫化钠	英文名	Sodium hydrosulfide
理化性质	分子式	NaSH	分子量	56.062 7		熔点	55℃
	闪点	90℃	相对密度	1.79（25℃）			
	外观性状	白色至无色、有硫化氢气味的立方晶体，工业品一般为溶液，呈橙色或黄色					
	溶解性	溶于水，溶于乙醇、乙醚等					
稳定性和危险性	稳定性：避免与强氧化剂、酸类、锌、铝、铜及其合金接触。在潮湿空气中迅速分解成氢氧化钠和硫化钠，并放热，易自燃。 危险性：自燃物品，高毒，具强刺激性。						
环境标准	水环境中参照《地表水环境质量标准》硫化物标准（mg/L）：0.2； 饮用水标准参照硫酸盐标准（mg/L）：250。						
毒理学资料	急性毒性：大鼠经腹腔半数致死剂量（LD_{50}）：30 mg/kg 急性中毒表现：对眼、皮肤、黏膜和上呼吸道有强烈刺激作用。吸入后，可引起喉、支气管的痉挛、炎症和水肿，化学性肺炎或肺水肿。中毒的症状可有烧灼感、喘息、喉炎、气短、头痛、恶心和呕吐。与眼睛直接接触可引起不可逆的损害，甚至失明。						
安全防护措施	工程防护：密闭操作，局部排风。 呼吸系统防护：建议操作人员佩戴防尘面具（全面罩）。 眼睛防护：一般不需特殊防护。必要时，戴化学安全防护眼镜。 身体防护：穿胶布防毒衣。 手防护：戴橡胶手套。 其他：工作完毕，淋浴更衣。单独存放被毒物污染的衣服，洗后备用。保持良好的卫生习惯。						
应急措施	急救措施	皮肤接触：立即脱去污染的衣着，用大量流动清水冲洗至少 15 min。就医。 眼睛接触：立即提起眼睑，用大量流动清水或生理盐水彻底冲洗至少 15 min。就医。 吸入：迅速脱离现场至空气新鲜处。保持呼吸道通畅。如呼吸困难，给输氧。如呼吸停止，立即进行人工呼吸。就医。 食入：用水漱口，给饮牛奶或蛋清。就医。					

应急措施	泄漏处置	迅速撤离泄漏污染区人员至安全区，并进行隔离，严格限制出入。切断火源。建议应急处理人员戴自给正压式呼吸器，穿防毒服。尽可能切断泄漏源。若是固体，用洁净的铲子收集于干燥、洁净、有盖的容器中。若是液体，防止流入下水道、排洪沟等限制性空间。 小量泄漏：用大量水冲洗，洗水稀释后放入废水系统。 大量泄漏：构筑围堤或挖坑收容。用泵转移至槽车或专用收集器内，回收或运至废物处理场所处置。
	消防方法	消防人员必须佩戴过滤式防毒面具（全面罩）或隔离式呼吸器、穿全身防火防毒服，在上风向灭火。尽可能将容器从火场移至空旷处。喷水保持火场容器冷却，直至灭火结束。处在火场中的容器若已变色或从安全泄压装置中产生声音，必须马上撤离。 灭火剂：雾状水、泡沫、干粉、二氧化碳、沙土。
主要用途		供分析化学及制造无机物用。
事件信息		1999 年 11 月 8 日，湖南省涟源市某硫铁矿货运转运站一个硫氢化钠液体储罐阀门人为破坏，储存于罐内的 42 t 硫氢化钠喷射而出，进入水体，途经 3 个县、市约 100 km，造成死鱼病污染了沿途饮用水水源，娄底市第二自来水厂、涟源钢铁集团公司水厂和桥头河镇水厂停水达 168 h。 处置措施：现场残留的硫氢化钠采用铁矿粉、石灰混合后运至山谷挖坑深埋；河流中污染物采取防水稀释办法；停止在被污染的饮用水水源取水，加强监测直至恢复正常。

20. 硫铵：CAS 7783-20-2

品名	硫铵	别名		硫酸铵		英文名	Ammonium sulfate
理化性质	分子式	(NH₄)₂SO₄	分子量	132.139 2		熔点	280℃
	沸点		相对密度	1.77（25℃）		蒸气压	
	外观性状	纯品为无色斜方晶体，工业品为白色至淡黄色结晶体					
	溶解性	易溶于水（0℃时 70.6 g/100 mL 水、100℃时 103.8 g/100 mL 水），水溶液呈酸性。不溶于醇、丙酮和氨。					
稳定性和危险性	稳定性：极不稳定。						
	危险性：可燃；受热产生有毒氮氧化物，硫氧化物和氨烟雾。						

环境标准	我国暂无相关标准。		
毒理学资料	急性毒性：大鼠经口半数致死剂量（LD_{50}）：3 000 mg/kg； 　　　　　小鼠经腹腔半数致死剂量（LD_{50}）：610 mg/kg。 急性中毒表现：对眼睛、黏膜和皮肤有刺激作用。		
应急措施	急救措施	皮肤接触：脱去污染的衣着，用大量流动清水冲洗。 眼睛接触：提起眼睑，用流动清水或生理盐水冲洗。就医。 吸入：脱离现场至空气新鲜处。如呼吸困难，给输氧。就医。 食入：饮足量温水，催吐。就医。	
	泄漏处置	隔离泄漏污染区，限制出入。建议应急处理人员戴防尘面具（全面罩），穿防毒服。用洁净的铲子收集于干燥、洁净、有盖的容器中，转移至安全场所。若大量泄漏，收集回收或运至废物处理场所处置。	
	消防方法	消防人员必须穿全身防火防毒服，在上风向灭火。灭火时尽可能将容器从火场移至空旷处。	
主要用途	用于制肥料、氢氧化铵、电池充填、防火化合物等。		
事件信息	2009年5月27日位于双鸭山市的建龙化工集团焦化厂硫铵车间发生爆炸起火，过火面积约 800 m²。爆炸发生后双鸭山市尖山消防中队立即赶到现场处置。		

21．锑：CAS 7440-36-0

品名	锑		别名		英文名	Antimony powder
理化性质	分子式	Sb	分子量	121.75	熔点	630.5℃
	沸点	1 635℃	相对密度	（水=1）：6.68	蒸气压	133 Pa（886℃）
	外观性状	银白色或深灰色金属粉末				
	溶解性	不溶于水、盐酸、碱液，溶于王水及浓硫酸				
稳定性和危险性	稳定性：稳定。 危险性：本品可燃，有毒，具刺激性，具致敏性。					

环境标准	中国车间空气最高容许浓度（mg/m³）：1；前苏联车间空气最高容许浓度（mg/m³）：0.5/0.2。	
毒理学资料	元素锑的毒性大于锑化合物；三价锑毒性大于五价锑；锑的硫化物毒性大于氧化物。毒性大小的顺序大致是 $Sb>Sb_2S_3>Sb_2S_5>Sb_2O_3>Sb_2O_5$。 金属锑大鼠经口半数致死剂量（$LD_{50}$）：7 000 mg/kg。 腹腔半数致死剂量（$LD_{50}$），大鼠为 100 mg/kg，豚鼠为 150 mg/kg。 锑化氢小鼠吸入 4 h 的 MLD 为 0.1 mg/m³	
应急措施	急救措施	皮肤接触：脱去污染的衣着，用肥皂水和清水彻底冲洗皮肤。 眼睛接触：提起眼睑，用流动清水或生理盐水冲洗。就医。 吸入：迅速脱离现场至空气新鲜处。保持呼吸道通畅。如呼吸困难，给输氧。如呼吸停止，立即进行人工呼吸。就医。 食入：饮足量温水，催吐。洗胃。就医。
	泄漏处置	隔离泄漏污染区，限制出入。切断火源。建议应急处理人员戴防尘面具（全面罩），穿防毒服。不要直接接触泄漏物。 小量泄漏：避免扬尘，用洁净的铲子收集于干燥、洁净、有盖的容器中。转移回收。 大量泄漏：用塑料布、帆布覆盖。然后转移回收。
	消防方法	采用干粉、干沙灭火。禁止用二氧化碳和酸碱灭火剂灭火。
主要用途	主要用于制造合金，也用于印刷和颜料行业。	
事件信息	2011 年 6 月下旬，广东省韶关市有关部门在例行监测中发现武江河乐昌段出现锑浓度异常情况。经排查确认，本次污染是武江上游湖南省临武县、宜章县境内的锑矿企业在特定条件下排出大量污染物，进入广东省境内造成的突发性水污染事故。 应急处置措施：加强沟通协调，国家组织湖南、广东两省摸清情况，强化控源：7 月，湖南采取控源措施，对郴州境内所有涉锑采选企业全部实施停产、关闭等措施；建设河道和点源治理工程措施；清理流域内含锑废渣。启动武江范围内水源超标情况下水厂的应急净化改造工程：采用絮凝等有效的除锑工艺，保障水厂出水符合要求，同时应做好启动坪石、乐昌、十里亭等水厂应急水源的准备工作，确保饮用水安全。加强监控：进一步优化监测布点和监测频率，加强跨省断面和相关水厂水源地水文水质实时监测、各水厂进水与出水监测以及污染发展态势分析工作，严密监视事故发展动态，为事故应急提供决策依据。开展综合评估，为后续科学处置提供依据。	

22. 氰酸钾：CAS 590-28-3

品名	氰酸钾	别名			英文名	Potassium cyanate
理化性质	分子式	KOCN	分子量	81.12	熔点	315℃
	沸点		相对密度	（水=1）：2.06	蒸气压	
	外观性状	白色晶体				
	溶解性	溶于水，微溶于乙醇				
稳定性和危险性	危险性：受高热或与酸接触会产生剧毒的氰化物气体。本品不燃，有毒，具刺激性。 燃烧（分解）产物：氰化氢、氧化钾。					
环境标准	中国车间空气最高容许浓度（mg/m³）0.3[HCN][皮]					
毒理学资料	健康危害：给狗腹腔注射 400 mg/kg，出现呕吐、流泪、流涎、呼吸加快、震颤、抽搐等现象，甚至死亡。受高热或与酸接触产生剧毒氰化物气体。 急性毒性：大鼠经口半数致死剂量（LD$_{50}$）：1 000 mg/kg； 　　　　　小鼠腹腔半数致死剂量（LD$_{50}$）：320 mg/kg。					
应急措施	急救措施	皮肤接触：脱去污染的衣着，用大量流动清水冲洗。 眼睛接触：提起眼睑，用流动清水或生理盐水冲洗。就医。 吸入：迅速脱离现场至空气新鲜处。保持呼吸道通畅。如呼吸困难，给输氧。呼吸心跳停止时，立即进行人工呼吸（勿用口对口）和胸外心脏按压术。给吸入亚硝酸异戊酯，就医。 食入：饮足量温水，催吐。洗胃，导泻。就医。				
	泄漏处置	隔离泄漏污染区，限制出入。建议应急处理人员戴防尘面具（全面罩），穿防毒服。用洁净的铲子收集于干燥、洁净、有盖的容器中，转移至安全场所。也可以用大量水冲洗，洗水稀释后放入废水系统。若大量泄漏，收集回收或运至废物处理场所处置。				
	消防方法	消防人员必须穿全身防火防毒服，在上风向灭火。灭火时尽可能将容器从火场移至空旷处。禁止使用酸碱灭火剂。				
主要用途	用于有机合成和制催眠药、麻醉药，也用做除草剂。					
事件信息	2009 年 8 月 13 日 16 时 40 分，靖江市西来镇凡有精细化工厂由于工人操作不当，造成氰酸钾生产设备爆炸，事故造成 4 人死亡，2 人受伤。当地环保部门应急人员立即赶赴现场，开展水、气环境监测，同时对厂区污水进行封堵、拦截。由于拦截及时，污水未进入外环境。现场监测结果表明，厂区外水、气环境无异常变化，此次爆炸事故未对周边环境造成影响。					

23. 氯化亚铁：CAS 7758-94-3

品名	氯化亚铁	别名	氯化亚铁无水；无水氯化亚铁；二氯化铁；氯化铁（Ⅱ）无水；二氯化铁（无水）	英文名	Ferrous chloride
理化性质	分子式	$FeCl_2$	分子量　126.75	熔　点	670～674℃
	沸　点	1 023℃	相对密度　3.16 (25)	蒸气压	506.62 kPa（22℃）
	外观性状	无色气体，有醚样的微甜气味			
	溶解性	易溶于水、乙醇、氯仿等			
稳定性和危险性	稳定性：稳定。 危险性：强氧化剂。受强热或与强酸接触时即发生爆炸。与还原剂、有机物、易燃物如硫、磷或金属粉末等混合可形成爆炸性混合物。急剧加热时可发生爆炸。				
环境标准	美国 TWA：1 mg/m³，ACGIH，OSHA； 英国 TWA：1 mg/m³； 英国 STEL：2 mg/m³（以上数据均以 Fe 计）； 前苏联车间空气最高容许浓度：0.5 mg/L（生活用水，以 Fe 计）； 中国车间空气最高容许浓度：0.3 mg/L（以 Fe 计）；250 mg/L（以 Cl 计）。				
毒理学资料	急性毒性：大鼠经口半数致死剂量（LD_{50}）：450 mg/kg； 　　　　　小鼠经腹腔半数致死剂量（LD_{50}）：59 mg/kg。 急性中毒表现：反复或高浓度暴露会引起体内积聚大量的铁，从而损害肝；本品会刺激鼻腔和咽喉；接触可引起皮肤灼伤，反复接触会引起眼睛变色，本品有腐蚀性。				
安全防护措施	呼吸系统防护：选用适当的呼吸器。 眼睛防护：戴防尘镜和面罩，以保护眼睛。 身体防护：穿戴清洁完好的防护服、手套、足靴、头盔，以保护皮肤。				
应急措施	急救措施	皮肤接触立即用肥皂、大量水冲洗皮肤患处，就医。 眼睛接触：用大量的水冲洗至少 15 min，就医。			
	泄漏处置	须穿戴防护用具进入现场；用最安全、简便的方法收集泄漏粉末于密封容器内。			
	消防方法	选用适合周围火源的灭火剂。			
主要用途	用作水处理净化剂、还原剂、无铅汽油助剂等。				
事件信息	2010 年 2 月 4 日晨 5 时 50 分左右，静海县大邱庄镇静王路与静王支线交口处发生一起车祸，一辆解放牌集装箱车与一辆运载氯化亚铁的斯泰尔卡车相撞，导致后者泄漏约 20 t 氯化亚铁。消防救援人员立即封锁交通并对现场进行警戒，随后用水对泄漏区域进行了稀释。6 点 50 分左右现场处理完毕。				

24. 氯酸钠: CAS 7775-09-9

品名	氯酸钠	别名		氯酸碱、白药钠	英文名	Sodium chlorate
理化性质	分子式	NaClO$_3$	分子量	106.441	熔点	248～261℃
	沸点	248～261℃	相对密度	2.49	蒸气压	
	外观性状	无色无臭结晶，味咸而凉，有潮解性				
	溶解性	易溶于水，微溶于乙醇				
稳定性和危险性	稳定性：稳定。 危险性：强氧化剂。受强热或与强酸接触时即发生爆炸。与还原剂、有机物、易燃物如硫、磷或金属粉末等混合可形成爆炸性混合物。急剧加热时可发生爆炸。					
环境标准	前苏联车间空气最高容许浓度（mg/m^3）：5。					
毒理学资料	急性毒性：大鼠经口半数致死剂量（LD$_{50}$）：1 200 mg/kg。 急性中毒表现：本品粉尘对呼吸道、眼及皮肤有刺激性。口服急性中毒，表现为高铁血红蛋白血症，胃肠炎，肝肾损伤，甚至发生窒息。					
应急措施	急救措施	皮肤接触：脱去污染的衣着，用大量流动清水冲洗。 眼睛接触：提起眼睑，用流动清水或生理盐水冲洗。就医。 吸入：迅速脱离现场至空气新鲜处。保持呼吸道通畅。如呼吸困难，给输氧。如呼吸停止，立即进行人工呼吸。就医。 食入：饮足量温水，催吐。就医。				
	泄漏处置	隔离泄漏污染区，限制出入。建议应急处理人员戴防尘面具（全面罩），穿防毒服。不要直接接触泄漏物。勿使泄漏物与有机物、还原剂、易燃物接触。 小量泄漏：避免扬尘，用洁净的铲子收集于干燥、洁净、有盖的容器中。 大量泄漏：收集回收或运至废物处理场所处置。				
	消防方法	用大量水扑救，同时用干粉灭火剂闷熄。				

主要用途	用作氧化剂及制氯酸盐、除草剂、医药品等，也用于冶金矿石处理。
事件信息	1. 2008 年 12 月 29 日 19 时 20 分，灞桥区正泰化工公司 3 名装卸工人在装卸氯酸钠过程中，发生爆炸起火，事故发生后，按照市政府领导指示，市公安局、市安监局、市消防支队、灞桥区政府等单位赶赴现场全力扑救火灾并开展现场搜寻，制订救援方案：①喷水对空气进行稀释；②抢运沙土，扑灭明火阻止大火向毗邻仓库的蔓延；③做好警戒，及时疏散危险区内人员。经过 3 h 现场清理完毕，救援结束。 2. 2010 年 8 月 3 日下午 3 点 20 分，成都市成华区龙潭寺新民村的一家化工品仓库发生爆炸，是连二亚硫酸钠遇水后发热产生高温，引发氯酸钠爆炸，为避免爆炸对附近水质造成影响，成都市环境监测部门到现场，观察了附近受污染的农田及水源后，抽取了爆炸现场的泥土、水样化验，同时对被污染的沟渠进行了河沙填埋隔断处理。

25. 氯磺酸：CAS 7790-94-5

品名	氯磺酸	别名			英文名	Chlorosulfonic acid
理化性质	分子式	$HClO_3S$	分子量	116.52	熔　点	−80℃
	沸　点	151℃	相对密度	（水=1）：1.77 （空气=1）：4.02	蒸气压	0.13 kPa（32℃）
	外观性状	无色半油状液体，有极浓的刺激性气味				
	溶解性	不溶于二硫化碳、四氯化碳，溶于氯仿、乙酸				
稳定性和危险性	稳定性：稳定。 危险性：与易燃物（如苯）和有机物（如糖、纤维素等）接触会发生剧烈反应，甚至引起燃烧。遇水猛烈分解，产生大量的热和浓烟，甚至爆炸。具有强腐蚀性。 燃烧（分解）产物：氯化氢、氧化硫。					
环境标准	我国暂无相关标准。					
毒理学资料	LC_{50}：38.5 mg/m³，4 h。 侵入途径：吸入、食入、经皮吸收。 健康危害：其蒸气对黏膜和呼吸道有明显刺激作用。临床表现有气短、咳嗽、胸痛、咽干痛、流泪、恶心、无力等。吸入高浓度可引起化学性肺炎、肺水肿。皮肤接触液体可致重度灼伤。					

应急措施	急救措施	皮肤接触：立即脱去污染的衣着，用流动清水冲洗 10 min 或用 2% 碳酸氢钠溶液冲洗。若有灼伤，按酸灼伤处理。 眼睛接触：立即提起眼睑，用流动清水或生理盐水冲洗至少 15 min。就医。 吸入：迅速脱离现场至空气新鲜处。注意保暖，保持呼吸道通畅。必要时进行人工呼吸。就医。 食入：患者清醒时立即漱口，给饮牛奶或蛋清。立即就医。
	泄漏处置	疏散泄漏污染区人员至安全区，禁止无关人员进入污染区，建议应急处理人员戴自给式呼吸器，穿化学防护服。合理通风，不要直接接触泄漏物，勿使泄漏物与可燃物质（木材、纸、油等）接触，在确保安全情况下堵漏。喷水雾减慢挥发（或扩散），但不要对泄漏物或泄漏点直接喷水。用沙土、蛭石或其他惰性材料吸收，然后收集运至废物处理场所处置。如果大量泄漏，在技术人员指导下清除。
	消防方法	灭火剂：二氧化碳、沙土。禁止用水。
主要用途		用于制造磺胺类药品，用做染料中间体、磺化剂、脱水剂及合成糖精等。
事件信息		2009 年 8 月 23 日，一载有 30 t 氯磺酸的罐车沿省道 S222 线行驶到河南安阳滑县留固镇大王庄村路口附近时，罐体阀门出现故障，约 2 t 氯磺酸发生泄漏，流入公路旁边的干沟内，附近无饮用水水源，无人员伤亡。 　处置措施：一是对出现故障的阀门进行了封堵，然后将罐车安全护送到新乡染化有限公司；二是对流入路边沟渠内的氯磺酸使用沙土、石灰进行吸附、中和处置；三是将处置工作产生的固体废物清运至垃圾填埋场进行安全填埋；四是开展应急监测，结果表明该事件未对周边环境造成明显影响。

26．锰：CAS 7439-96-5

品名	锰		别名		锰粉；金属锰	英文名	Manganese powder
理化性质	分子式	Mn		分子量	54.94	熔点	1 260℃
	沸点	1 900℃		相对密度	（水=1）：7.2	蒸气压	0.13 kPa（1 292℃）
	外观性状	银灰色粉末					
	溶解性	易溶于酸					

稳定性和危险性	稳定性：稳定。 危险性：粉体在受热、遇明火或接触氧化剂时会引起燃烧爆炸。与氧化剂混合能形成有爆炸性的混合物。遇水或酸能发生化学反应，放出易燃气体。与氟、氯等能发生剧烈的化学反应。 燃烧（分解）产物：氧化锰。
环境标准	中国生活饮用水卫生标准　0.1 mg/L 中国地下水质量标准（mg/L）　Ⅰ类 0.05；Ⅱ类 0.05；Ⅲ类 0.1；Ⅳ类 1.0；Ⅴ类 1.0 以上； 中国污水综合排放标准（mg/L）　一级 2.0；二级 2.0；三级 5.0。
毒理学资料	侵入途径：吸入、食入。 健康危害：主要为慢性中毒，损害中枢神经系统。主要表现为头痛、头晕、记忆减退、嗜睡、心动过速、多汗、两腿沉重、走路速度减慢、口吃、易激动等。重者出现"锰性帕金森氏综合征"，特点为面部呆板，无力，情绪冷淡，语言含糊不清，四肢僵直，肌颤，走路前冲，后退极易跌倒，书写困难等。 急性毒性：大鼠经口半数致死剂量（LD_{50}）：9 000 mg/kg。 致癌性：按 RTECS 标准为可疑致肿瘤物。

应急措施	急救措施	皮肤接触：脱去污染的衣着，用流动清水冲洗。 眼睛接触：立即提起眼睑，用流动清水冲洗。 吸入：脱离现场至空气新鲜处。必要时进行人工呼吸。就医。 食入：误服者给饮大量温水，催吐，就医。
	泄漏处置	隔离泄漏污染区，周围设置警告标志，切断火源。建议应急处理人员戴好防毒面具，穿一般消防防护服。避免扬尘，使用无火花工具收集于干燥、洁净、有盖的容器中，转移回收。
	消防方法	干粉、沙土。禁止用水。
主要用途		用作锰的标准液制备，在引燃剂中做可燃物。
事件信息		2006 年 6 月 21 日晚湖北省宜昌市长阳县龙舟坪镇遭受特大暴雨袭击，该镇长阳蒙特锰业有限责任公司一级渣坝约 9 m 高的混凝土坝体垮塌。致使约 200 t 锰渣下泄，未造成人员伤亡，但影响涉及下游清江支流沿头溪流域 3 个村 295 户 971 人（沿头溪流域无集中饮用水水源地）的饮水。 　　处置措施：一是责令长阳蒙特锰业公司立即停产；二是组织力量全力抢险，对渣场周围的排水系统进行疏通，紧急加固二、三级渣坝，确保废渣不再随雨水进入下游；三是市、县环保局组织环境监测人员对下游 40 km 的水域开展跟踪监测；四是对下游受影响的村民饮水问题，地方政府安排 3 辆水车给村民供水，确保村民正常生活用水。

27. 溴：CAS 7726-95-6

品名	溴	别名		溴素	英文名	Bromine
理化性质	分子式	Br$_2$	分子量	159.82	熔点	-7.2℃
	沸点	59.5℃	相对密度	（水=1）：3.10 （空气=1）：7.14	蒸气压	23.33 kPa（20℃）
	外观性状	暗红褐色发烟液体，有刺鼻气味				
	溶解性	微溶于水，易溶于乙醇、乙醚、苯、氯仿、二硫化碳、盐酸				
稳定性和危险性	稳定性：稳定。 危险性：具有强氧化性。与易燃物（如苯）和有机物（如糖、纤维素等）接触会发生剧烈反应，甚至引起燃烧。与还原剂强烈反应。腐蚀性极强。					
环境标准	中国工作场所时间加权平均容许浓度（mg/m^3） 0.6； 中国工作场所短时间接触容许浓度（mg/m^3） 2； 前苏联 车间空气中有害物质的最高容许浓度 0.5 mg/m^3[皮]； 前苏联（1975） 饮用水中有害物质最高允许浓度 0.2 mg/L； 日本 水产用水水质标准 1 mg/L。					

毒理学资料	侵入途径：吸入、食入、经皮吸收。
	健康危害：对皮肤、黏膜有强烈刺激作用和腐蚀作用。轻度中毒时，有全身无力、胸部发紧、干咳、恶心或呕吐；吸入较多时，有头痛、呼吸困难、剧烈咳嗽、流泪、眼睑水肿及痉挛。有的出现支气管哮喘、支气管炎或肺炎。少数人出现过敏性皮炎，高浓度溴可造成皮肤灼伤，甚至溃疡。长期吸入，除黏膜刺激症状外，还伴有神经衰弱征候群。
	急性毒性：小鼠吸入半数致死浓度（LC$_{50}$）：750×10^{-6}，9 min；
	   大鼠口服半数致死剂量（LD$_{50}$）：1 700 mg/kg；
	   小鼠口服半数致死剂量（LD$_{50}$）：3 100 mg/kg。					

应急措施	急救措施	皮肤接触：脱去污染的衣着，用流动清水冲洗 10 min 或用 2%碳酸氢钠溶液冲洗。若有灼伤，就医治疗。 眼睛接触：立即提起眼睑，用流动清水或生理盐水冲洗至少 15 min。就医。 吸入：迅速脱离现场至空气新鲜处。呼吸困难时给输氧。呼吸停止时，立即进行人工呼吸。就医。 食入：患者清醒时立即漱口，给饮牛奶或蛋清。立即就医。				
	泄漏处置	疏散泄漏污染区人员至安全区，禁止无关人员进入污染区，建议应急处理人员戴正压自给式呼吸器，穿厂商特别推荐的化学防护服（完全隔离）。不要直接接触泄漏物，在确保安全情况下堵漏。用沙土、干燥石灰或苏打灰混合，收集运至废物处理场所处置。也可以用大量水冲洗，经稀释的洗水放入废水系统。				
	消防方法	灭火剂：二氧化碳、沙土。				

主要用途	用做分析试剂、氧化剂、烯烃吸收剂、溴化剂
事件信息	2007年9月3日上午9时10分，位于重庆市渝北区回兴工业园区的新源兴制药厂生产车间的溴素陶罐在搬运中发生破裂外溢，导致约25 kg溴素升华，散发出强刺激性气体，造成相邻150 m处的段记西服公司166人职工因吸入溴气出现不良反应被送往医院救治，其中26人被送急救中心，10人留院观察。 处置措施：一是责令企业立即停产，采用碳酸钠、碳酸氢钠等化学品进行覆盖中和处理，防止溴素进一步升华。二是由重庆市职业病防治院专家救治中毒人员。三是环保部门现场开展调查和应急监测。

28. 聚合氯化铝：CAS 1327-41-9

品名	聚合氯化铝	别名		碱式氯化铝	英文名	Aluminium polychloride
理化性质	分子式	$Al_2Cl(OH)_5$	分子量	174.45	熔点	
	沸点		相对密度	（水=1）：2.44	蒸气压	0.13 kPa（100℃）
	外观性状	无色或黄色树脂状固体。其溶液为无色或黄褐色透明液体，有时因含杂质而呈灰黑色黏液				
	溶解性	易溶于水及稀酒精，不溶于无水酒精及甘油				
稳定性和危险性	稳定性：稳定性差，有吸附、凝聚、沉淀等性能。 危险性：有腐蚀性，加热至110℃以上时分解，放出氯化氢气体。					
环境标准	前苏联车间空气最高容许浓度（mg/m^3）：2[Al]。					
监测方法	滴定法					
毒理学资料	大鼠经口半数致死剂量（LD_{50}）：3 730 mg/kg。					

安全防护措施	工程控制：密闭，提供良好的通风条件。
	呼吸系统防护：空气中浓度超标时，必须佩戴自吸过滤式防尘口罩。
	眼睛防护：必要时，戴化学安全防护眼镜。
	身体防护：穿一般作业防护衣。
	手防护：戴一般作业防护手套。
	其他防护：工作现场严禁吸烟。注意个人清洁卫生。

应急措施	急救措施	如不慎溅到皮肤上要立即用水冲洗干净。生产人员要穿工作服，戴口罩、手套，穿长筒胶靴。生产设备要密闭，车间通风应良好。
	泄漏处置	隔离泄漏污染区，限制出入。建议应急处理人员戴防尘面具（全面罩），穿防酸碱工作服。不要直接接触泄漏物。
		小量泄漏：避免扬尘，用洁净的铲子收集于密闭容器中。
		大量泄漏：用塑料布、帆布覆盖。在专家指导下清除。
	消防方法	消防人员必须穿全身耐酸碱消防服。
		灭火剂：干燥沙土。

主要用途	为无机高分子化合物。可做絮凝剂，主要用于水处理，也用于精密铸造、医药、造纸、制革等。

事件信息	2011 年 4 月 24 日中午，一辆运载 20 t 聚氯化铝的简易式槽罐车在广西百色田东县林逢镇 324 国道 1 843 km 至 1 850 km 路段发生泄漏，湿滑的聚氯化铝造成该 7 km 路段发生多起交通事故，接到报警后，消防指挥员决定先将泄漏严重的 1 845 km 路段用细沙铺好，防止人员滑倒，确保清扫工作顺利的展开，然后利用市政洒水车先冲洗一遍，同时还利用消防高压水枪进行彻底的清洗，晚上 18 时 10 分，圆满地完成了此次聚氯化铝泄漏事故的处置。

29. 磷酸：CAS 85-44-9

品名	磷酸	别名	正磷酸		英文名	Phosphoric acid
理化性质	分子式	H_3PO_4	分子量	97.99	熔点	21℃
	沸点	158℃	相对密度	1.87（25℃）	蒸气压	0.67 kPa（25℃）
	外观性状	纯磷酸为无色结晶，无臭，具有酸味				
	溶解性	与水混溶，可混溶于乙醇				
稳定性和危险性	稳定性：遇氢发孔剂可燃；受热排放有毒磷氧化物烟雾。					
	危险性：本品不燃，具腐蚀性、刺激性，可致人体灼伤。					

环境标准	中国工作场所时间加权平均容许浓度（mg/m³） 1； 中国工作场所短时间接触容许浓度（mg/m³） 3。	
毒理学资料	急性毒性：大鼠经口半数致死剂量（LD$_{50}$）：1 530 mg/kg； 　　　　　兔经皮半数致死剂量（LD$_{50}$）：2 740 mg/kg	
	急性中毒表现：蒸气或雾对眼、鼻、喉有刺激性。口服液体可引起恶心、呕吐、腹痛、血便或休克。皮肤或眼接触可致灼伤。	
	家兔经眼：119 mg，重度刺激。家兔经皮：595 mg，24 h，重度刺激。	
安全防护措施	工程控制：密闭操作，注意通风。尽可能机械化、自动化。提供安全淋浴和洗眼设备。	
	呼吸系统防护：可能接触其蒸气时，必须佩戴自吸过滤式防毒面具（半面罩）；可能接触其粉尘时，建议佩戴自吸过滤式防尘口罩。	
	眼睛防护：戴化学安全防护眼镜。	
	身体防护：穿橡胶耐酸碱服。	
	手防护：戴橡胶耐酸碱手套。	
	其他防护：工作场所禁止吸烟、进食和饮水，饭前要洗手。工作完毕，淋浴更衣。单独存放被毒物污染的衣服，洗后备用。保持良好的卫生习惯。	
应急措施	急救措施	皮肤接触：立即脱去污染的衣着，用大量流动清水冲洗至少15 min。就医。
		眼睛接触：立即提起眼睑，用大量流动清水或生理盐水彻底冲洗至少15 min。就医。
		吸入：迅速脱离现场至空气新鲜处。保持呼吸道通畅。如呼吸困难，给输氧。如呼吸停止，立即进行人工呼吸。就医。
		食入：用水漱口，给饮牛奶或蛋清。就医。
	泄漏处置	隔离泄漏污染区，限制出入。建议应急处理人员戴防尘面具（全面罩），穿防酸碱工作服。不要直接接触泄漏物。 小量泄漏：用洁净的铲子收集于干燥、洁净、有盖的容器中。 大量泄漏：收集回收或运至废物处理场所处置。
	消防方法	用雾状水保持火场中容器冷却。用大量水灭火。
主要用途	用于制药、颜料、电镀、防锈等。	

事件信息	1. 2011 年 7 月 11 日晚，广昆高速公路 G80 线下行线文山富宁县者桑段 3 号隧道发生交通事故，一辆车牌号为桂 D12971 满载 900桶（约 32 t）工业磷酸的牵引车由云南个旧驶往广西方向，在行至该路段时车辆失控，导致所载工业磷酸不同程度泄漏。接到报警后，消防协同安监、交通、环保、卫生等相关部门共同处置，并启动《富宁县危化品泄漏应急处置预案》。根据现场勘察，采取了相关措施：一是实施交通管制，划定警戒区，疏散附近人员，确保人员安全；二是对工业磷酸的泄漏情况进行侦检；三是在路面采用沙土吸附、消防洗消等措施，避免受污染面积继续扩大，控制污染源；四是利用石灰对泄漏的液体进行吸收、覆盖，防止工业磷酸流入河流造成河流污染；五是调集吊车和大货车，将事故现场未泄漏的工业磷酸运走。事故现场得到全面控制，防止液体进一步蔓延。 2. 2011 年 4 月 21 日一辆装有 34 t 浓度为 47% 的湿法磷酸罐式车在草铺收费站 1 km 处与一辆货车发生意外，导致罐式车出料口损坏，车上 34 t 湿法磷酸全部泄漏，并顺着公路雨水沟流入距事故现场 800 m 的土塘内，环保执法人员接到报警后，立即与肇事方云南昆明交通运输集团有限公司安宁分公司联系，要求该公司立即采取有效措施，用石灰粉对公路雨水沟和土塘内湿法磷酸进行中和处理；对处理后的废物不得随意乱倒，必须堆放在合法的渣场和尾矿库内，要加强现场的清理工作，消除事故影响。到 16 日 16 时，环保执法人员再次到现场查看时，事故已基本处置完毕。 3. 2011 年 5 月 17 日，罗富高速者桑 2 号隧道口，一辆载有 28.6 t磷酸的货车因制动失灵驶入自救匝道，引起磷酸泄漏，接到报警后，消防协同安监、交通、环保、卫生等相关部门参与处置。现场指定并采取措施：一是救人；二是堵漏；三是用水对现场泄漏的磷酸进行稀释；四是倒装。 4. 2010 年 6 月 16 日 18 时许，鹤山市桃源镇马山笋洞村发生不明液体泄漏，经消防和环保部门人员的深入勘察，泄漏液体为磷酸，救援的交警、路政、环保和消防部门立即组成救援指挥部，并做了详细分工：一是交警部门负责双向 500 m 封道，并负责警戒，根据磷酸泄漏的流淌方向，在沿线设立隔离带，禁绝火源点源；二是路政部门负责调集车辆和清理路碍；三是消防和环保部门负责现场处置，利用沙子、煤灰对泄漏出的磷酸进行吸附，设置水枪阵地 3 处，利用喷雾水对浓硫酸进行稀释，同时对罐体泄漏点进行堵漏工作。

（二）有机物

30．一甲胺：CAS 74-89-5

品名	一甲胺	别名	氨基甲烷		英文名	Monomethylamine
理化性质	分子式	CH_5N	分子量	31.10	熔点	−93.5℃
	沸点	−6.8℃	相对密度	（水=1）：0.66	蒸气压	202.65 kPa（25℃）
	外观性状	无色气体，有似氨的气味				
	溶解性	易溶于水，溶于乙醇、乙醚等				
稳定性和危险性	稳定性：稳定。 危险性：易燃，与空气混合能形成爆炸性混合物。接触热、火星、火焰或氧化剂易燃烧爆炸。气体比空气重，能在较低处扩散到相当远的地方，遇火源会着火回燃。					
环境标准	工作场所时间加权平均容许浓度　5 mg/m³					
监测方法	对硝基苯胺重氮盐比色； 气相色谱法（空气）《空气中有害物质的测定方法》（第二版），杭士平主编。					
毒理学资料	急性毒性：小鼠吸入半数致死浓度（LC_{50}）：2 400 mg/m³，2 h。					
安全防护措施	工程控制：生产过程密闭，加强通风。提供安全淋浴和洗眼设备。 呼吸系统防护：空气中浓度超标时，建议佩戴自吸过滤式防毒面具（全面罩）。紧急事态抢救或撤离时，建议佩戴氧气呼吸器或空气呼吸器。 眼睛防护：呼吸系统防护中已做防护。 身体防护：穿防静电工作服。 手防护：戴橡胶手套。 其他：工作现场严禁吸烟、进食和饮水。工作完毕，淋浴更衣。					
应急措施	急救措施	皮肤接触：立即脱去被污染的衣着，用大量流动清水冲洗，至少15 min。就医。 眼睛接触：立即提起眼睑，用大量流动清水或生理盐水彻底冲洗至少15 min。就医。 吸入：迅速脱离现场至空气新鲜处。保持呼吸道通畅。如呼吸困难，给输氧。如呼吸停止，立即进行人工呼吸。就医。 食入：误服者用水漱口，给饮牛奶或蛋清。就医。				

应急措施	泄漏处置	迅速撤离泄漏污染区人员至上风处，并进行隔离，严格限制出入。切断火源。建议应急处理人员戴自给正压式呼吸器，穿防静电工作服。尽可能切断泄漏源。合理通风，加速扩散。喷雾状水稀释、溶解。构筑围堤或挖坑收容产生的大量废水。如有可能，将残余气或漏出气用排风机送至水洗塔或与塔相连的通风橱内。漏气容器要妥善处理，修复、检验后再用。储罐区最好设稀酸喷洒设施。
	消防方法	切断气源。若不能切断气源，则不允许熄灭泄漏处的火焰。喷水冷却容器，可能的话将容器从火场移至空旷处。 灭火剂：雾状水、抗溶性泡沫、干粉、二氧化碳。
主要用途		用作染料、农药（如甲胺磷）、制药（如非乃根、磺胺）、燃料添加剂、溶剂、火箭推进剂等。
事件信息		2011年1月17日湖南常德经济技术开发区内的湖南海利常德农药化工有限公司厂区发生一起一甲胺泄漏事故，市消防支队利用高压水枪喷水压住泄漏口，吸收溢出的一甲胺气体，并将吸收一甲胺的废水泵入应急池进行处理，事故得以排除。

31．乙拌磷：CAS 298-04-4

品名	乙拌磷		别名		敌死通		英文名	Disyston；Dsulfoton
理化性质	分子式	$C_8H_{19}O_2PS_3$		分子量	274.39		熔　点	39.5～41.5℃
	沸　点	62℃ （0.001 3 kPa）		相对密度	（水=1）： 1.14		蒸气压	2.9 mPa（25℃）
	外观性状	棕黄色油状液体，有特殊气味						
	溶解性	不溶于水						
稳定性和危险性	危险性：遇明火、高热可燃。受热分解，放出磷、硫的氧化物等毒性气体。本品可燃，高毒。 燃烧（分解）产物：一氧化碳、二氧化碳、氧化磷、氧化硫。							
毒理学资料	健康危害：抑制胆碱酯酶活性，引起神经功能紊乱，发生与胆碱能神经过度兴奋相似的症状。 急性中毒：轻度中毒有头痛、头晕、恶心、呕吐、多汗、胸闷、视力模糊、无力等症状，全血胆碱酯酶活性在50%～70%；中度中毒除上述症状外，有肌束震颤、瞳孔缩小、轻度呼吸困难、流涎、腹痛、腹泻等，全血胆碱酯酶活性在30%～50%；重度中毒上述症状加重，可有肺水肿、昏迷、呼吸麻痹或脑水肿，全血胆碱酯酶活性在30%以下。可引起迟发性神经病。慢性影响：可有神经衰弱综合征、腹胀、多汗、肌纤维震颤等，全血胆碱酯酶活性降至50%以下。 急性毒性：大鼠经口半数致死剂量（LD_{50}）4 mg/kg； 　　　　　大鼠经皮半数致死剂量（LD_{50}）50 mg/kg； 　　　　　大鼠吸入半数致死浓度（LC_{50}）200 mg/m³。							

应急措施	急救措施	皮肤接触：立即脱去污染的衣着，用肥皂水及流动清水彻底冲洗污染的皮肤、头发、指甲等。就医。 眼睛接触：提起眼睑，用流动清水或生理盐水冲洗。就医。 吸入：迅速脱离现场至空气新鲜处。保持呼吸道通畅。如呼吸困难，给输氧。如呼吸停止，立即进行人工呼吸。就医。 食入：饮足量温水，催吐。用清水或2%～5%碳酸氢钠溶液洗胃。就医。
	泄漏处置	迅速撤离泄漏污染区人员至安全区，并进行隔离，严格限制出入。切断火源。建议应急处理人员戴自给正压式呼吸器，穿防毒服。尽可能切断泄漏源。防止流入下水道、排洪沟等限制性空间。 小量泄漏：用沙土或其他不燃材料吸附或吸收。 大量泄漏：构筑围堤或挖坑收容。用泵转移至槽车或专用收集器内，回收或运至废物处理场所处置。
	消防方法	消防人员必须佩戴过滤式防毒面具（全面罩）或隔离式呼吸器、穿全身防火防毒服，在上风向灭火。尽可能将容器从火场移至空旷处。喷水保持火场容器冷却，直至灭火结束。处在火场中的容器若已变色或从安全泄压装置中产生声音，必须马上撤离。 灭火剂：雾状水、泡沫、干粉、二氧化碳、沙土。
主要用途		用作杀虫剂。
事件信息		2006年5月8日晚，重庆市江津市南部山区遭受大暴雨袭击，导致柏林镇傅家场农药商店部分农药浸泡流入当地的笋溪河，笋溪河在事发地下游约85 km处汇入綦江，流经17 km后汇入长江。被浸泡和入水农药（含乙伴磷）总量为926.15 kg。 　处置措施：重庆市环保局立即启动突发环境事件应急预案，有关人员赶赴现场开展应急监测和处置工作。在事发地85 km沿线布设了7个监测点位，每2 h取样监测一次。并向江津市政府提出了3点建议：① 立即通知笋溪河下游沿线饮用水源取水点全面停水，待监测结果证明无影响后方可恢复供水；② 立即组织人员沿河道捞瓶装农药，及时消除对河流水质的影响。③ 妥善处理被洪水浸泡的农药和化肥。

32. 乙酰甲胺磷: CAS 30560-19-1

品名	乙酰甲胺磷	别名		杀虫灵	英文名	Acephate
理化性质	分子式	$C_4H_{10}NO_3SP$	分子量	183.16	熔点	92℃
	沸点	147℃	相对密度	(水=1): 1.35	蒸气压	$2.266×10^{-1}$ Pa（24℃）
	外观性状	纯品为白色结晶，工业品为白色吸湿性固体，有刺激性气味				
	溶解性	易溶于水，易溶于甲醇、乙醇、丙酮等多数有机溶剂				
稳定性和危险性	稳定性：在酸性介质中稳定，在碱性介质中不稳定，分解温度为147℃。 危险性：遇明火、高热可燃。受热分解，放出氮、磷的氧化物等毒性气体。 有害燃烧产物：一氧化碳、二氧化碳、氮氧化物、氧化磷。					
环境标准	PC—TWA: 0.3 mg/m³					
毒理学资料	侵入途径：吸入、食入、经皮吸收。 健康危害：本品属有机磷酸酯类农药。该类农药抑制体内胆碱酯酶，造成神经生理功能紊乱。有机磷农药急性中毒系误服引起。中毒表现有头痛、头昏、食欲减退、恶心、呕吐、腹痛、腹泻、流涎、瞳孔缩小、呼吸道分泌物增多、多汗、肌束震颤等。重症出现肺水肿、昏迷、呼吸麻痹、脑水肿，少数重度中毒者在临床症状消失后数周出现神经病。接触有机磷农药工人可有头晕、头痛、无力、失眠、多汗、四肢麻木、肌肉跳动等。血胆碱酯酶活性降低。 急性毒性：大鼠经口半数致死剂量（LD_{50}）：886～945 mg/kg； 　　　　　小鼠经口半数致死剂量（LD_{50}）：361 mg/kg； 　　　　　兔经皮半数致死剂量（LD_{50}）：2 000 mg/kg 　　　　　LC_{50}：无资料。					
应急措施	急救措施	皮肤接触：立即脱去污染的衣着，用肥皂水及流动清水彻底冲洗污染的皮肤、头发、指甲等。就医。 眼睛接触：提起眼睑，用流动清水或生理盐水冲洗。就医。 吸入：迅速脱离现场至空气新鲜处。保持呼吸道通畅。如呼吸困难，给输氧。如呼吸停止，立即进行人工呼吸。就医。 食入：饮足量温水，催吐。用清水或2%～5%碳酸氢钠溶液洗胃。就医。				

应急措施	泄漏处置	隔离泄漏污染区，限制出入。切断火源。建议应急处理人员戴防尘面具（全面罩），穿防毒服。用洁净的铲子收集于干燥、洁净、有盖的容器中，转移至安全场所。也可以用大量水冲洗，洗水稀释后放入废水系统。若大量泄漏，收集回收或运至废物处理场所处置。
	消防方法	尽可能将容器从火场移至空旷处。灭火剂：雾状水、泡沫、干粉、二氧化碳、沙土。
主要用途		用作农用杀虫剂。
事件信息		2006 年 8 月 10 日 20 时 40 分，宁波市江东区百丈东路延伸段的"宁波市兴达农资公司"食品化肥农药仓库发生火灾，化肥农药类库房，主要存放有敌克松、敌敌畏、卷叶虫特杀、乙酰甲胺磷、百草枯等 17 种农药（化肥）约 30 t，因火灾导致约 2 t 农药、化肥泄漏，并随消防冲洗水流入仓库附近中央江等 3 条河道里产生污染，形成了 200 m 左右的污染带，受污染水体出现死鱼现象。 处置措施：一是通知附近村民禁止从受污染水体取水；二是对受污染的 3 条河道进行筑坝封堵；三是调用活性炭对受污染的内河网河道进行抛洒吸附；四是调集 300 只空桶收集事发地残留农药、消防废水、破碎的瓶子和污染泥土等一并运往宁波大地环保进行集中处置，并对剩余的农药进行整理转移；五是调集硅渣土对地面残留农药进行掩埋；六是对受污染河道以每 30 m 一个点位的密度进行布点连续监测。

33. 乙酸乙烯酯：CAS 108-05-4

品名	乙酸乙烯酯		别名		乙酸乙烯		英文名	Vinyl acetate
理化性质	分子式	$CH_3COOCHCH_2$		分子量		86.09	熔点	$-93.2℃$
	沸点	$71.8\sim73℃$		相对密度		（水=1）：0.93 （空气=1）：3.0	蒸气压	13.3 kPa/21.5℃
	外观性状	无色液体，具有甜的醚味					闪点	$-8℃$
	溶解性	微溶于水，溶于醇、醇、丙酮、苯、氯仿						
稳定性和危险性		稳定性：稳定。 危险性：易燃，其蒸气与空气可形成爆炸性混合物。遇明火、高热能引起燃烧爆炸。与氧化剂能发生强烈反应。极易受热、光或微量的过氧化物作用而聚合，含有抑制剂的商品与过氧化物接触也能猛烈聚合。其蒸气比空气重，能在较低处扩散到相当远的地方，遇明火会引着回燃。 燃烧（分解）产物：一氧化碳、二氧化碳。						

环境标准	中国工作场所时间加权平均容许浓度（mg/m³） 10； 中国工作场所短时间接触容许浓度（mg/m³） 15； 前苏联 车间空气中有害物质的最高容许浓度 10 mg/m³； 前苏联（1975）居民区大气中最大允许浓度 0.15 mg/m³（最大值；日均值）； 前苏联（1975）水体中有害物质最高允许浓度 0.2 mg/L； 空气中嗅觉阈浓度 0.005 mg/L。

毒理学资料	侵入途径：吸入、食入、经皮吸收。
	健康危害：本品对眼睛、皮肤、黏膜和上呼吸道有刺激性。长时间接触有麻醉作用。
	毒性：属低毒类。
	急性毒性：大鼠经口半数致死剂量（LD_{50}）：2 900 mg/kg；
	         兔经皮半数致死剂量（LD_{50}）：2 500 mg/kg；
	         大鼠吸入半数致死浓度（LC_{50}）：14 080 mg/m³，4 h
	亚急性和慢性毒性：大鼠吸入 2.4 mg/m³，24 h，轻度肝脏酶变化。
	致癌性：IARC 致癌性评论：动物为不肯定性反应。

应急措施	急救措施	皮肤接触：脱去被污染的衣着，用肥皂水和清水彻底冲洗皮肤。 眼睛接触：提起眼睑，用流动清水或生理盐水冲洗。就医。 吸入：迅速脱离现场至空气新鲜处。保持呼吸道通畅。如呼吸困难，给输氧。如呼吸停止，立即进行人工呼吸。就医。 食入：饮足量温水，催吐。就医。
	泄漏处置	迅速撤离泄漏污染区人员至安全区，并进行隔离，严格限制出入。切断火源。建议应急处理人员戴自给正压式呼吸器，穿消防防护服。尽可能切断泄漏源，防止进入下水道、排洪沟等限制性空间。 小量泄漏：用沙土或其他不燃材料吸附或吸收。也可以用不燃性分散剂制成的乳液刷洗，洗液稀释后放入废水系统。 大量泄漏：构筑围堤或挖坑收容。喷雾状水冷却和稀释蒸气、保护现场人员、把泄漏物稀释成不燃物。用防爆泵转移至槽车或专用收集器内，回收或运至废物处理场所处置。 废弃物处置方法：建议用焚烧法处置。
	消防方法	灭火剂：泡沫、二氧化碳、干粉、沙土。 遇大火，消防人员须在有防护掩蔽处操作。用水灭火无效，但须用水保持火场中容器冷却。

主要用途	用于有机合成，主要用于合成维尼纶，也用于黏结剂和涂料工业等。
事件信息	2009 年 7 月 26 日 6 时许，成都市新都区龙桥镇渭水社区的成都川品黏胶有限公司发生化学品泄漏并燃烧爆炸事故，导致 2.5 t 生产原料乙酸乙烯泄漏。环保部门对事故厂区周围毛渠进行了有效封堵，所有原料及消防废水未进入环境造成污染。

34．乙酸乙酯：CAS 141-78-6

品名	乙酸乙酯	别名	醋酸乙酯		英文名	Ethyl acetate
理化性质	分子式	$C_4H_8O_2$	分子量	88.10	熔点	−83.6℃
	沸点	77.2℃	相对密度	（水=1）：0.90 （空气=1）：3.04	蒸气压	13.33 kPa/27℃
	外观性状	无色澄清液体，有芳香气味，易挥发			闪点	−4℃
	溶解性	微溶于水，溶于醇、酮、醚、氯仿等多数有机溶剂				
稳定性和危险性	稳定性：稳定。 危险性：易燃，其蒸气与空气可形成爆炸性混合物。遇明火、高热能引起燃烧爆炸。与氧化剂接触会猛烈反应。在火场中，受热的容器有爆炸危险。其蒸气比空气重，能在较低处扩散到相当远的地方，遇明火会引着回燃。 燃烧（分解）产物：一氧化碳、二氧化碳。					
环境标准	中国工作场所时间加权平均容许浓度（mg/m³） 200； 中国工作场所短时间接触容许浓度（mg/m³） 300； 前苏联（1977） 水体中有害物质最高允许浓度 0.1 mg/L； 前苏联（1975） 水体中有害物质最高允许浓度 0.1 mg/L； 前苏联（1975） 污水排放标准 10 mg/L； 　　　　　　　　嗅觉阈浓度 270 mg/m³。					
毒理学资料	侵入途径：吸入、食入、经皮吸收。 健康危害：对眼、鼻、咽喉有刺激作用。高浓度吸入可引起进行性麻醉作用，急性肺水肿，肝、肾损害。持续大量吸入，可致呼吸麻痹。误服者可产生恶心、呕吐、腹痛、腹痛、腹泻等。有致敏作用，因血管神经障碍而致牙龈出血；可致湿疹样皮炎。 慢性影响：长期接触本品有时可致角膜混浊、继发性贫血、白细胞增多等 毒性：属低毒类。 急性毒性：大鼠经口半数致死剂量（LD_{50}）：5 620 mg/kg； 　　　　　　兔经口半数致死剂量（LD_{50}）：4 940 mg/kg； 　　　　　　大鼠吸入半数致死浓度（LC_{50}）：5 760 mg/m³，8 h； 人吸入 2 000 mg/L×60 min，严重毒性反应；人吸入 800 mg/L，有病症；人吸入 400 mg/L 短时间，眼、鼻、喉有刺激。 亚急性和慢性毒性：豚鼠吸入 2 000 mg/L，或 7.2 g/m³，无明显影响；兔吸入 16 000 mg/m³×1 h/d×40 d，贫血，白细胞增加，脏器水肿和脂肪变性。 致突变性：性染色体缺失和不分离：啤酒酵母菌 24 400 mg/L。细胞遗传学分析：仓鼠成纤维细胞 9 g/L。					

	急救措施	皮肤接触：脱去被污染的衣着，用肥皂水和清水彻底冲洗皮肤。就医。 眼睛接触：提起眼睑，用流动清水或生理盐水冲洗。就医。 吸入：迅速脱离现场至空气新鲜处。保持呼吸道通畅。如呼吸困难，给输氧。如呼吸停止，立即进行人工呼吸。就医。 食入：饮足量温水，催吐，就医。
应急措施	泄漏处置	迅速撤离泄漏污染区人员至安全区，并进行隔离，严格限制出入。切断火源。建议应急处理人员戴自给正压式呼吸器，穿消防防护服。尽可能切断泄漏源，防止进入下水道、排洪沟等限制性空间。 小量泄漏：用活性炭或其他惰性材料吸收。也可以用大量水冲洗，洗水稀释后放入废水系统。 大量泄漏：构筑围堤或挖坑收容；用泡沫覆盖，降低蒸气灾害。用防爆泵转移至槽车或专用收集器内，回收或运至废物处理场所处置。
	消防方法	灭火剂：抗溶性泡沫、二氧化碳、干粉、沙土。 用水灭火无效，但可用水保持火场中容器冷却。
主要用途		用途很广，主要用作溶剂及用于染料和一些医药中间体的合成。
事件信息		2006 年 11 月 21 日凌晨 5 时，一辆装载乙酸乙酯（属低毒类）的车辆途径湖州 104 国道埭溪大桥段时，发生交通事故引起燃烧。部分消防废水流入下沈河，距事发地下游 300 m 处为埭溪水厂（日供水量 3 000 t）取水口。 　处置措施：一是加大监测力度。在事发地上游 250 m（对照点）、下游 80 m 及埭溪水厂取水口进行布点采样，频率为每小时一次；二是采取有效措施控制污染扩散。在污染消除前，埭溪水厂停止取水；三是做好临时供水方案等准备工作，并做好河水稀释和加快河水流动工作；四是当地政府及时做好宣传解释工作，确保社会稳定。

35．乙酸甲酯：CAS 79-20-9

品名	乙酸甲酯	别名		醋酸甲酯	英文名	Acetic acid methyl ester
理 化 性 质	分子式	$C_3H_6O_2$	分子量	74.08	熔点	−98.7℃
	沸点	57.8℃	相对密度	（水=1）：0.92	蒸气压	13.33 kPa（9.4℃）
	外观性状	无色透明液体，有香味				
	溶解性	微溶于水，可混溶于乙醇、乙醚等多数有机溶剂				
稳定 性和 危险 性	稳定性：稳定。					
	危险性：易燃，其蒸气与空气可形成爆炸性混合物，遇明火、高热能引起燃烧爆炸。与氧化剂接触猛烈反应。其蒸气比空气重，能在较低处扩散到相当远的地方，遇火源会着火回燃。					

环境标准	工作场所时间加权平均容许浓度　200 mg/m³； 前苏联（1977）居民区大气中有害物最大允许浓度　0.07 mg/m³（最大值，昼夜均值）； 前苏联（1975）水体中有害物质最高允许浓度　0.1 mg/L。
监测方法	溶剂解吸–气相色谱法（空气）《工作场所有害物质监测方法》（徐伯洪 闫慧芳主编）； 直接进样–气相色谱法（空气）《工作场所有害物质监测方法》（徐伯洪 闫慧芳主编）； 气相色谱法（空气）《空气中有害物的测定方法》（第二版），杭士平主编； 羟胺-氯化铁比色法（空气）《空气中有害物的测定方法》（第二版），杭士平主编。
毒理学资料	急性毒性： 大鼠经口半数致死剂量（LD₅₀）：5 450 mg/kg； 兔经口半数致死剂量（LD₅₀）：3 700 mg/kg。
安全防护措施	呼吸系统防护：可能接触其蒸气时，应该佩戴自吸过滤式防毒面具（半面罩）。紧急事态抢救或撤离时，建议佩戴空气呼吸器。 眼睛防护：戴化学安全防护眼镜。 身体防护：穿防静电工作服。 手防护：戴橡胶耐油手套。 其他防护：工作现场严禁吸烟。工作完毕，淋浴更衣。注意个人清洁卫生。

应急措施	急救措施	皮肤接触：脱去污染的衣着，用肥皂水和清水彻底冲洗皮肤。 眼睛接触：提起眼睑，用流动清水或生理盐水冲洗。就医。 吸入：迅速脱离现场至空气新鲜处。保持呼吸道通畅。如呼吸困难，给输氧。如呼吸停止，立即进行人工呼吸。就医。 食入：饮足量温水，催吐。就医。
	泄漏处置	迅速撤离泄漏污染区人员至安全区，并进行隔离，严格限制出入。切断火源。建议应急处理人员戴自给正压式呼吸器，穿防静电工作服。尽可能切断泄漏源。防止流入下水道、排洪沟等限制性空间。 小量泄漏：用活性炭或其他惰性材料吸收。也可以用大量水冲洗，洗水稀释后放入废水系统。 大量泄漏：构筑围堤或挖坑收容。用泡沫覆盖，降低蒸气灾害。用防爆泵转移至槽车或专用收集器内，回收或运至废物处理场所处置。
	消防方法	用水灭火无效，但可用水保持火场中容器冷却。 灭火剂：抗溶性泡沫、二氧化碳、干粉、沙土。
主要用途		树脂、涂料、油墨、油漆、胶黏剂、皮革生产过程所需的有机溶剂，聚氨酯泡沫发泡剂，天那水等。

事件信息	1. 2011 年 12 月 26 日，S50 浙江省道龙游县沐尘乡境内一辆江西牌照装有乙酸甲酯的槽罐车翻车后撞上了路边一幢经营小卖店的民房，随后发生化学品泄漏，接到报警后，消防官兵赶到救援，利用吊车对槽罐车进行吊离，并用水枪对槽罐车进行冷却，防止槽罐车吊离时与水泥地面摩擦产生火花，并将沙土搬运到现场，覆盖在泄漏的液体上，晚上 20 时左右，现场救援基本结束。 2. 2011 年 9 月 13 日，一辆化学品槽罐车在行驶至浙江丽水龙泉市八都大桥头路段时翻入 3 m 多深的桥下，槽罐车上装载的 30 t 醋酸甲酯发生泄漏。当地政府以及相关部门迅速赶赴现场进行救援和处置，立即启动突发事件应急预案，并迅速成立应急处置指挥部，设立秩序维护、事故处置、环境检测、污染处理、技术专家 5 个工作组，救援组立即组成堵漏、稀释小组进行作业，并组织周围群众疏散转移，为了防止醋酸甲酯泄漏造成污染，环保人员做好事故车辆周边防治措施，一边在事故点下游设置多个监测点，定点定时取水样化验监测，并告知当地村民，暂停使用安吉村及下游河水，严禁食用死鱼。经检测，现场水域水质及下游水体符合 II 类水功能区，龙泉市城市饮用水取自岩樟溪，饮用水源安全。现场调集了另一辆槽罐车对事故车辆内的醋酸甲酯进行转移，对事故现场泄漏残留物进行收集，外运到宁波指定地点处置。 3. 2011 年 10 月 31 日在 104 国道浙江温州往福建宁德方向的福鼎万古亭路段，一辆装载 29 t 醋酸甲酯的槽罐车发生侧翻，造成醋酸甲酯液体发生大量泄漏。事发后，宁德福鼎市公安消防大队 23 名消防官兵立即赶往现场，运用水枪对泄漏液体和蒸发气体进行稀释，并紧急联动当地应急办、公安、安监、环保等部门开展人员疏散、道路警戒、倒罐输转等处理。由于需要从浙江宁波调动槽罐车进行倒罐，至当晚 21 时 30 分，救援人员才完成车辆倒罐作业，成功排除险情。

36．2-乙基己醇：CAS 104-76-7

品名	2-乙基己醇	别名		异辛醇		英文名	2-Ethyl hexanol
理化性质	分子式	$C_8H_{18}O$	分子量		130.23	熔　点	−76℃
	沸　点	185～189℃	相对密度		（水=1）：0.835	蒸气压	48Pa（20℃）
	外观性状	澄清的液体					
	溶解性	溶于约 720 倍的水，与多数有机溶剂互溶					
稳定性和危险性	稳定性：稳定。 危险性：本品可燃，具强刺激性，具致敏性。遇明火、高热可燃。与氧化剂可发生反应。若遇高热，容器内压增大，有开裂和爆炸的危险。						

环境标准	FEMA：饮料、冰淇淋、糖果、胶姆糖，均 10 mg/kg。	
监测方法	按气相色谱法（GT-10）测定或按气相色谱法（GT-10-4）中用非极性柱方法测定。	
毒理学资料	毒性不大。大鼠经口半数致死剂量（LD$_{50}$）：3 200～7 600 mg/kg。摄入、吸入或经皮肤吸收后对身体有害。对眼睛有强烈刺激作用，可致眼睛损害；可引起皮肤的过敏反应。	
安全防护措施	呼吸系统防护：高浓度接触时，应该佩戴供气式呼吸器。高于 NIOSH REL 浓度或尚未建立 REL，任何可检测浓度下：自携式正压全面罩呼吸器、供气式正压全面罩呼吸器辅之以辅助自携式正压呼吸器。逃生：装有机蒸气滤毒盒的空气净化式全面罩呼吸器（防毒面具）、自携式逃生呼吸器。 眼睛防护：戴安全防护眼镜。 防护服：穿工作服。 手防护：必要时戴防护手套。 其他：工作现场严禁吸烟。	
应急措施	急救措施	皮肤接触：脱去污染的衣着，用肥皂水及清水彻底冲洗。注意患者保暖并且保持安静。确保医务人员了解该物质相关的个体防护知识，注意自身防护。 眼睛接触：立即翻开上下眼睑，用流动清水冲洗 15 min。就医。 吸入：迅速脱离现场至空气新鲜处。呼吸困难时给输氧。呼吸停止时，立即进行人工呼吸。就医。 食入：误服者给饮足量温水，催吐，就医。 工程控制：密闭操作。提供良好的自然通风条件。
	泄漏处置	切断火源。戴自给式呼吸器，穿一般消防防护服。在确保安全情况下堵漏。用沙土或其他不燃性吸附剂混合吸收，然后收集运到空旷处焚烧。 大量泄漏：利用围堤收容，然后收集、转移、回收或无害处理后废弃。
	消防方法	灭火剂：泡沫、二氧化碳、干粉。
主要用途		用于生产增塑剂、消泡剂、分散剂、选矿剂和石油填加剂，也用于印染、油漆、胶片等方面。
事件信息		2009 年 4 月 28 日上午 6 时左右，一辆装载异辛醇的重型罐式半挂车行驶至无锡新区锡甘路路口时，与一辆公交大客车发生碰撞，部分"异辛醇"泄漏。事故发生后，无锡市公安局指挥中心迅速通报安监、环保等部门，同时指令新区分局和交通巡警、消防部门立即组织力量赶赴现场进行处置，疏散事故现场周围群众，协助清理稀释泄漏化学品，做好现场交通疏导工作。当日上午 10 时 30 分许，现场清理工作结束，化学品车辆被安全转移，道路恢复畅通，期间未引发交通拥堵，未对周边环境造成影响。

37. 二乙烯酮：CAS 674-82-8

品名	二乙烯酮	别名	双乙烯酮；乙酰（基）乙烯酮；双烯酮	英文名	Diketene
理化性质	分子式	$C_4H_4O_2$	分子量	84.07	熔点	−7.5℃
	沸点	127.4℃	相对密度	（水=1）：1.10；（空气=1）：2.9	蒸气压	1.05 kPa
	外观性状	无色液体，有刺激气味			闪点	34℃
	溶解性	溶于水、多数有机溶剂				

稳定性和危险性	稳定性：稳定。 危险性：易燃，在无机酸、碱、胺与弗里德尔-克拉夫特催化剂存在下，能猛烈聚合，放出气体使容器爆破。 燃烧（分解）产物：一氧化碳、二氧化碳。
环境标准	我国暂无相关标准。
毒理学资料	侵入途径：吸入、食入、经皮吸收。 健康危害：蒸气对眼和呼吸道有剧烈的刺激作用，有眼灼痛、头痛、窒息感，伴咳嗽、胸痛、眼结膜充血、流泪、流涕，肺部有干湿罗音。严重者引起肺水肿。吸入后到产生症状前有短暂的潜伏期。高浓度与皮肤接触，可引起皮炎或溃疡；眼接触可致角膜化学性灼伤。长期较高浓度接触可能发生肺硬化。 毒性：属低毒类。 急性毒性：大鼠经口半数致死剂量（LD_{50}）：560 mg/kg； 　　　　　兔经皮半数致死剂量（LD_{50}）：2 830 mg/kg。 刺激性：家兔经眼：50 μg(24 h)，重度刺激。家兔经皮开放性刺激试验：500 mg，轻度刺激。
应急措施	急救措施：皮肤接触：脱去被污染的衣着，用大量流动清水冲洗，至少 15 min。就医。 眼睛接触：立即提起眼睑，用大量流动清水或生理盐水彻底冲洗至少 15 min。就医。 吸入：迅速脱离现场至空气新鲜处。保持呼吸道通畅。如呼吸困难，给输氧。如呼吸停止，立即进行人工呼吸。就医。 食入：误服者用水漱口，给饮牛奶或蛋清。就医。
	泄漏处置：迅速撤离泄漏污染区人员至安全区，并立即隔离 150 m，严格限制出入。切断火源。建议应急处理人员戴自给正压式呼吸器，穿防毒服。从上风处进入现场。尽可能切断泄漏源，防止进入下水道、排洪沟等限制性空间。 小量泄漏：用活性炭或其他惰性材料吸收。也可以用大量水冲洗，洗水稀释后放入废水系统。 大量泄漏：构筑围堤或挖坑收容；用泡沫覆盖，降低蒸气灾害。喷雾状水冷却和稀释蒸气、保护现场人员、把泄漏物稀释成不燃物。用防爆泵转移至槽车或专用收集器内，回收或运至废物处理场所处置。
	消防方法：消防人员须佩戴防毒面具、穿全身消防服。 灭火剂：水、泡沫、二氧化碳、沙土。

主要用途	用作药物中间体、食品防腐剂、颜料及调节剂。
事件信息	2009 年 11 月 25 日 7 时 10 分，江西北洋食品添加剂有限公司发生二乙烯酮泄漏，泄漏量为 3 kg 左右，当日 9 时许泄漏得到有效控制。现场冲洗废水部分进入桑海开发区景观渠（景观渠经 15 km 后入潦河，永修县城饮用水取水口位于该景观渠入潦河口下游约 2 km），部分进入厂内应急事故池。桑海开发区管委会及时将景观渠闸门封闭，渠内废水基本截留在桑海开发区境内，未对潦河造成影响。

38. 二甘醇：CAS 111-46-6

品名	二甘醇		别名	二乙二醇醚		英文名	Diglycol
理化性质	分子式	$C_4H_{10}O_3$	分子量	106.12		熔点	−8.0℃
	沸点	245.8℃	相对密度	（水=1）：1.12		蒸气压	0.13 kPa
				（空气=1）：3.66			
	外观性状	无色、无臭、开始味甜回味苦的黏稠液体，具有吸湿性					
	溶解性	与水混溶，不溶于苯、甲苯、四氯化碳					
稳定性和危险性	稳定性：稳定						
	危险性：遇明火、高热可燃。						
环境标准	我国暂无相关标准。						
毒理学资料	急性毒性：大鼠经口半数致死剂量（LD_{50}）：16 600 mg/kg；						
	小鼠经口半数致死剂量（LD_{50}）：26 500 mg/kg；						
	兔经皮半数致死剂量（LD_{50}）：11 900 mg/kg						
	LC_{50}：无资料。						
	侵入途径：吸入、食入、经皮吸收。						
	健康危害：未见本品引起职业中毒的报道。口服引起恶心、呕吐、腹痛、腹泻及肝、肾损害，可致死。尸检发现主要损害肾脏、肝脏。						
应急措施	急救措施	皮肤接触：脱去污染的衣着，用大量流动清水冲洗。					
		眼睛接触：提起眼睑，用流动清水或生理盐水冲洗。就医。					
		吸入：脱离现场至空气新鲜处。如呼吸困难，给输氧。就医。					
		食入：饮足量温水，催吐。洗胃。导泻。就医。					

应急措施	泄漏处置	迅速撤离泄漏污染区人员至安全区，并进行隔离，严格限制出入。切断火源。建议应急处理人员戴自吸过滤式防毒面具（全面罩），穿防毒服。尽可能切断泄漏源。防止流入下水道、排洪沟等限制性空间。 小量泄漏：用沙土、蛭石或其他惰性材料吸收。也可以用大量水冲洗，洗水稀释后放入废水系统。 大量泄漏：构筑围堤或挖坑收容。用泵转移至槽车或专用收集器内，回收或运至废物处理场所处置。
	消防方法	尽可能将容器从火场移至空旷处。喷水保持火场容器冷却，直至灭火结束。处在火场中的容器若已变色或从安全泄压装置中产生声音，必须马上撤离。用水喷射溢出液体，使其稀释成不燃性混合物，并用雾状水保护消防人员。 灭火剂：水、雾状水、抗溶性泡沫、干粉、二氧化碳、沙土。
主要用途		用作人造丝的软化剂和烟草的湿润剂，还是某些化工产品的中间体，也用作汽车发动机防冻剂、刹车油等。
事件信息		2008 年 3 月 5 日凌晨 2 时 50 分，湖北省随州市曾都区殷店镇发生翻车事故，事故造成槽车内装载的 46 t 二甘醇泄漏了 10 t，多数渗入河边沙滩，部分流入漂水河，造成距离事发地漂水河下游约 22 km 处的随州市高城镇自来水厂中断取水，导致镇区人口约 7 500 人饮用水受影响，以及殷店镇自来水厂停水一天，改用朱家河正常恢复供水。湖北省、随州市环保部门迅速派出工作组赴现场开展调查和应急监测。经当地政府采取有效防控措施，漂水河污染事件得到妥善处置。

39. 二甲基二氯硅烷：CAS 75-78-5

品名	二甲基二氯硅烷	别名			英文名	Dimethyldichlorosilane
理化性质	分子式	$C_2H_6Cl_2Si$	分子量	129.06	熔　点	<−86℃
	沸　点	70.5℃	相对密度	（水=1）：1.07	闪点	−16℃
	外观性状	无色液体，在潮湿空气中发烟				
	溶解性	溶于苯、乙醚				
稳定性和危险性	稳定性：稳定。 危险性：易燃液体、腐蚀品。遇水或水蒸汽迅速分解放热，产生有毒的腐蚀性烟雾。遇明火易燃。遇强氧化剂有燃烧的危险。					

环境标准	中国车间空气最高容许浓度（mg/m³）：2；
监测方法	四甲基二氨基二苯甲酮比色法（《空气中有害物质的测定方法》（第二版），杭士平主编）。
毒理学资料	急性毒性： LD_{50}：无资料； 大鼠吸入半数致死浓度（LC_{50}）：4 910 mg/m³，4 h
安全防护措施	工程控制：密闭操作，局部排风。提供安全淋浴和洗眼设备。 呼吸系统防护：可能接触其蒸气时，应该佩戴自吸过滤式防毒面具（全面罩）。紧急事态抢救或撤离时，建议佩戴隔离式呼吸器。 眼睛防护：呼吸系统防护中已做防护。 身体防护：穿胶布防毒衣。 手防护：戴橡胶耐油手套。 其他防护：工作现场严禁吸烟。工作完毕，淋浴更衣。注意个人清洁卫生。

应急措施		
	急救措施	皮肤接触：立即脱去污染的衣着，用大量流动清水冲洗至少15 min。就医。 眼睛接触：立即提起眼睑，用大量流动清水或生理盐水彻底冲洗至少15 min。就医。 吸入：迅速脱离现场至空气新鲜处。保持呼吸道通畅。如呼吸困难，给输氧。如呼吸停止，立即进行人工呼吸。就医。 食入：用水漱口，给饮牛奶或蛋清。就医。
	泄漏处置	应急处理：迅速撤离泄漏污染区人员至安全区，并进行隔离，严格限制出入。切断火源。建议应急处理人员戴自给正压式呼吸器，穿防毒服。不要直接接触泄漏物。尽可能切断泄漏源。防止流入下水道、排洪沟等限制性空间。 小量泄漏：用沙土或其他不燃材料吸附或吸收。也可以用不燃性分散剂制成的乳液刷洗，洗液稀释后放入废水系统。 大量泄漏：构筑围堤或挖坑收容。用防爆泵转移至槽车或专用收集器内，回收或运至废物处理场所处置。
	消防方法	灭火方法：喷水冷却容器，可能的话将容器从火场移至空旷处。 灭火剂：二氧化碳、干粉、干沙。禁止用水和泡沫灭火。

主要用途	本品是用途最广，用量最大的有机硅单体，可生产 DMC、D4 等有机硅产品。
事件信息	2011 年 1 月 18 日下午 1 时许，储存有二甲基二氯硅烷的 50 多个蓝桶散落在从郑州市区通往事故地点的 107 国道辅道上，事故发生后，消防官兵立刻在液体覆盖区域拉起了警戒线，进入警戒线内搬运大桶，另有几名消防队员用铁锹向几个大桶周边撒沙土，4 时 06 分，泄漏地面的液体基本被消防官兵用沙土覆盖，50 多个蓝色大桶也被装上另一辆货车带走做进一步处理。

40. 二氟一氯甲烷：CAS 75-45-6

品名	二氟一氯甲烷	别名		氟利昂-22	英文名	Monochlorodifluoro methane
理化性质	分子式	CHClF$_2$	分子量	86.47	熔点	−146℃
	沸点	−40.8℃	相对密度	（水=1）：1.18	蒸气压	13.33 kPa（−76.4℃）
	外观性状	无色气体，有轻微的发甜气味				
	溶解性	溶于水				

稳定性和危险性	稳定性：稳定。 危险性：不燃气体。若遇高热，容器内压增大，有开裂和爆炸的危险。
环境标准	中国工作场所时间加权平均容许浓度　3 500mg/m^3； 前苏联　车间空气中有害物质的最高容许浓度　3 000 mg/m^3； 前苏联（1975）　水体中有害物质的最大允许浓度　10 mg/L。
监测方法	气相色谱法（《空气中有害物质的测定方法》（第二版），杭士平主编）
毒理学资料	本品毒性低，但用其制备四氟乙烯所发生的裂解气，毒性较大，可引起中毒。吸入高浓度裂解气，初期仅有轻咳、恶心、发冷、胸闷及乏力感，但经24～72 h潜伏期后出现明显症状，发生肺炎、肺水肿，呼吸窘迫综合征，后期有纤维增生征象。可引起聚合物烟热。 急性毒性：大鼠吸入半数致死剂量（LD$_{50}$）：1 000 000 mg/m^3，2 h。 亚急性和慢性毒性：兔、大鼠、小鼠吸入0.2%浓度，6 h/d，共10个月，均无毒性反应；1.4%浓度，体重减轻，血清蛋白降低，球蛋白升高。剖检肺泡间质增厚、肺水肿，心肝、肾及神经系统退行性变。 致突变性：微生物致突变，鼠伤寒沙门氏菌33×10^{-6}（24 h），连续。微粒体诱变：鼠伤寒沙门氏菌33×10^{-6}（24 h）（连续）。 生殖毒性：大鼠吸入最低中毒浓度（TC$_{Lo}$）：50 000×10^{-6}（5 h，雄性56 d），对前列腺、精囊、Cowper氏腺、附属腺体、尿道产生影响。
安全防护措施	呼吸系统防护：一般不需特殊防护。高浓度接触时可佩戴自吸过滤式防毒面具（半面罩）。 眼睛防护：一般不需特殊防护。 身体防护：穿一般作业工作服。 手防护：戴一般作业防护手套。 其他：避免高浓度吸入。进入罐、限制性空间或其他高浓度区作业，须有人监护。

应急措施	急救措施	吸入：迅速脱离现场至空气新鲜处。保持呼吸道通畅。如呼吸困难，给输氧。如呼吸停止，立即进行人工呼吸。就医。
	泄漏处置	迅速撤离泄漏污染区人员至上风处，并进行隔离，严格限制出入。建议应急处理人员戴自给正压式呼吸器，穿一般作业工作服。尽可能切断泄漏源。合理通风，加速扩散。如有可能，即时使用。漏气容器要妥善处理，修复、检验后再用。
	消防方法	本品不燃。切断气源。喷水冷却容器，可能的话将容器从火场移至空旷处。
主要用途		用作制冷剂及气溶杀虫药发射剂
事件信息		2011 年 10 月 22 日下午 5 点左右，宁波市江北区庄桥街道康庄北路的一家生产保温材料的建材公司仓库起火并发生多次威力巨大的爆炸，仓库里的爆炸物系近 3 000 t 的氟利昂，现场距离起火仓库约 100 m 的地方拉起警戒线，禁止一切人员和车辆进入，到晚上 10 时多火势被控制。

41．二氟甲烷：CAS 75-10-5

品名	二氟甲烷	别名		英文名	Difluoromethane
分子式	CH_2F_2	分子量	52.02	密度	1.1
沸点	−51.6℃	熔点		−136℃	
简介		二氟甲烷是一种拥有零臭氧损耗潜势的冷却剂。二氟甲烷与五氟乙烷可生成一种恒沸混合物（称为 R-410A），用作新冷却剂系统中氯氟碳化合物（亦称为 Freon）的代替物。			
事件信息		2009 年 8 月 18 日，浙江金华市星腾化工有限公司二氟甲烷生产车间发生爆炸事故，1 人死亡，2 人受伤。经查，事发地周围无饮用水源，消防废水大部分进入企业的应急池，有小部分进入企业的电缆管道。监测结果表明，该事件未对周边环境造成明显影响。			

42．二烯丙基二硫：CAS 539-86-6

品名	二烯丙基二硫	别名	大蒜素	英文名	Allicin
分子式	$C_6H_{10}OS_2$	分子量	162.26	沸点	80～85℃（0.2 kPa）
	相对密度		1.112（20/4℃）		
简介		淡黄色油状液体，溶于乙醇、氯仿或乙醚，不溶于水。具有强烈的大蒜臭，味辣。可燃，燃烧产生有毒硫化物烟雾。用途：广谱抗菌药。治疗消化道、呼吸道及阴道的霉菌感染，对菌痢、百日咳等均有效。			
事件信息		2008 年 3 月 1 日，安徽池州市贵池区梅街镇长江医药化工有限公司生产车间一反应釜（主要生产原料是二烯丙基二硫）发生爆炸，数桶化工原料燃烧起火。经当地政府及有关部门及时开展应急处置，并对现场存放的桶装化工原料安全转移。事故未对周边大气环境造成较大影响，企业排污口外未发现废水外排。			

43. 二氯二苯砜：CAS 80-07-9

品名	二氯二苯砜	别名		英文名	*P*-chlorophenyl ulfone
分子式	$C_{12}H_8O_2Cl_2S$	分子量	287.16	闪点	233℃
熔点	≥146.5℃	沸点	397℃	蒸气压	957×10^{-7} Pa（25℃）
简介					
事件信息					

简介

二氯二苯砜为白色晶体。

用途：用于合成工程塑料、染料和聚合物。

事件信息

　　2008 年 3 月 7 日上午，肇事者叶某从衢州富士特白炭黑有限公司拉取固体废物（白色粉末状不明物质），途经小竹溪时将固体废物倾倒入小竹溪中。据现场勘察，倾倒进入水体的固体废物约 3 t（该污染物是含有二氯二苯砜、二苯基硫醚和四氯硅烷等成分的混合物），导致小竹溪下游二级电厂边市口村以及西屏镇水南片饮用水源受污染，约 6 300 人饮用水受到影响。经当地政府采取各项供水措施和污染防控措施，3 月 10 日，西屏镇自来水厂恢复供水。

44. 二氯丙烷：CAS 78-87-5

品名	二氯丙烷	别名	1,2-二氯丙烷		英文名	Dichloropropane
理化性质	分子式	$C_3H_6Cl_2$	分子量	112.9	熔点	−80℃
	沸点	96.8℃	相对密度（水=1）	1.155 8	蒸气压	5.33 kPa（19.4℃）
	外观性状	无色气体，有氯仿的气味				
	溶解性	难溶于水，易溶于乙醚，与大多数有机溶剂可混溶				
稳定性和危险性	稳定性：稳定。 危险性：其蒸气与空气形成爆炸性混合物，遇明火、高热能引起燃烧爆炸。与氧化剂能发生强烈反应。受高热分解产生有毒的腐蚀性气体。其蒸气比空气重，能在较低处扩散到相当远的地方，遇火源引着回燃。若遇高热，容器内压增大，有开裂和爆炸的危险。					
环境标准	工作场所时间加权平均容许浓度　350 mg/m³； 前苏联车间空气中有害物质的最高容许浓度　10 mg/m³。					
监测方法	便携式气相色谱法； 吹扫捕集-气相色谱法（中国环境监测总站，水质）； 气相色谱法《固体废弃物试验与分析评价手册》中国环境监测总站等译； 色谱/质谱法 美国 EPA524.2 方法。					

毒理学资料	急性毒性：大鼠经口半数致死剂量（LD_{50}）：2 196 mg/kg；兔经皮半数致死剂量（LD_{50}）：8 750 mg/kg； 小鼠吸入 4.6 g/m×3～4 h，致死；小鼠经口 860 mg/kg，致死。 亚急性和慢性毒性：小鼠吸入 1.85 g/m×4～7 h/2～12 次，肝细胞轻度脂肪变性；大鼠吸入 4.4 g/m×7 h×6～32 次，半数动物死亡。 致突变性：Ames 试验沙门氏菌株 TA1535、TA1978、TA100，10～50 mg/皿阳性。	
安全防护措施	呼吸系统防护：空气中浓度超标时，应该佩戴防毒面具。紧急事态抢救或逃生时，佩戴自给式呼吸器。 眼睛防护：戴化学安全防护眼镜。 身体防护：穿相应的工作服。 手防护：必要时戴防化学品手套。 其他：工作现场严禁吸烟、进食和饮水。工作后，淋浴更衣。注意个人清洁卫生。	
应急措施	急救措施	皮肤接触：脱去污染的衣着，用肥皂水及清水彻底冲洗。 眼睛接触：立即提起眼睑，用流动清水冲洗。 吸入：迅速脱离现场至空气新鲜处。保持呼吸道通畅。呼吸困难时给输氧。呼吸停止时，立即进行人工呼吸。就医。 食入：误服者给饮大量温水，催吐，洗胃，就医。
	泄漏处置	疏散泄漏污染区人员至安全区，禁止无关人员进入污染区，切断火源。建议应急处理人员戴自给式呼吸器，穿一般消防护服。在确保安全情况下堵漏。喷水雾能减少蒸发，但不能降低泄漏物在受限制空间内的易燃性。用沙土或其他不燃性吸附剂混合吸收，然后收集运至废物处理场所处置。也可以用不燃性分散剂制成的乳液刷洗，经稀释的洗水放入废水系统。如大量泄漏，利用围堤收容，然后收集、转移、回收或无害处理后废弃。
	消防方法	消防人员须佩戴防毒面具、穿全身消防服，在上风向灭火。尽可能将容器从火场移至空旷处。喷水保持火场容器冷却，直至灭火结束。处在火场中的容器若已变色或从安全泄压装置中产生声音，必须马上撤离。 灭火剂：雾状水、泡沫、干粉、二氧化碳、沙土。
主要用途	可作防霉剂或杀菌剂；多用于油漆稀释剂。	

| 事件信息 | 　2007年10月22日14时30分左右，交通大动脉京珠高速湖北赤壁段271 km处，一辆装有7 t二氯丙烷的槽罐车，在由岳阳市云西区运往武汉市途中发生侧翻，车上的二氯丙烷发生严重泄漏。接到报警后，相关部门立即启动《赤壁市京珠高速公路危险化学品灭火处置预案》。14时53分，消防官兵到达现场，迅速将车辆停在事故点上风方向100 m处，立即要求高速公路交通巡警对双向道路前后200 m进行警戒封锁，经侦察，发现因罐体与地面发生摩擦，造成罐体破裂，泄漏点与地面相接触，泄漏量较大，无法实施堵漏。根据侦察情况，大队指挥员迅速命令后勤消防支援车、水罐泡沫联用消防车迅速向大功率水罐车供水，用出水枪对事故点进行稀释，防止二氯丙烷与空气形成爆炸性混合物，并降低毒性，对周边群众进行疏散，禁绝一切火种进入现场，并迅速联系厂家调一台槽罐车进行导罐。在稀释过程中，大量二氯丙烷与水的混合液沿高速公路中间隔离带旁的雨水沟流动，一旦流到较远的路段，可能遇明火发生燃烧爆炸，后果将不堪设想，因此采用泥土对雨水沟进行堵截，引导液体向附近桥下废水沟中流淌，进行收容，确保安全。15时56分，再次进行侦察，经侦察后，立即研究处置方案：一是继续进行稀释，全体官兵一定要做好个人防护；二是安监部门立即做好稀释液体流入废水沟中的善后处理，通知当地有关部门做好群众安全工作；三是做好导罐前准备工作，等导罐车到场后立即实施导罐，在最短的时间内恢复高速公路畅通。17时06分，导罐车到达现场，在消防官兵的水枪保护下，工作人员迅速对罐内剩余液体进行导罐转移。17时41分，导罐完毕。消防官兵又向罐内注水，降低罐内混合气体浓度。18时20分，事故车辆顺利被高管部门安全转移，消防官兵又进一步对事故现场进行洗消。 |

45. 二氯异氰尿酸钠：CAS 2893-78-9

品名	二氯异氰尿酸钠	别名	优氯净	英文名	Sodium dichloroisocyanurate
分子式	$C_3Cl_2N_3NaO_3$	分子量	219.94	熔点	225℃
水溶性	30 g/100 mL（25℃）				
简介	二氯异氰尿酸钠是一种消毒剂，它可用于卫生和疾病控制，医疗，畜牧养殖，水产养殖和植物保护等。性状为白色或类白色粉末，有氯臭味。				
稳定性与反应性	化学稳定性　强氧化剂。 遇到大多数有机物、易氯化物或易氧化物能着火。遇氨、铵盐、尿素等含氮化合物能生成易爆炸的三氯化氮。受或遇潮立即分解，释放出剧毒的含有氯气等有毒气体的浓厚烟雾。				

毒理学资料	大鼠经口半数致死剂量（LD$_{50}$）：1.4～1.7 g/kg； 本品毒性低，大鼠口服中毒表现为胃肠道刺激，肝功能异常，以及肝肾肺充血。但尚未见人体中毒病例报道。
安全要求	1. 二氯异氰尿酸钠是强氧化剂，与易燃物接触可能引发火灾。 2. 二氯异氰尿酸钠为腐蚀品，有刺激性气味，对眼睛、皮肤等有灼伤危险。严禁与人体接触。如有不慎接触，则应及时用大量清水冲洗，严重时送医院治疗。 3. 操作人员应佩戴防护眼镜、胶皮手套、防毒面具等劳动防护用品。
事件信息	2007 年 3 月 21 日 7：40 左右，山东聊城中联化工有限公司古云分公司烘干车间因工人操作不当，未及时清除烘干管道盲管中的物料，导致盲管中约 30～40 kg 二氯异氰脲酸钠发生自燃，燃烧后分解为氯气、氨气、二氧化碳、氮氧化物等气体，致使附近小学 30 多名学生出现头晕症状。

46．1,2-二甲苯：CAS 95-47-6

品名	1,2-二甲苯	别名		邻二甲苯		英文名	O-xylene
理化性质	分子式	$C_6H_4(CH_3)_2$	分子量	106.17		熔点	−25℃
	沸点	144℃	相对密度（水＝1）：0.88			蒸气压	7 mmHg（20℃）
	外观性状	无色透明液体，有芳香气味					
	溶解性	可与乙醇、乙醚、丙酮和苯混溶，不溶于水					
稳定性和危险性	稳定性：稳定。 危险性：易燃。其蒸气能与空气形成爆炸性混合物。遇热、明火、强氧化剂有引起燃烧爆炸的危险。其蒸气比空气重，能沿低处扩散相当远，遇明火会回燃。						
环境标准	中国工作场所时间加权平均容许浓度 50mg/m^3； 中国（待颁布）饮用水水源中有害物质的最高容许浓度 0.5 mg/L； 中国地表水环境质量标准（集中式生活饮用水地表水源地特定项目标准限值）0.5 mg/L； 中国污水综合排放标准一级：0.4 mg/L，二级：0.6 mg/L，三级：1.0 mg/L。						
监测方法	气相色谱法 GB 11890—89 水质； 气相色谱法 GB/T 14677—93 空气； 无泵型采样气相色谱法 WS/T 153—1999 作业场所空气； 气相色谱法《固体废弃物试验与分析评价手册》中国环境监测总站等译； 固体废弃物色谱/质谱法 美国 EPA524.2 方法水质；						
毒理学资料	急性毒性：对皮肤、黏膜有刺激作用，对中枢神经系统有麻醉作用；长期作用可影响肝、肾功能。 急性中毒：病人有咳嗽、流泪、结膜充血等重症者有幻觉、谵妄、神志不清等，有的有癫病样发作。 亚急性和慢性毒性：病人有神经衰弱综合征的表现，女工有月经异常，工人常发生皮肤干燥、皲裂、皮炎。						

应急措施	急救措施	皮肤接触：脱去污染的衣物，用肥皂水和清水彻底清洗皮肤。 眼睛接触：拉开眼睑，用流动清水或生理盐水清洗冲洗。就医。 吸入：迅速脱离现场至空气清新处。如呼吸困难，给输氧。如呼吸停止，立即进行人工呼吸。就医。 食入：饮足量温水，催吐。就医。
	泄漏处置	疏散泄漏污染区人员至安全区，禁止无关人员进入污染区，切断火源。建议应急处理人员戴好自给正压式呼吸器，穿防毒服。尽可能切断泄漏源。禁止泄漏物进入受限制的空间（如下水道等）。 小型泄漏：用活性炭或其他惰性材料吸收，也可用不燃性分散剂制成的乳液刷洗，洗液稀释后放入废水系统。 大型泄漏：构筑围堰或挖坑收容。用泡沫覆盖，抑制蒸发。用防爆泵转移至槽车或专用收集器内，回收或运至废物处理场所处理。
	消防方法	灭火剂：泡沫、干粉、二氧化碳、沙土。
主要用途		它是生产苯酐（邻苯二甲酸酐，PA）、染料、杀虫剂等的化工原料。邻二甲苯衍生物是邻苯二甲醛，可用于制备邻苯二甲酸酯增塑剂。其中邻二甲苯 90%左右用于生产苯酐。
事件信息		2003 年 2 月 16 日 20 时 09 分，104 国道明光市境内 1 007 km 处发生一起满载 12 t 的邻二甲苯化危品运输车翻车事故，邻二甲苯严重泄漏。由于路面覆盖着大量泡沫，路边流淌着 10 多吨的邻二甲苯液体，周围居民的生命安全仍然受到严重威胁。对此，应急用水枪冲洗路面泡沫和杂物，并用泡沫再次覆盖积留的邻二甲苯，确保 104 国道畅道和过往车辆的安全。23 时 34 分，受阻的 2 000 余辆车辆放行，中断 3.5 h 的 104 国道恢复通车。 　2008 年 12 月 11 日凌晨 4 时 10 分左右，山东省日照市山东路与丹阳路口发生一起车辆事故，一辆运载邻二甲苯的重型罐车与一辆运载水泥的低速自卸车相撞，重型罐车翻倒并发生泄漏。这辆重型罐车装有 29 t 邻二甲苯。事故除造成部分邻二甲苯泄漏和车辆损坏外，没有造成人员伤亡。 　2008 年 7 月 20 日凌晨 3 时 53 分，一辆装有 20 t 邻二甲苯的槽罐车在浙江省宁波市江北区育才北路与骆观线交叉处发生泄漏。事故发生后，宁波市消防支队 119 指挥中心积极作出反应，统一部署，第一时间通知江北消防前往处理，同时，江北区安监局、环保局、交警、特警先后赶至现场，并请来了江北区四大危险源的技术专家协同处置。经过多部门联合协调行动，8 时许槽车被装上拖车拖往镇海炼化进行倒罐，同时对事故现场路面进行冲刷稀释。

47. 1,2-二硝基苯：CAS 528-29-0

品名	1,2-二硝基苯	别名	邻二硝基苯		英文名	1,2-dinitrobenzene
理化性质	分子式	$C_6H_4N_2O_4$; $C_6H_4(NO_2)_2$	分子量	168.11	熔　点	118℃
	沸　点	319℃	相对密度	（水=1）：1.57 （空气=1）：5.79	蒸气压	0.96 kPa/170℃
	外观性状	无色到黄色片状结晶，有苦杏仁味，有挥发性			闪点	150℃
	溶解性	微溶于水，溶于乙醇、乙醚、苯等				
稳定性和危险性	稳定性：稳定。 危险性：易燃，遇明火、高热易燃。与氧化剂混合能形成爆炸性混合物。经摩擦、震动或撞击可引起燃烧或爆炸。 燃烧（分解）产物：一氧化碳、二氧化碳、氧化氮。					
环境标准	中国车间空气中有害物质的最高容许浓度　1 mg/m³[皮]； 中国（待颁布）饮用水水源中有害物质的最高容许浓度　0.5 mg/L。					
毒理学资料	侵入途径：吸入。 健康危害：目前，未见职业中毒的报道，但热解能放出高毒的 F-烟雾。 毒性：属高毒类。 急性毒性：人经口最小致死剂量（LD_{Lo}）：5 mg/kg； 　　　　　大鼠经口半数致死剂量（LD_{50}）：83 mg/kg。					
应急措施	急救措施	皮肤接触：立即脱去被污染的衣着，用肥皂水和清水彻底冲洗皮肤。就医。 眼睛接触：提起眼睑，用流动清水或生理盐水冲洗。就医。 吸入：迅速脱离现场至空气新鲜处。保持呼吸道通畅。如呼吸困难，给输氧。如呼吸停止，立即进行人工呼吸。就医。 食入：饮足量温水，催吐，就医。				
	泄漏处置	隔离泄漏污染区，限制出入。切断火源。建议应急处理人员戴自给式呼吸器，穿防毒服。不要直接接触泄漏物。 小量泄漏：避免扬尘，用洁净的铲子收集于干燥、洁净、有盖的容器中。 大量泄漏：收集回收或运至废物处理场所处置。 废弃物处置方法：建议用焚烧法。焚烧炉排出的氮氧化物通过洗涤器、催化氧化装置或高温装置除去。处理稀的废液应先经过浓缩，再进行焚烧。				
	消防方法	消防人员须佩戴防毒面具、穿全身消防服。 灭火剂：水、泡沫、二氧化碳、沙土。				
主要用途	用于有机合成及用作染料中间体。					

事件信息	2007 年 9 月 10 日凌晨，浙江省台州市三门县解氏化工有限公司三车间二氟工段 4 号反应釜发生爆炸，并引起旁边 3 号反应釜倒塌。釜内物料为邻二硝基苯，属高毒物质。事故造成 4 号反应釜内大部分物料炭化，少部分呈液体泄漏。事故产生的消防处置废水大部分进入事故应急池，少量进入海域，事发地下游没有饮用水水源。 处置措施：一是要求企业立即停止生产，防止产生次生污染；二是关闭海塘闸门，将流入海塘内的消防处置废水抽回到该厂内废水处理设施进行处理；三是督促企业应急池内及海塘内的废水进行循环处理；四是对事发地周围海域进行应急监测。

48．1,4-二甲苯：CAS 106-42-3

品名	1,4-二甲苯	别名		对二甲苯	英文名	p-xylene
理化性质	分子式	C_8H_{10}	分子量	106.17	熔点	13.2℃
	沸点	138.5℃	相对密度	（水=1）：0.861 1 （空气=1）：3.66	蒸气压	1.16 kPa（25℃）
	外观性状	淡色或无色透明液体				
	溶解性	不溶于水，溶解于酒精、醚类、醚类、酮类、苯等有机溶剂				
稳定性和危险性	稳定性：稳定。 危险性：易燃液体。					
环境标准	中国工作场所时间加权平均容许浓度 50mg/m³； 中国大气污染物综合排放标准（二甲苯）①最高允许排放浓度（mg/m³）：70（表 2）；90（表 1）②最高允许排放速率（kg/h）：二级 1.0～10（表 2）；1.2～12（表 1）；三级 1.5～15（表 2）；1.8～18（表 1）③无组织排放监控浓度限值：1.2 mg/m³（表 2）；1.5 mg/m³（表 1）；中国（待颁布）饮用水源中有害物质的最高容许浓度 0.5 mg/L（二甲苯）；中国地表水环境质量标准（集中式生活饮用水地表水源地特定项目标准限值 0.5 mg/L）0.5 mg/L（二甲苯）；中国污水综合排放标准一级：0.4 mg/L；二级：0.6 mg/L；三级：1.0 mg/L。					
监测方法	气体检测管法；便携式气相色谱法；水质检测管法； 快速检测管法《突发性环境污染事故应急监测与处理处置技术》万本太主编； 气体速测管（北京劳保所产品、德国德尔格公司产品）； 气相色谱法 GB 11890—89 水质； 气相色谱法 GB/T 14677—93 空气； 无泵型采样气相色谱法 WS/T 153—1999 作业场所空气； 气相色谱法 《固体废弃物试验与分析评价手册》中国环境监测总站等译 固体废弃物； 色谱/质谱法 美国 EPA524.2 方法 水质。					

毒理学资料		毒性：属低毒类。 急性毒性：大鼠经口半数致死剂量（LD_{50}）：5 000 mg/kg； 　　　　　大鼠吸入半数致死浓度（LC_{50}）：19 747 mg/kg，4 h； 刺激性：人经眼：200×10^{-6}，引起刺激。家兔经皮：500 mg（24 h），中度刺激， 亚急性和慢性毒性：大鼠、家兔吸入 5 000 mg/m³，8 h/d，55 d，导致眼刺激，衰竭，共济失调，RBC 和 WBC 数稍下降，骨髓增生并有 3%～4%的巨核细胞； 致突变性：细胞遗传分析：啤酒酵母菌 1 mmol/管； 生殖毒性：大鼠吸入最低中毒浓度（TD_{Lo}）：19 mg/m³，24 h（孕 9～14 d 用药），引起肌肉骨骼发育异常。 急性中毒：短期内吸入较高浓度可出现眼及上呼吸道明显的刺激症状、眼结膜及咽充血、头晕、恶心、呕吐、胸闷、四肢无力、意识模糊、步态蹒跚。重者可有躁动、抽搐或昏迷，有的有癫病样发作； 慢性影响：长期接触有神经衰弱综合征，女工有月经异常，工人常发生皮肤干燥、皲裂、皮炎。
安全防护措施		呼吸系统防护：空气中浓度较高时，佩戴过滤式防毒面具（半面罩）。紧急事态抢救或撤离时，建议佩戴空气呼吸器； 眼睛防护：戴化学安全防护眼镜； 身体防护：穿防毒物渗透工作服； 手防护：戴橡胶手套； 其他：工作现场禁止吸烟、进食和饮水。工作完毕，淋浴更衣。保持良好的卫生习惯。
应急措施	急救措施	皮肤接触：脱去被污染的衣着，用肥皂水和清水彻底冲洗皮肤； 眼睛接触：提起眼睑，用流动清水或生理盐水冲洗。就医。 吸入：迅速脱离现场至空气新鲜处。保持呼吸道通畅。如呼吸困难，给输氧。如呼吸停止，立即进行人工呼吸。就医。 食入：饮足量水，催吐。就医。
	泄漏处置	迅速撤离泄漏污染区人员至安全区，并进行隔离，严格限制出入。切断火源。建议应急处理人员戴自给正压式呼吸器，穿消防防护服。尽可能切断泄漏源，防止进入下水道、排洪沟等限制性空间。 小量泄漏：用活性炭或其他惰性材料吸收。也可以用不燃性分散剂制成的乳液刷洗，洗液稀释后放入废水系统。 大量泄漏：构筑围堤或挖坑收容；用泡沫覆盖，抑制蒸发。用防爆泵转移至槽车或专用收集器内，回收或运至废物处理场所处置。迅速将被二甲苯污染的土壤收集起来，转移到安全地带。对污染地带沿地面加强通风，蒸发残液，排除蒸气。迅速筑坝，切断受污染水体的流动，并用围栏等限制水面二甲苯的扩散。
	消防方法	喷水冷却容器，可能的话将容器从火场移至空旷处。 灭火剂：泡沫、二氧化碳、干粉、沙土。

主要用途	作为合成聚酯纤维、树脂、涂料、染料和农药等的原料。

事件信息	2008 年 3 月 10 日晚间，乌鲁木齐市九家湾化工市场内一仓库发生二甲苯爆燃事故，造成 4 人死亡，2 人受伤。
	    2007 年 6 月 22 日上午，深汕高速公路鲘门路段发生有毒化学品二甲苯泄漏事故，造成 4 人中毒。接到事故报告后，汕尾市相关部门领导于第一时间赶赴现场，双向封闭深汕高速公路埔边至白云仔路段，并将事故发生地半径 1 km 内的所有 1 000 多人转移至安全地带。至 22 日 14 时，事故现场清理完毕，深汕高速公路东行和西行分别恢复通车。
	    2005 年 8 月 30 日 3 时 30 分许，北京太行双辰商贸公司一辆牌照为冀 F 62172 的二甲苯罐车在藁城市沿机场路由南向北行驶至只甲路口时，与沿 302 国道由东向西行驶的无极县前北郊乡明秩寺村一辆低速行驶的牌照为冀 AB 3433 的自卸货车（空车）相撞，事故造成自卸货车侧翻，二甲苯罐车上的 24 t 二甲苯泄漏，车上人员被困。3 时 57 分，石家庄市"119"指挥中心接到报警后，迅速调集藁城市消防大队、特勤大队二中队共 6 部消防车赶赴现场进行救援。抢险救援车辆于 4 时 12 分到达现场，堵漏小组先用沙土将泄漏流出的二甲苯进行覆盖，然后使用堵漏工具对泄漏点进行堵漏，并成功阻止了二甲苯的泄漏。与此同时，救人小组利用机械扩张器把驾驶室撑开，将被困人员成功救出，并送附近医院进行救治。人员救出后，北京太行双辰商贸公司派出的空罐车到达现场，将事故车辆内的二甲苯倒入空罐车，历时 1 h 将二甲苯全部倒入其他罐车内。9 时 30 分，在对事故车辆进行泡沫覆盖后，吊车将其吊离现场。事故车吊离现场后，救援人员用沙土和泡沫对路面进行了覆盖、喷洒。上午 10 时，事故现场的交通恢复。

49. 2,2-二羟基二乙胺：CAS 111-42-2

品名	2,2-二羟基二乙胺	别名		二乙醇胺		英文名	Diethanolamine
理化性质	分子式	$C_4H_{11}NO_2$	分子量		105.14	熔 点	28℃
	沸 点	269℃/分解	相对密度		（水=1）：1.09； （空气=1）：3.65	蒸气压	0.67 kPa/138℃
	外观性状	无色黏性液体或结晶				闪点	137℃
	溶解性	易溶于水、乙醇，不溶于乙醚、苯					
稳定性和危险性	稳定性：稳定。						
	危险性：遇明火、高热可燃。与强氧化剂可发生反应。胺热分解放出有毒氧化氮烟气。						
	燃烧（分解）产物：一氧化碳、二氧化碳、氧化氮。						

环境标准	前苏联 车间空气中有害物质的最高容许浓度　5 mg/m^3; 前苏联（1975）水体中有害物质最高允许浓度　0.8 mg/L。	
毒理学资料	毒性：属低毒类。 急性毒性：大鼠经口半数致死剂量（LD$_{50}$）：1 820 mg/kg; 　　　　　兔经皮半数致死剂量（LD$_{50}$）：1 220 mg/kg 亚急性和慢性毒性：大鼠经口 170 mg/kg，90 d，部分动物死亡，某些器官有损害。 侵入途径：吸入、食入、经皮吸收。 健康危害：吸入本品蒸气或雾，刺激呼吸道。高浓度吸入出现咳嗽、头痛、恶心、呕吐、昏迷。蒸气对眼有强烈刺激性/液体或雾可致严重眼损害，甚至导致失明。长时间皮肤接触，可致灼伤。大量口服出现恶心、呕吐和腹痛。 慢性影响：长期反复接触可能引起肝肾损害。	
应急措施	急救措施	皮肤接触：脱去污染的衣着，立即用流动清水彻底冲洗。 眼睛接触：立即提起眼睑，用流动清水或生理盐水冲洗至少 15 min；或用 3%硼酸溶液冲洗。立即就医。 吸入：迅速脱离现场至空气新鲜处。必要时进行人工呼吸。就医。 食入：误服者立即漱口，给饮牛奶或蛋清。就医。
	泄漏处置	疏散泄漏污染区人员至安全区，禁止无关人员进入污染区，切断火源。建议应急处理人员戴好防毒面具，穿化学防护服。不要直接接触泄漏物，在确保安全情况下堵漏。用沙土、蛭石或其他惰性材料吸收，然后收集运至废物处理场所处置。也可以用大量水冲洗，经稀释的洗水放入废水系统。如大量泄漏，收集回收或无害处理后废弃。
	消防方法	灭火剂：雾状水、二氧化碳、沙土、泡沫、干粉
主要用途	用作分析试剂，酸性气体吸收剂，软化剂和润滑剂，以及用于有机合成。	
事件信息	2009 年 7 月 12 日 8 时，江苏省依厂物流公司一辆装载 25 t 二乙醇胺化学品的重型罐车，在行驶至汉中市佛坪县 108 国道 1 508 km 处发生交通事故，车辆罐体阀门破损，导致约 1 t 二乙醇胺泄漏，沿路侧排水沟漫流 50 余米。 　　处置措施：一是切断事故现场一切火源，防止意外爆燃；二是对事故车辆进行堵漏，对泄漏液体截流围堵，用沙土覆盖吸附，避免其进入水体；三是立即组织人力清理现场，对附着沙土等物品进行掩埋。	

50. 2,6-二异丙基萘　CAS：24157-81-1

品名	2,6-二异丙基萘	别名		英文名	2,6-Diisopropylnaphthalene
分子式	$C_{16}H_{20}$	分子量	212.33	蒸气压	0.001 45 mmHg（25℃）
相对密度		0.949		沸点	305.8℃（760 mmHg）
简介					

简介	2,6-二异丙基萘（2,6-DIPN）是一种重要的有机化工原料，可作为制备高性能聚酯-聚对萘二甲酸二乙酯（PEN）的原料。
事件信息	2008 年 9 月 7 日晚 11 点许，位于黄冈市浠水县兰溪镇兰溪河西码头长瓷石粉厂门口约 10 m 处，一辆小型货车顺着江堤向长江倾倒废弃污染物时，被长瓷石粉厂职工发现后逃离现场，事故造成 2 人轻微中毒，4 人住院治疗，该废弃污染物主要包含三氯苯甲酸、2,6-二异丙基萘、苯甲酸乙酯 3 种物质。事发地距离下游兰溪镇水厂取水口约 500 m，该水厂供应两个村约 2 000 余人，日供水量 20 t，事发后已停止供水。湖北省环保局连夜赶赴现场开展应急处置工作，加强监测。

51. 2,6-二氯甲苯：CAS 118-69-4

品名	2,6-二氯甲苯	别名			英文名	2,6-dichlorotoluene
理化性质	分子式	$CH_3C_6H_3Cl_2$	分子量	161.03	熔点	2.6℃
	沸点	198℃	相对密度	（水=1）：1.25	蒸气压	
	外观性状	无色液体，有刺激性气味			闪点	150℃
	溶解性	不溶于水，溶于氯仿				
稳定性和危险性	稳定性：稳定。 危险性：遇明火、高热或与氧化剂接触，有引起燃烧爆炸的危险。受高热分解产生有毒的腐蚀性烟气。 燃烧（分解）产物：一氧化碳、二氧化碳、氯化氢。					
环境标准	我国暂无相关标准。					
毒理学资料	侵入途径：吸入、食入、经皮吸收。 急性毒性：大鼠经口半数致死剂量（LD_{50}）：4 600 mg/kg； 　　　　　小鼠经口半数致死剂量（LD_{50}）：2 900 mg/kg。 健康危害：本品对黏膜和皮肤有刺激性。持续吸入高浓度蒸气可出现呼吸道炎症，甚至发生肺水肿。对眼有刺激作用。皮肤接触可引起红斑、大疱，或发生湿疹。					

		皮肤接触：立即脱去被污染的衣着，用肥皂水和清水彻底冲洗皮肤。就医。
应急措施	急救措施	眼睛接触：立即提起眼睑，用大量流动清水或生理盐水彻底冲洗至少 15 min。就医。 吸入：迅速脱离现场至空气新鲜处。保持呼吸道通畅。如呼吸困难，给输氧。如呼吸停止，立即进行人工呼吸。就医。 食入：饮足量温水，催吐，就医。
	泄漏处置	迅速撤离泄漏污染区人员至安全区，并进行隔离，严格限制出入。切断火源。建议应急处理人员戴自给正压式呼吸器，穿防毒服。尽可能切断泄漏源，防止进入下水道、排洪沟等限制性空间。小量泄漏：用沙土或其他不燃材料吸附或吸收。也可以用不燃性分散剂制成的乳液刷洗，洗液稀释后放入废水系统。 大量泄漏：构筑围堤或挖坑收容。用泡沫覆盖，降低蒸气灾害。用防爆泵转移至槽车或专用收集器内，回收或运至废物处理场所处置。
	消防方法	灭火剂：雾状水、泡沫、二氧化碳、沙土
主要用途		用作有机合成原料。
事件信息		2008 年 3 月 10 日 20 时 15 分，乌鲁木齐一化工市场内的一库房存放 72 桶二氯甲苯，在装卸化学品过程中不慎碰撞发生泄漏并爆燃，引发火灾，造成 4 人死亡，2 人受伤。当地环保部门现场调查表明，该事故属安全生产事故，当地有关部门于 11 日妥善处理处置，未对周围环境安全造成较大影响。

52. *N,N*-二甲基甲酰胺：CAS 68-12-2

品名	二甲基甲酰胺	别名		DMF		英文名	*N,N*-dimethylformamide
理化性质	分子式	C_3H_7NO	分子量		73.10	熔点	−61℃
	沸点	152.8℃	相对密度		（水=1）：0.94 （空气=1）：2.51	蒸气压	3.46 kPa（60℃）
	外观性状	无色液体，有微弱的特殊臭味					
	溶解性	与水混溶，可混溶于多数有机溶剂					
稳定性和危险性	稳定性：为极性惰性溶剂。除卤化烃以外能与水及多数有机溶剂任意混合。 危险性：易燃，遇明火、高热或与氧化剂接触，有引起燃烧爆炸的危险。能与浓硫酸、发烟硝酸猛烈反应，甚至发生爆炸。与卤化物（如四氯化碳）能发生强烈反应。						

环境标准		我国暂无相关标准。
毒理学资料		健康危害：急性中毒：主要有眼和上呼吸道刺激症状、头痛、焦虑、恶心、呕吐、腹痛、便秘等。肝损害一般在中毒数日后出现，肝脏肿大，肝区痛，可出现黄疸。经皮肤吸收中毒者，皮肤出现水泡、水肿、黏糙、局部麻木、瘙痒、灼痛。慢性影响：有皮肤、黏膜刺激，神经衰弱综合征，血压偏低。还有恶心、呕吐、胸闷、食欲不振、胃痛、便秘及肝大和肝功能变化。 急性毒性：大鼠经口半数致死剂量（LD_{50}）：4 000 mg/kg； 兔经皮半数致死剂量（LD_{50}）：4 720 mg/kg； 小鼠吸入半数致死浓度（LC_{50}）：9 400 mg/m^3，2 h。
应急措施	急救措施	皮肤接触：立即脱去污染的衣着，用大量流动清水冲洗至少 15 min。就医。 眼睛接触：立即提起眼睑，用大量流动清水或生理盐水彻底冲洗至少 15 min。就医。 吸入：迅速脱离现场至空气新鲜处。保持呼吸道通畅。如呼吸困难，给输氧。如呼吸停止，立即进行人工呼吸。就医。 食入：饮足量温水，催吐。就医。
	泄漏处置	迅速撤离泄漏污染区人员至安全区，并进行隔离，严格限制出入。切断火源。建议应急处理人员戴自给正压式呼吸器，穿化学防护服。尽可能切断泄漏源。防止流入下水道、排洪沟等限制性空间。 小量泄漏：用沙土或其他不燃材料吸附或吸收。也可以用大量水冲洗，洗水稀释后放入废水系统。 大量泄漏：构筑围堤或挖坑收容。用泡沫覆盖，降低蒸气灾害。用防爆泵转移至槽车或专用收集器内，回收或运至废物处理场所处置。
	消防方法	尽可能将容器从火场移至空旷处。喷水保持火场容器冷却，直至灭火结束。 灭火剂：雾状水、抗溶性泡沫、干粉、二氧化碳、沙土。
一般包装		安瓿瓶外普通木箱；螺纹口玻璃瓶、铁盖压口玻璃瓶、塑料瓶或金属桶（罐）外普通木箱。
主要用途		主要用作工业溶剂，医药工业上用于生产维生素、激素，也用于制造杀虫脒。
事件信息		2009 年 7 月 9 日 16 时，浙江省台州市临海市渡桥镇川南化工园区永太化工厂一车间装有 300 kg 的 DMF（二甲基甲酰胺）储罐发生爆炸，爆炸后罐内 DMF 剩余量为 200 多 kg，泄漏的 DMF 由该厂自行回收处理，厂区外无泄漏，该事件未对周围环境造成影响。

53．丁烷：CAS 106-97-8

品名	丁烷		别名	正丁烷		英文名	N-butane
理化性质	分子式	C_4H_{10}	分子量	58.12		熔点	−138.4℃
	沸点	−0.5℃	相对密度	（水=1）：2.05		蒸气压	106.39 kPa（0℃）
	外观性状	无色气体，有轻微的不愉快气味					
	溶解性	易溶于水、醇、氯仿					
稳定性和危险性	稳定性：稳定。 危险性：易燃，与空气混合能形成爆炸性混合物，遇热源和明火有燃烧爆炸的危险。与氧化剂接触猛烈反应。气体比空气重，能在较低处扩散到相当远的地方，遇火源会着火回燃。						
环境标准	前苏联车间空气最高容许浓度 300 mg/m³。						
监测方法	现场应急监测方法：气体检测管法； 实验室监测方法：气相色谱法，参照《分析化学手册》（第四分册，色谱分析），化学工业出版社。						
毒理学资料	LD_{50}：无资料 大鼠吸入半数致死浓度（LC_{50}）：658 000 mg/m³，4 h						
安全防护措施	工程控制：密闭操作，注意通风。 呼吸系统防护：建议操作人员佩戴自吸过滤式防毒面具（半面罩）。 眼睛防护：戴化学安全防护眼镜。 身体防护：穿防静电工作服。 手防护：戴一般作业防护手套。 其他防护：远离火种、热源，工作场所严禁吸烟。使用防爆型的通风系统和设备。防止气体泄漏到工作场所空气中。避免与氧化剂、卤素接触。						
应急措施	急救措施	吸入：迅速脱离现场至空气新鲜处。保持呼吸道通畅。如呼吸困难，给输氧。如呼吸停止，立即进行人工呼吸。就医。					
	泄漏处置	应急处理：迅速撤离泄漏污染区人员至上风处，并进行隔离，严格限制出入。切断火源。建议应急处理人员戴自给正压式呼吸器，穿防静电工作服。尽可能切断泄漏源。用工业覆盖层或吸附/吸收剂盖住泄漏点附近的下水道等地方，防止气体进入。合理通风，加速扩散。喷雾状水稀释、溶解。构筑围堤或挖坑收容产生的大量废水。如有可能，将漏出气用排风机送至空旷地方或装设适当喷头烧掉。漏气容器要妥善处理，修复、检验后再用。					
	消防方法	切断气源。若不能切断气源，则不允许熄灭泄漏处的火焰。喷水冷却容器，可能的话将容器从火场移至空旷处。 灭火剂：雾状水、泡沫、二氧化碳、干粉。					
主要用途	用作溶剂、制冷剂和有机合成原料。						
事件信息	2009 年 12 月 18 日上午 9 时 14 分，位于塘厦镇桥陇社区的华州包装制品有限公司丁烷气瓶发生爆炸火灾事故，事故造成 1 人死亡 2 人受伤。						

54. 丁酮：CAS 78-93-3

品名	丁酮		别名	甲乙酮	英文名	2-butanone
分子式	$CH_3CH_2COCH_3$		熔点	−85.9℃	沸点	79.6℃
相对密度	（水=1）：0.805 4（20/4℃）		沸点	73.4 ℃	蒸气压	9.49 kPa/20℃
	（空气=1）：2.42				闪点	−9℃

简介	无色液体。溶于约 4 倍的水中，能溶于乙醇、乙醚等有机溶剂中，与水能形成恒沸点混合物（含丁酮 88.7%），蒸气与空气能形成爆炸性混合物，爆炸极限 2.0%～12.0%（体积）。 丁酮作为溶剂、脱蜡剂，是油漆的重要溶剂，硝酸纤维素、合成树脂都易溶于其中，也用于多种有机合成，以及作为合成香料和医药的原料，属于第三类易制毒化学品。
危险特性	危险特性：易燃，其蒸气与空气可形成爆炸性混合物。遇明火、高热或与氧化剂接触，有引起燃烧爆炸的危险。其蒸气比空气重，能在较低处扩散到相当远的地方，遇明火会引着回燃。 燃烧（分解）产物：一氧化碳、二氧化碳。
毒理性质资料	健康危害：对眼、鼻、喉、黏膜有刺激性。长期接触可致皮炎。 急性毒性：大鼠经口半数致死剂量（LD_{50}）：3 400 mg/kg。 大鼠经口半数致死浓度（LC_{50}）：23 520 mg/m³，8 h。
环境标准	中国　工作场所时间加权平均容许浓度　300 mg/m³； 前苏联　车间空气中有害物质的最高容许浓度　200 mg/m³； 前苏联（1978）地面水最高容许浓度　1.0 mg/L； 前苏联（1975）污水排放标准　50 mg/L。
安全防护措施	呼吸系统防护：空气中浓度超标时，应该佩戴自吸过滤式防毒面罩(半面罩)。 眼睛防护：必要时，戴化学安全防护眼镜。 身体防护：穿防静电工作服。 手防护：戴乳胶手套。 其他：工作现场严禁吸烟。注意个人清洁卫生。避免长期反复接触。

应急措施	急救措施	皮肤接触：脱去被污染的衣着，用肥皂水和清水彻底冲洗皮肤。 眼睛接触：提起眼睑，用流动清水或生理盐水冲洗。就医。 吸入：迅速脱离现场至空气新鲜处。保持呼吸道通畅。如呼吸困难，给输氧。如呼吸停止，立即进行人工呼吸。就医。 食入：饮足量温水，催吐，用清水或 1%硫代硫酸钠溶液洗胃。就医。
	泄漏处置	迅速撤离泄漏污染区人员至安全区，并进行隔离，严格限制出入。切断火源。建议应急处理人员戴自给正压式呼吸器，穿消防防护服。不要直接接触泄漏物。尽可能切断泄漏源，防止进入下水道、排洪沟等限制性空间。 小量泄漏：用沙土或其他不燃材料吸附或吸收。也可以用大量水冲洗，洗液稀释后放入废水系统。 大量泄漏：构筑围堤或挖坑收容；用泡沫覆盖，降低蒸气灾害。用防爆泵转移至槽车或专用收集器内。回收或运至废物处理场所处置。 废弃物处置方法：用焚烧法。

应急措施	消防方法	尽可能将容器从火场移至空旷处。喷水保持火场容器冷却，直至灭火结束。处在火场中的容器若已变色或从安全泄压装置中产生声音，必须马上撤离。
		灭火剂：抗溶性泡沫、干粉、二氧化碳、沙土。
事件信息		2009 年 4 月 25 日，重庆市大渡口区互助村三联搅拌站旁边重庆伯仲化工物资有限公司一化学品仓库发生火灾，该仓库主要存有甲醇 900 kg、丁酮 300 kg、丙酮 160 kg、云石粉 5 t、铸石粉 5 t、片碱 2 t。现场监测结果表明空气中苯、甲苯、乙苯、丙酮、氨气、氯气、硫化氢、一氧化碳、可燃气体等有毒有害气体浓度未超过国家标准，该事件未对长江水质造成影响。

55. 丁酰氯：CAS 141-75-3

品名	丁酰氯	别名		英文名	Butyryl chloride
分子式	C_4H_7ClO	分子量	106.55	沸点	102℃
凝固点	−89℃	相对密度	1.027 7	熔点	−89℃
简介	外观为无色透明液体，能与醚混溶。主要用于医药、农药、阻燃剂和净水剂等。易燃，具有腐蚀性和有毒的烟雾。				
危险特性	毒性：具有剧烈的刺激性。				
	危险特性：其蒸气与空气形成爆炸性混合物，遇明火、高热能引起燃烧爆炸，与氧化剂能发生强烈反应，其蒸气比空气重，能在较低处扩散到相当远的地方，遇明火会引着回燃。若遇高热，容器内压增大，有开裂和爆炸的危险。遇水或水蒸气反应发热放出有毒的腐蚀性气体。				
	燃烧（分解）产物：一氧化碳、二氧化碳、氯化氢。				
毒理性质资料	侵入途径：吸入、食入、经皮吸收。				
	健康危害：有强烈的毒性和刺激性，对眼睛、皮肤和黏膜可引起严重灼伤，吸入后可引起肺水肿，甚至死亡。				
安全防护措施	呼吸系统防护：可能接触毒物时，必须佩戴防毒面具。紧急事态抢救或撤离时，建议佩戴自给式呼吸器。				
	眼睛防护：可能接触其蒸气时，必须戴化学安全防护眼镜。				
	身体防护：穿聚乙烯薄膜防毒服。				
	手防护：戴防化学品手套。				
	其他：工作现场禁止吸烟、进食和饮水。工作后，彻底清洗。工作服不要带到非作业场所，单独存放被毒物污染的衣服，洗后再用。				

	急救措施	皮肤接触：脱去污染的衣着，用肥皂水及清水彻底冲洗。若有灼伤，就医治疗。 眼睛接触：立即翻开上下眼睑，用流动清水冲洗 15 min。就医。 吸入：迅速脱离现场至空气新鲜处。呼吸困难时给输氧。呼吸停止时，立即进行人工呼吸。就医。 食入：误服者用水漱口，饮牛奶或蛋清。立即就医。
应急措施	泄漏处置	疏散泄漏污染区人员至安全区，禁止无关人员进入污染区，切断火源。应急处理人员戴自给式呼吸器，穿化学防护服。不要直接接触泄漏物，在确保安全情况下堵漏。喷水雾可减少蒸发但不要使水进入储存容器内。用沙土、蛭石或其他惰性材料吸收，然后收集于密闭容器中做好标记，等待处理。 大量泄漏：利用围堤收容，然后收集、转移、回收或无害处理后废弃。
	消防方法	灭火剂：泡沫、二氧化碳、沙土
事件信息		2008 年 12 月 18 日 16 时 20 分许，位于台州市仙居县福应街道的浙江新农化工股份有限公司在减压蒸馏分离甲苯与丁酰氯萃取液生产过程中，由于蒸馏管中聚丙烯弯头老化破裂，造成溶剂甲苯冲料。 处置措施：一是积极开展教育疏导，做好群众思想工作，将部分村民送往医院进行检查；二是立即启动应急预案，用多支消防水枪在下风向形成喷淋水幕吸收废气，关闭雨水管与外界联系管道，启用应急处理池收集废水，事故废水没有外排；三是开展应急监测，该事故未对周边大气环境造成较大污染，企业总排放口及下游三里溪桥下的水质无异常变化。

56. 丁醇：CAS 71-36-3

品名	丁醇		别名		正丁醇		英文名	Butylalcohol
理化性质	分子式	$C_4H_{10}O$	分子量		74.12		熔点	−88.9℃
	沸点	117.5℃	相对密度		（水=1）：0.81		蒸气压	0.82 kPa（25℃）
	外观性状	无色透明液体，具有特殊气味						
	溶解性	微溶于水，溶于乙醇、醚、多数有机溶剂						
稳定性和危险性	稳定性：稳定。 危险性：本品易燃，具刺激性。							

环境标准	中国车间空气最高容许浓度（mg/m^3）：200； 前苏联车间空气最高容许浓度（mg/m^3）：10。	
监测方法	气象色谱法	
毒理学资料	急性毒性：大鼠经口半数致死剂量（LD$_{50}$）：4 360 mg/kg； 　　　　　兔经皮半数致死剂量（LD$_{50}$）：3 400 mg/kg 　　　　　大鼠吸入半数致死浓度（LC$_{50}$）：24 240 mg/m^3，4 h	
安全防护措施	工程控制：密闭操作，注意通风。 呼吸系统防护：一般不需要特殊防护，高浓度接触时可佩戴自吸过滤式防毒面具（半面罩）。 眼睛防护：戴安全防护眼镜。 身体防护：穿防静电工作服。 手防护：戴一般作业防护手套。 其他防护：工作现场严禁吸烟。保持良好的卫生习惯。	
应急措施	急救措施	皮肤接触：脱去污染的衣着，用肥皂水和清水彻底冲洗皮肤。 眼睛接触：立即提起眼睑，用大量流动清水或生理盐水彻底冲洗至少 15 min。就医。 吸入：迅速脱离现场至空气新鲜处。保持呼吸道通畅。如呼吸困难，给输氧。如呼吸停止，立即进行人工呼吸。就医。 食入：饮足量温水，催吐。就医。
	泄漏处置	应急处理：迅速撤离泄漏污染区人员至安全区，并进行隔离，严格限制出入。切断火源。建议应急处理人员戴自给正压式呼吸器，穿防静电工作服。尽可能切断泄漏源。防止流入下水道、排洪沟等限制性空间。 小量泄漏：用活性炭或其他惰性材料吸收。也可以用大量水冲洗，洗水稀释后放入废水系统。 大量泄漏：构筑围堤或挖坑收容。用泡沫覆盖，降低蒸气灾害。用防爆泵转移至槽车或专用收集器内，回收或运至废物处理场所处置。
	消防方法	用水喷射逸出液体，使其稀释成不燃性混合物，并用雾状水保护消防人员。 灭火剂：抗溶性泡沫、干粉、二氧化碳、雾状水、1211 灭火剂、沙土。

主要用途	主要用于制造邻苯二甲酸、脂肪族二元酸及磷酸的正丁酯类增塑剂，它们广泛用于各种塑料和橡胶制品中，也是有机合成中制丁醛、丁酸、丁胺和乳酸丁酯等的原料。
事件信息	2010 年 11 月 23 日 8 时 16 分许，沿江高速太仓段发生一起交通事故，有危险品泄漏。接报后，太仓市公安局立即将警情通报给苏州市局交巡警支队沿江高速大队，并通知安监、环保等相关部门和 120 急救车赶赴现场。事发时，江苏大丰籍刘某驾驶号牌为皖 D11×××，装有正丁醇的槽罐车，沿南京至上海方向行驶至距离太仓主线收费站约 2～3 km 处时，槽罐车罐体与同方向行驶的一辆货车发生刮擦，致使槽罐车罐体前方右下角部位破裂，所装正丁醇发生泄漏。正丁醇蒸气易与空气形成爆炸性混合物，稍有不慎便会引起爆炸。警方迅速将事发路段全面实行交通管制，疏散周边车辆和人员，并积极会同安监等部门对事故进行应急处理。

57．1,3-丁二烯：CAS 106-99-0

品名	1,3-丁二烯	别名	丁二烯		英文名	1,3-butadiene
理化性质	分子式	C₄H₆	分子量	54.09	熔 点	−108.9℃
	沸 点	−4.5℃	相对密度	（水=1）：0.62	蒸气压	245.27 kPa（21℃）
	外观性状	无色无臭气体				
	溶解性	溶于丙酮、苯、乙酸、酯等多数有机溶剂				
稳定性和危险性	稳定性：稳定。 危险性：易燃，与空气混合能形成爆炸性混合物。接触热、火星、火焰或氧化剂易燃烧爆炸。若遇高热，可发生聚合反应，放出大量热量而引起容器破裂和爆炸事故。气体比空气重，能在较低处扩散到相当远的地方，遇火源会着火回燃。					
环境标准	中国车间空气最高容许浓度（mg/m³）：100 前苏联车间空气最高容许浓度（mg/m³）：100					
监测方法	气相色谱法；溶解解吸–气相色谱法					
毒理学资料	急性毒性：LC₅₀：无资料； 大鼠经口半数致死剂量（LD₅₀）：285 000 mg/m³，4 h。					

应急措施	急救措施	皮肤接触：立即脱去污染的衣着，用大量流动清水冲洗至少15 min。就医。 眼睛接触：提起眼睑，用流动清水或生理盐水冲洗。就医。 吸入：迅速脱离现场至空气新鲜处。保持呼吸道通畅。如呼吸困难，给输氧。如呼吸停止，立即进行人工呼吸。就医。
	泄漏处置	迅速撤离泄漏污染区人员至上风处，并进行隔离，严格限制出入。切断火源。建议应急处理人员戴自给正压式呼吸器，穿防静电工作服。尽可能切断泄漏源。用工业覆盖层或吸附/吸收剂盖住泄漏点附近的下水道等地方，防止气体进入。合理通风，加速扩散。喷雾状水稀释、溶解。构筑围堤或挖坑收容产生的大量废水。如有可能，将漏出气用排风机送至空旷地方或装设适当喷头烧掉。漏气容器要妥善处理，修复、检验后再用。
	消防方法	切断气源。若不能切断气源，则不允许熄灭泄漏处的火焰。喷水冷却容器，可能的话将容器从火场移至空旷处。 灭火剂：雾状水、泡沫、二氧化碳、干粉。
主要用途		一种重要的化工原料，可用于制造合成橡胶（丁苯橡胶、顺丁橡胶、丁腈橡胶、氯丁橡胶）。
事件信息		2005年7月21日23时04分，一货运列车在内蒙古赤峰市阿鲁科尔沁旗查布嘎站货检时发现中石油抚顺石化公司从辽宁抚顺大官屯站发往兰州石岗站的自备罐车所载丁二烯液化气体从安全阀处泄漏。 处置措施：一是紧急通知该押运人员，经紧急处理后无效，汇报行车调度员后甩车。二是安监、质检等部门接报后及时派员赶赴现场，成立事故调查处理小组。三是为了避免发生爆炸，7月22日凌晨2时左右，由调车机将该罐车甩至六道且通风良好、易于消防车靠近的地方。四是要求抚顺石化公司派专业人员到达现场进行处理，并由站方严密布控、划定警戒区域，严禁明火靠近。五是对泄漏罐车进行修复，7月22日5时40分左右，经再次检查，安全阀修复且发挥作用，于11时18分安全驶离查布嘎站。 2011年12月11日20时左右，在辽宁盘锦中华路双台子区段原九化仓库内发生一起丁二烯残液泄漏起火事故。事故起因是锦州小小运输公司的辽G 06266罐车装有36.8 t丁二烯残液，停放在原九化仓库，在向辽G 13162罐车倒丁二烯残液时，由于软管与装卸泵连接不牢，发生泄漏，导致气体摩擦产生静电，引燃丁二烯残液。事故没有造成人员伤亡。环保监测车对事故地点附近进行监测，没有对环境造成污染。 处置措施：事故发生后，市政府主要负责人在第一时间赶赴现场，及时启动事故应急救援预案，指挥公安、安监、消防、环保等有关部门开展救援工作。通过不断向罐车喷水降温，并通过引管将残余气体引出燃烧的方式，加快处置进程。12月14日中午事故处置完毕。

58．十二烷基苯磺酸：CAS 27176-87-0

品名	十二烷基苯磺酸	别名	磺酸、ABS	英文名	Dodecyl benzenesulfonic acid
分子式	$C_{18}H_{30}O_3S$	分子量	326.49	溶点	10℃
沸点	315℃	相对密度		1.06	
简介	\多 colspan				

品名	十二烷基苯磺酸	别名	磺酸、ABS	英文名	Dodecyl benzenesulfonic acid
分子式	$C_{18}H_{30}O_3S$	分子量	326.49	溶点	10℃
沸点	315℃	相对密度	1.06		
简介	十二烷基苯磺酸属于阴离子表面活性剂，棕色黏稠性液体。微毒，易溶于水，用水制造洗涤用品。由分子筛脱蜡油与氯气反应生成氯化烷，再与苯缩合合成十二烷基苯，烷基苯用发烟硫酸磺化得到十二烷基苯硫酸，可用作氨基烘漆的固化催化剂。				
事件信息	2009 年 11 月 12 日 2 时 45 分，一载有 12 t 十二烷基苯磺酸的货车在京珠高速清远市佛冈县高岗镇长江村段发生自燃，大部分十二烷基苯磺酸泄漏至长江村礼溪坑尾河。坑尾河下游约 200 km 汇入北江，泄漏点下游佛冈县境内河段只用于农业灌溉和渔业养殖，不做饮用水水源，仅泄漏点下游 4 km 处一鱼塘因苯磺酸泄漏导致约 700～800 kg 鱼类死亡。 　　处置措施：一是在事故现场附近河段投放石灰进行中和处理；二是沿河道布设点位监控水质变化情况；三是对死亡鱼类进行填埋处理。水质监测结果显示水体酸碱度趋于正常，综合毒性分析结果无异常。该事件未对周边环境造成较大影响。				

59．八甲基环四硅氧烷：CAS 556-67-2

品名	八甲基环四硅氧烷	别名	八甲基硅油	英文名	Octamethyl cyclotetrasilazane
分子式	$C_8H_{24}O_4Si_4$	分子量	296.62	熔点	17～18℃
沸点	175～176℃	相对密度	0.956	水溶性	不溶
简介	无色透明或乳白色液体，可燃，无异味，是一种以二甲基二氯硅烷为主要原料，在经过水解合成工序制得的水解物基础上经过分离、精馏，或者是在水解物经过裂解后或在 DMC 基础上再分离、精馏后制得的有单独定义的化合物。初级形态二甲基环体硅氧烷主要用于进行开环聚合成不同聚合度的硅油、硅橡胶和硅树脂等。				

安全数据	危险品标志 Xn（有害）； 危险类别码 R53；R62。

事件信息	2010 年 2 月 20 日 14 时左右，绍兴市袍江新区越秀路恒业成有机硅有限公司硅油车间一原料储罐在进料过程中发生起火燃烧，罐内存有含氢硅油 10 余吨，事发地周围无饮用水水源。 　　处置措施：事件发生后，当地立即组织开展应急处置，一是立即关闭企业雨水排放口应急阀门，将消防水收集到企业应急池并进入市污水处理系统，严防流入河道；二是做好厂区周围人员的疏散和周边村民的稳定工作。由于燃烧物"甲基氢二氯硅烷"闪点低、罐内气压较大，不适宜强行扑灭，消防部门与厂方技术人员商定采取控制稳定燃烧的方法；三是开展特征污染物八甲基四硅氧烷、六甲基二硅氧烷监测工作，监测结果表明，该事件未对周边环境造成明显影响。

60. 三甲基一氯硅烷：CAS 75-77-4

品名	三甲基一氯硅烷	别名		三甲基氯硅烷		英文名	Chlorotrimethylsilane
理化性质	分子式	C_3H_9ClSi	分子量	108.642 1	熔　点		−40℃
	沸　点	57.7℃	相对密度	0.858 0	蒸气压		100 mmHg（25℃）
	外观性状	无色易挥发易燃液体					
	溶解性	与水反应强烈，溶于苯、甲醇，溶于四氢呋喃、*N,N*-二甲基甲酰胺、二氯甲烷以及 HMPA					
稳定性和危险性	稳定性：稳定。 危险性：遇明火、高温、氧化剂易燃；遇水或高温产生有毒氯化物烟雾。						
环境标准	前苏联车间空气最高容许浓度（mg/m^3）：0.5。						
毒理学资料	急性毒性： 小鼠吸入最低致死浓度（LC_{Lo}）：100 mg/kg； 小鼠腹腔最低致死剂量（LD_{Lo}）：750 mg/kg。						

应急措施	急救措施	皮肤接触：脱去污染的衣着，用大量流动清水冲洗。 眼睛接触：提起眼睑，用流动清水或生理盐水冲洗。就医。 吸入：脱离现场至空气新鲜处。就医。 食入：饮足量温水，催吐。就医。
	泄漏处置	隔离泄漏污染区，限制出入。建议应急处理人员戴防尘面具（全面罩），穿防毒服。用洁净的铲子收集于干燥、洁净、有盖的容器中，转移至安全场所。 大量泄漏：收集回收或运至废物处理场所处置。
	消防方法	消防人员必须佩戴过滤式防毒面具（全面罩）或隔离式呼吸器、穿全身防火防毒服，在上风向灭火。尽可能将容器从火场移至空旷处。
主要用途		用作硅酮油制造的中间体、憎水剂、分析用试剂。用作气相色谱衍生化试剂，用于无位阻的羟基、氨基和羧基等的硅烷化。还用于有机合成。羟基、氨基、羧基的硅烷化试剂。用于制备其挥发性衍生物以进行气相色谱分析。酯的酮醇缩合，α、ω-二酸酯的缩合环化，丙二酸酯的酰化。由氨基甲酸酯制类似酸酯。由羧基化合物制烯醇硅烷醚。由酮制烯胺。芳环的还原硅烷化等。
事件信息		2010 年 7 月 28 日，吉林省吉林市永吉县新亚强化工厂 1 000 多只装有三甲基一氯硅烷的原料桶（每桶 160～170 kg），顺松花江水流冲往下游，吉林市环保、安监、消防、公安、交通、卫生、龙潭区、经开区、舒兰市等相关单位和部门，在具有条件的松花江沿线设置多个打捞点，力争在城区段全部拦截。有关部门组织化工专家，对打捞工作进行技术指导，科学指挥拦截、打捞，确保救援人员安全，确保不发生泄漏。环保局对松花江水质随时进行监测，及时向有关部门报告情况。

61. 三氯化磷：CAS 7719-12-2

品名	三氯化磷	别名		氯化磷		英文名	Phosphorus trichloride
理化性质	分子式	PCl₃	分子量	137.34		熔点	−111.8℃
	沸点	74.2℃	相对密度	（水=1）：1.57 （空气=1）：4.75		蒸气压	13.33 kPa（21℃）
	外观性状	无色澄清液体，在潮湿空气中发烟					
	溶解性	可混溶于二硫化碳、醚、四氯化碳、苯					
稳定性和危险性	稳定性：稳定。 危险性：遇水猛烈分解，产生大量的热和浓烟，甚至爆炸。 燃烧（分解）产物：氯化氢、氧化磷、磷烷。						

环境标准	中国工作场所时间加权平均容许浓度 1 mg/m³; 中国工作场所短时间接触容许浓度 2 mg/m³; 前苏联 车间空气中有害物质的最高容许浓度 0.2 mg/m³。	
毒理学资料	侵入途径：吸入、食入、经皮吸收。 健康危害：对眼睛、呼吸道黏膜有强烈的刺激作用，液体或较浓的气体可引起皮肤灼伤，亦可造成严重眼损害，甚至失明。急性中毒引起结膜炎、支气管炎、肺炎和肺水肿，出现咳嗽、流泪、流涕、流涎、眼和喉刺痛、胸闷、气急等症状。 慢性影响：呼吸道刺激症状增加，牙齿脱落等。 毒性：属中等毒类。 急性毒性：大鼠经口半数致死剂量（LD_{50}）：550 mg/kg; 大鼠吸入半数致死浓度（LC_{50}）：104×10^{-6}，4 h。 亚急性和慢性毒性：本品的慢性作用主要为刺激作用。	
应急措施	急救措施	皮肤接触：尽快用软纸或棉花等擦去毒物，继之用 3%碳酸氢钠溶液浸泡。然后用水彻底冲洗。就医。 眼睛接触：立即提起眼睑，用流动清水或生理盐水彻底冲洗至少 15 min，就医。 吸入：迅速脱离现场至空气新鲜处。注意保暖，保持呼吸道通畅。必要时进行人工呼吸。就医。 食入：患者清醒时立即漱口，给饮牛奶或蛋清。立即就医。
	泄漏处置	疏散泄漏污染区人员至安全区，禁止无关人员进入污染区，建议应急处理人员戴好防毒面具，穿相应的工作服。不要直接接触泄漏物，在确保安全情况下堵漏。用沙土、蛭石或其他惰性材料吸收，然后转移到安全场所。如大量泄漏，利用围堤收容，然后收集、转移、回收或无害处理后废弃。
	消防方法	灭火剂：干粉、二氧化碳。禁止用水。
主要用途	用于制造有机磷化合物，也用作试剂等。	
事件信息	2008 年 10 月 7 日，原上海山和精细化工厂厂区内一废弃三氯化磷储罐内残液泄漏，有氯化氢气体溢出，周边部分居民感到不适被送医院就医，50余人被疏散。监测结果表明，事故现场大气中氯化氢含量在标准值以下，该事故未对周边环境造成明显影响。	

62. 三氯丙烷：CAS 96-18-4

品名	三氯丙烷	别名			英文名	Trichloropropane
理化性质	分子式	$C_3H_5Cl_3$	分子量	147.44	熔点	−14.7℃
	沸点	156.2℃	相对密度	（水=1）：1.39 （空气=1）：5.0	蒸气压	1.33 kPa（46℃）
	外观性状	无色液体				
	溶解性	微溶于水，溶于油类				
稳定性和危险性	危险性：与强氧化剂接触可发生化学反应。受热易分解，燃烧时产生有毒的氯化物气体。遇潮湿空气能水解生成微量的氯化氢，光照亦能促进水解而对金属的腐蚀性增强。					
	燃烧（分解）产物：一氧化碳、二氧化碳、氯化氢。					
环境标准	我国暂无相关标准。					
毒理学资料	健康危害：本品具有麻醉作用。急性接触时，有较强的呼吸道及局部刺激作用。经皮吸收亦可引起中毒。					
	急性毒性：大鼠经口半数致死剂量（LD$_{50}$）：320 mg/kg； 　　　　　兔经皮半数致死剂量（LD$_{50}$）：1 770 mg/kg； 　　　　　小鼠吸入半数致死浓度（LC$_{50}$）：3 400 mg/m^3，2 h。					
应急措施	急救措施	皮肤接触：脱去污染的衣着，用肥皂水和清水彻底冲洗皮肤。就医。 眼睛接触：提起眼睑，用流动清水或生理盐水冲洗。就医。 吸入：迅速脱离现场至空气新鲜处。保持呼吸道通畅。如呼吸困难，给输氧。如呼吸停止，立即进行人工呼吸。就医。 食入：饮足量温水，催吐。就医。				
	泄漏处置	迅速撤离泄漏污染区人员至安全区，并进行隔离，严格限制出入。切断火源。建议应急处理人员戴自给正压式呼吸器，穿防毒服。尽可能切断泄漏源。防止流入下水道、排洪沟等限制性空间。 小量泄漏：用沙土、蛭石或其他惰性材料吸收。 大量泄漏：构筑围堤或挖坑收容。用泡沫覆盖，降低蒸气灾害。用防爆泵转移至槽车或专用收集器内，回收或运至废物处理场所处置。				
	消防方法	消防人员须佩戴防毒面具、穿全身消防服，在上风向灭火。喷水保持火场容器冷却，直至灭火结束。 灭火剂：雾状水、泡沫、二氧化碳、沙土。				
主要用途	用作溶剂。					
事件信息	2008年1月9日上午7时30分许，位于广东省韶关市京珠高速公路乳源段发生一起追尾交通事故，一辆装载35 t三氯丙烷槽罐车发生侧翻，约25 t三氯丙烷泄漏进入附近小河道，流入下游南水河的南水水库，最终流入北江。南水河是韶关市乳源县饮用水源地，距离北江35 km。 　　处置措施：一是消防部门堵住泄漏，并用木糠吸附；二是南水河拦河坝关闸停止水流；三是乳源县城自来水厂于上午10时停止供水和取水；四是通知下游群众停止取水；五是在拦河坝、事故上游、下游等位置布点监测。					

63. 三氯异氰尿酸：CAS 87-90-1

品名	三氯异氰尿酸	别名	三氯（均）三嗪三酮		英文名	Symclosene
理化性质	分子式	$C_3Cl_3N_3O_3$	分子量	232.41	熔点	225～230℃
	沸点	225℃分解	相对密度	（水=1）：>1（20℃）	闪点	无意义
	外观性状	白色粉末，有氯的气味				
	溶解性	溶于水				
稳定性和危险性	稳定性：稳定，遇水易分解。 危险性：强氧化剂。与易燃物、有机物接触易着火燃烧。遇氨、铵盐、尿素等含氮化合物及水生成易爆炸的三氯化氮。受高热分解产生有毒的腐蚀性烟气。					
环境标准	我国暂无相关标准。					
毒理学资料	急性毒性：大鼠经口半数致死剂量（LD_{50}）：700～800 mg/kg； 半数致死浓度（LC_{50}）：无资料； 健康危害：本品粉末能强烈刺激眼睛、皮肤和呼吸系统。受热或遇水能产生含氯或其他毒气浓厚的烟雾。					
应急措施	急救措施	皮肤接触：立即脱去污染的衣着，用大量流动清水冲洗。就医。 眼睛接触：立即提起眼睑，用大量流动清水或生理盐水彻底冲洗至少 15 min。就医。 吸入：迅速脱离现场至空气新鲜处。保持呼吸道通畅。如呼吸困难，给输氧。如呼吸停止，立即进行人工呼吸。就医。 食入：用水漱口，给饮牛奶或蛋清。就医。				
	泄漏处置	隔离泄漏污染区，限制出入。建议应急处理人员戴防尘口罩，穿一般作业工作服。不要直接接触泄漏物。 小量泄漏：避免扬尘，用洁净的铲子收集于干燥、洁净、有盖的容器中。 大量泄漏：收集回收或运至废物处理场所处置。				
	消防方法	消防人员必须穿全身防火防毒服，在上风向灭火。灭火时尽可能将容器从火场移至空旷处。然后根据着火原因选择适当灭火剂灭火。				

主要用途	用作强氧化剂、强氯化剂。

事件信息	2008 年 4 月 19 日，武汉都乐科技有限发展责任公司仓库存放的三氯异氰尿酸受潮，排放刺鼻气体，对周边环境造成影响。 　　处置措施：采用干沙掩盖受潮的三氯异氰尿酸，控制事故现场，将受潮的三氯异氰尿酸转移至安全仓库隔离，消除事故隐患；对事故现场已转移的原材料与成品仓库隔离、通风、冷却，防止发生次生事故；对成品仓库立即采取防范措施；对事故现场进行清理，对残存废物按危险废物的相关规定进行处理。

64. 三氯氢硅：CAS 10025-78-2

品名	三氯氢硅	别名	硅氯仿	英文名	Trichlorosilane
分子式	SiHCl$_3$	分子量	135.43	相对密度	（空气=1）：4.7
沸点	31.8℃	熔点	−134℃	蒸气压	53.33 kPa（14.5℃）
简介	三氯硅烷在常温常压下为具有刺激性恶臭易流动易挥发的无色透明液体。在空气中极易燃烧，在−18℃以下也有着火的危险，遇明火则强烈燃烧，燃烧时发出红色火焰和白色烟，生成 SiO$_2$、HCl 和 Cl$_2$。 用途：单晶硅原料、外延成长、硅液、硅油、化学气相淀积、硅酮化合物制造、电子气。				
毒理学资料	急性毒性：大鼠经口半数致死剂量（LD$_{50}$）：1 030 mg/kg； 小鼠吸入半数致死浓度（LC$_{50}$）：1 500 mg/m^3，2 h 刺激性：家兔经眼：5 mg/m^3，引起刺激。对皮肤、黏膜有强烈的刺激和腐蚀作用。 亚急性和慢性毒性：可见卡他性气管炎、支气管炎。 侵入途径：吸入、食入。 健康危害：对眼和呼吸道黏膜有强烈刺激作用。高浓度下，引起角膜混浊、呼吸道炎症，甚至肺水肿。并可伴有头昏、头痛、乏力、恶心、呕吐、心慌等症状。油在皮肤上，可引起坏死，溃疡长期不愈。				
环境标准	中国　车间卫生标准　3 mg/m^3				
安全防护措施	呼吸系统防护：空气中浓度超标时，应该佩戴自吸过滤式防毒面具（全面罩）。紧急事态抢救或撤离时，建议佩戴自给式呼吸器。 眼睛防护：呼吸系统防护中已作防护。 身体防护：穿胶布防毒衣。 手防护：戴橡胶手套。 其他：工作现场禁止吸烟、进食和饮水。工作完毕，淋浴更衣，保持良好的卫生习惯。				

应急措施	急救措施	皮肤接触：立即脱去被污染的衣着，用大量流动清水冲洗，至少15 min。就医。 眼睛接触：立即提起眼睑，用大量流动清水或生理盐水彻底冲洗至少15 min。就医。 吸入：迅速脱离现场至空气新鲜处。保持呼吸道通畅。如呼吸困难，给输氧。如呼吸停止，立即进行人工呼吸。就医。 食入：误服者用水漱口，给饮牛奶或蛋清。就医。
	泄漏处置	迅速撤离泄漏污染区人员至安全区，并进行隔离，严格限制出入。切断火源。建议应急处理人员戴自给正压式呼吸器，穿消防防护服。从上风处进入现场。尽可能切断泄漏源，防止进入下水道、排洪沟等限制性空间。 小量泄漏：用沙土或其他不燃材料吸附或吸收。 大量泄漏：构筑围堤或挖坑收容；用泡沫覆盖，降低蒸气灾害。在专家指导下清除。
	消防方法	消防人员必须佩戴过滤式防毒面具（全面罩）或隔离式呼吸器、穿全身防火防毒服，在上风处灭火。 灭火剂：干粉、干沙。切忌使用水、泡沫、二氧化碳、酸碱灭火剂。
事件信息		2009 年 10 月 26 日 7 时，位于内蒙古呼和浩特市金桥经济开发区工业二区的内蒙古神舟硅业有限责任公司三氯氢硅储罐法兰垫片损坏，造成部分三氯氢硅泄漏，遇潮湿空气生成氯化氢，该企业周边无居住区。事件发生后，消防部门迅速赶到并开展处置，消防水均进入企业应急池，无人员伤亡和中毒情况发生。

65. 三氯硅烷：CAS 10025-78-2

品名	三氯硅烷	别名			英文名	Trichlorosilane
理化性质	分子式	Cl_3SiH	分子量	135.44	熔 点	−134 ℃
	沸 点	31.8℃	相对密度	1.37	蒸气压	53.33 kPa（14.5℃）
	外观性状	无色液体				
	溶解性	溶于二硫化碳、四氯化碳、氯仿、苯等				
稳定性和危险性	稳定性：常温常压下稳定 危险性：遇明火强烈燃烧。受高热分解产生有毒的氯化物气体。与氧化剂发生反应，有燃烧危险。极易挥发，在空气中发烟，遇水或水蒸气能产生热和有毒的腐蚀性烟雾。					

环境标准	前苏联车间空气最高容许浓度：1 mg/m³
毒理学资料	急性毒性： 大鼠经口半数致死剂量（LD₅₀）：1 030 mg/kg； 小鼠吸入半数致死浓度（LC₅₀）：1 500 mg/m³，2 h
安全防护措施	工程控制：密闭操作，局部排风。 呼吸系统防护：空气中浓度超标时，应该佩戴防毒面具。紧急事态抢救或逃生时，建议佩戴自给式呼吸器。 眼睛防护：戴化学安全防护眼镜。 身体防护：穿相应的防护服。 手防护：戴防化学品手套。 其他防护：工作现场禁止吸烟、进食和饮水。工作完毕，淋浴更衣。保持良好的卫生习惯。

毒理学资料中：大鼠经口半数致死剂量（LD$_{50}$）：1 030 mg/kg；小鼠吸入半数致死浓度（LC$_{50}$）：1 500 mg/m^3，2 h

应急措施	急救措施	皮肤接触：立即脱去污染的衣着，用大量流动清水冲洗至少15 min。就医。 眼睛接触：立即提起眼睑，用大量流动清水或生理盐水彻底冲洗至少15 min。就医。 吸入：迅速脱离现场至空气新鲜处。保持呼吸道通畅。如呼吸困难，给输氧。如呼吸停止，立即进行人工呼吸。就医。 食入：用水漱口，给饮牛奶或蛋清。就医。
	泄漏处置	迅速撤离泄漏污染区人员至安全区，并进行隔离，严格限制出入。切断火源。建议应急处理人员戴自给正压式呼吸器，穿防毒服。从上风处进入现场。尽可能切断泄漏源。防止流入下水道、排洪沟等限制性空间。 小量泄漏：用沙土或其他不燃材料吸附或吸收。 大量泄漏：构筑围堤或挖坑收容。在专家指导下清除。
	消防方法	消防人员必须佩戴过滤式防毒面具（全面罩）或隔离式呼吸器、穿全身防火防毒服，在上风向灭火。 灭火剂：干粉、干沙。切忌使用水、泡沫、二氧化碳、酸碱灭火剂。
主要用途		用作高分子有机硅化合物的原料，也用于仪表工业，制造有机硅化合物的原料，也是生产多晶硅的基本原料。
事件信息		2005年中科院金属研究所冶炼车间内，一个铁桶的三氯硅烷由于压力过大发生爆炸，南湖消防中队到场后，在现场设置了警戒线，用水枪对车间内的烟进行稀释。

66．三聚氯氰：CAS 108-77-0

品名	三聚氯氰	别名		英文名	Cyanuric chloride
分子式	C₃N₃Cl₃	分子量	184.41	熔点	145.5℃
沸点	190℃	密度	1.92	蒸气压	0.8 mmHg（62.2℃）
简介	三聚氯氰是白色晶体。溶于氯仿，四氯化碳，热的醚、丙酮，微溶于水。有刺激味，易吸潮发热，释放出烟雾气体，属中等毒性。受热或遇水分解放热，放出有毒的腐蚀性烟气。对鼻、眼的黏膜有强烈的刺激作用，接触皮肤易产生红斑。 用途：三聚氯氰主要用于农药除草剂，活性染料，荧光增白剂，纺织助剂，橡胶助剂等方面。					
事件信息	2007年9月26日，沈大高速公路由北向南312 km处，营口三征有机化工公司一辆装载20多吨三聚氯氰的货车发生交通事故，导致约400 kg三聚氯氰撒落路面，撒落长度约50 m。 　处置措施：一是加快收集处理散落在地的泄漏物，防止泄漏物光照分解。二是处理过程中不能用水、液氨进行处理。三是紧急联系肇事车辆的厂家，立即将剩余的三聚氯氰进行安全收集，送回生产厂家进行处理。					

67．2,3,6-三氯苯甲酸：CAS 50-31-7

品名	2,3,6-三氯苯甲酸	别名			英文名	2.3.6-Trichlorobenzoic acid
理化性质	分子式	C₇H₃Cl₃O₂	分子量	225.45	熔点	87～89℃
	沸点		相对密度	无资料	蒸气压	
	外观性状	淡黄色至黄褐色结晶				
	溶解性	不溶于水，易溶于多数有机溶剂				
稳定性和危险性	危险性：遇明火、高热可燃。其粉体与空气可形成爆炸性混合物，当达到一定浓度时，遇火星会发生爆炸。受高热分解放出有毒的气体。					
环境标准	我国暂无相关标准。					

毒理学资料	健康危害：有毒。遇热分解出氯气烟雾。 急性毒性：兔经口半数致死剂量（LD_{50}）：812 mg/kg。 　　　　　大鼠经口半数致死剂量（LD_{50}）：750 mg/kg。 LC_{50}：无资料。	
应急措施	急救措施	皮肤接触：脱去污染的衣着，用流动清水冲洗。 眼睛接触：提起眼睑，用流动清水或生理盐水冲洗。就医。 吸入：迅速脱离现场至空气新鲜处。保持呼吸道通畅。如呼吸困难，给输氧。如呼吸停止，立即进行人工呼吸。就医。 食入：饮足量温水，催吐。就医。
	泄漏处置	隔离泄漏污染区，限制出入。切断火源。建议应急处理人员戴防尘口罩，穿一般作业工作服。不要直接接触泄漏物。 小量泄漏：避免扬尘，小心扫起，收集于干燥、洁净、有盖的容器中。 大量泄漏：收集回收或运至废物处理场所处置。
	消防方法	尽可能将容器从火场移至空旷处。 灭火剂：雾状水、泡沫、干粉、二氧化碳、沙土。
主要用途	用作农用除草剂及植物生长调节剂。	
事件信息	2008 年 9 月 7 日晚 11 点许，位于湖北省黄冈市浠水县兰溪镇兰溪河西码头长瓷石粉厂门口约 10 m 处，一辆小型货车顺着江堤向长江倾倒废弃污染物，被发现后逃离现场，留下 14 个盛装不明污染物的塑料桶，其中 25 kg 蓝色桶 8 个、5 kg 白色桶 6 个，蓝色桶中残留有部分黑色废液，气味强烈刺鼻。长瓷石粉厂职工在查看塑料桶时，有 6 人出现呕吐、舌头麻痹、喉咙硬化和呼吸困难等中毒情况，该废弃污染物沿着长瓷石粉厂的取水管道形成的小沟流入长江。 　　处置措施：一是立即开展应急监测，确认该废弃污染物主要包含三氯苯甲酸、2,6-二异丙基萘、苯甲酸乙酯 3 种物质。组织开展水质监测；二是配合当地做好应急和防控工作，停止兰溪镇取水口取水，并迅速通知当地和下游群众禁止饮用受污染和可能受污染的自来水和长江水，当地政府改用浠水河备用水源集中供水；三是及时清理现场，将收集的废弃污染物及其包装容器以及被污染的土壤送交有资质的单位处理。	

68. 己二腈: CAS 111-69-3

品名	己二腈	别名	1,4-二氰基丁烷		英文名	Hexanedinitrile
理化性质	分子式	$C_6H_8N_2$	分子量	108.14	熔　点	2.3℃
	沸　点	295℃	相对密度	（水=1）：0.96	蒸气压	266.6Pa（100℃）
	外观性状	无色油状液体，略有气味				
	溶解性	微溶于水、醚，溶于醇				
稳定性和危险性	稳定性：稳定。 危险性：遇明火能燃烧。遇高热分解释放出剧毒的气体。与氧化剂可发生反应。					
环境标准	前苏联车间空气最高容许浓度（mg/m³）：10。					
监测方法	高效液相色谱法，《分析化学手册》（第四分册，色谱分析），化学工业出版社。					
毒理学资料	毒性：属中等毒类。 急性毒性：大鼠经口半数致死剂量（LD$_{50}$）：300 mg/kg； 大鼠吸入半数致死浓度（LC$_{50}$）：1 710 mg/m³，4 h。 亚急性和慢性毒性：大鼠吸入不敷出 20～150 mg/m³，4 h/d，共 5 个月，出现蛋白尿，血中硫氰酸盐和尿素含量增加及脏器重量系数增大等毒作用。					
安全防护措施	工程控制：严加密闭，提供充分的局部排风。尽可能机械化、自动化。提供安全淋浴和洗眼设备。 呼吸系统防护：可能接触毒物时，必须佩戴自吸过滤式防毒面具（半面罩）。紧急事态抢救或撤离时，建议佩戴隔离式呼吸器。 眼睛防护：戴化学安全防护眼镜。 身体防护：穿聚乙烯防毒服。 手防护：戴橡胶耐油手套。 其他防护：工作现场禁止吸烟、进食和饮水。工作完毕，彻底清洗。单独存放被毒物污染的衣服，洗后备用。车间应配备急救设备及药品。作业人员应学会自救互救。					

应急措施	急救措施	皮肤接触：立即脱去污染的衣着，用流动清水或 5%硫代硫酸钠溶液彻底冲洗至少 20 min。就医。 眼睛接触：提起眼睑，用流动清水或生理盐水冲洗。就医。 吸入：迅速脱离现场至空气新鲜处。保持呼吸道通畅。如呼吸困难，给输氧。呼吸心跳停止时，立即进行人工呼吸（勿用口对口）和胸外心脏按压术。给吸入亚硝酸异戊酯。就医。 食入：饮足量温水，催吐。用 1∶5 000 高锰酸钾或 5%硫代硫酸钠溶液洗胃。就医。
	泄漏处置	应急处理：迅速撤离泄漏污染区人员至安全区，并进行隔离，严格限制出入。切断火源。建议应急处理人员戴自给正压式呼吸器，穿防毒服。不要直接接触泄漏物。尽可能切断泄漏源。防止流入下水道、排洪沟等限制性空间。 小量泄漏：用沙土或其他不燃材料吸附或吸收。也可以用大量水冲洗，洗水稀释后放入废水系统。 大量泄漏：构筑围堤或挖坑收容。用泵转移至槽车或专用收集器内，回收或运至废物处理场所处置。
	消防方法	灭火剂：雾状水、泡沫、干粉、二氧化碳、沙土。
主要用途		是制造尼龙的中间体。
事件信息		2011 年 1 月 22 日中午 12 时 50 分许，一辆装载 30 t 己二腈罐车在南洛高速上行至 322 km 处，发生侧翻事故，罐口处己二腈发生轻微泄漏。接到事故报告后，亳州市、利辛县政府主要责任人及市、县有关部门负责人及时赶赴现场，迅速启动亳州市危险化学品道路运输事故应急预案。亳州市安全监管局、市消防支队积极与省内化工专家和生产厂家联系，核实泄漏物质名称、理化性能及施救办法。利辛县公安局、利辛县消防大队、蒙城县消防大队救护人员第一时间赶赴事故现场，划定警戒范围、疏散周围围观人员，积极组织救援，利辛县环保局对周围水质进行抽样检测。当日晚上 18 时 30 分，事故车辆被大型吊车吊起，拖到安全地带，事故抢险救援结束。

69. 己二酸：CAS 42331-63-5

品名	己二酸	别名		肥酸	英文名	Hexanedioic acid
理化性质	分子式	$C_6H_{10}O_4$	分子量	146.14	熔　点	153℃
	沸　点	332.7℃	相对密度	（水=1）：1.360	蒸气压	
	外观性状	白色结晶体				
	溶解性	微溶于水，易溶于酒精、乙醚等大多数有机溶剂				
稳定性和危险性	稳定性：稳定。 危险性：粉体与空气可形成爆炸性混合物，当达到一定浓度时，遇火星会发生爆炸。受高热分解，放出刺激性烟气。					
环境标准	我国暂无相关标准。					
监测方法	气相色谱法；滴定法					
毒理学资料	急性毒性： 大鼠经口半数致死剂量（LD_{50}）：1 900 mg/kg； 小鼠皮下半数致死剂量（LD_{50}）：280 mg/kg。					
安全防护措施	呼吸系统防护：空气中粉尘浓度超标时，必须佩戴自吸过滤式防尘口罩。紧急事态抢救或撤离时，应该佩戴空气呼吸器。 眼睛防护：戴化学安全防护眼镜。 身体防护：穿防毒物渗透工作服。 手防护：戴橡胶手套。 其他防护：工作现场严禁吸烟。注意个人清洁卫生。					
应急措施	急救措施	皮肤接触：脱去污染的衣着，用大量流动清水冲洗。就医。 眼睛接触：提起眼睑，用流动清水或生理盐水冲洗。就医。 吸入：脱离现场至空气新鲜处。如呼吸困难，给输氧。就医。 食入：饮足量温水，催吐。就医。				
	泄漏处置	隔离泄漏污染区，限制出入。切断火源。建议应急处理人员戴防尘面具（全面罩），穿防毒服。避免扬尘，小心扫起，置于袋中转移至安全场所。 大量泄漏：用塑料布、帆布覆盖。收集回收或运至废物处理场所处置。				
	消防方法	消防人员须佩戴防毒面具、穿全身消防服，在上风向灭火。 灭火剂：雾状水、泡沫、干粉、二氧化碳、沙土。				

主要用途	主要用于制造尼龙 66 纤维和尼龙 66 树脂，聚氨酯泡沫塑料，在有机合成工业中，为己二腈、己二胺的基础原料，同时还可用于生产润滑剂、增塑剂己二酸二辛酯，也可用于医药等方面，用途十分广泛。
事件信息	2010 年 12 月 11 日凌晨，杭州湾跨海大桥宁波方向一辆满载固体己二酸的货车在行驶过程中突然起火，针对现状，指挥员立即启动了《危险化学品运输事故应急行动方案》，联系大桥交警封锁该车道，禁止车辆通过。并向慈西中队、杭州湾中队请求增援，保证有充足的水源供给。随后下达作战命令，警戒组与大桥路政立即进行警戒；灭火组人员出 2 支泡沫枪控制住火势；稀释组人员出 1 支水枪对外围进行稀释，将事故危害性降到最低。

70. 己内酰胺：CAS 105-60-2

品名	己内酰胺		别名		ε-己内酰胺	英文名	Caprolactam
理化性质	分子式	$C_6H_{11}NO$		分子量	113.18	熔　点	68～70℃
	沸　点	136～138℃/ 10 mmHg		相对密度	（水=1）：1.05	蒸气压	0.67 kPa（122℃）
	外观性状	白色晶体					
	溶解性	溶于水，溶于乙醇、乙醚、氯仿等多数有机溶剂					
稳定性和危险性	稳定性：稳定。 危险性：遇高热、明火或与氧化剂接触，有引起燃烧的危险。受高热分解，产生有毒的氮氧化物。粉体与空气可形成爆炸性混合物，当达到一定的浓度时，遇火星发生爆炸。						
环境标准	中国车间空气中有害物质的最高容许浓度　10 mg/m³； 前苏联（1977）居民区大气中有害物质最大允许浓度　0.06 mg/m³（最大值）； 前苏联（1978）　生活饮用水和娱乐用水水体中有毒物质的最大允许浓度　1.0 mg/L； 嗅觉阈浓度　0.3 mg/m³。						
监测方法	溶剂洗脱–气相色谱法；羟胺–氯化铁比色法。						

毒理学资料		急性毒性：大鼠经口半数致死剂量（LD_{50}）：1 155 mg/kg； 　　　　人经口致死量（LD）：70 g。 亚急性和慢性毒性：大鼠经口 500 mg/kg×6 体重、血相有变化，大脑有病理损害；人吸入 61 mg/m^3 以下，上呼吸道炎症和胃有灼热感等；人吸入 17.5 mg/m^3，神衰征候群和皮肤损害；人吸入 10 mg/m^3 以下×3～10 a，有神衰征候群发生。 空气中嗅觉阈浓度：63 mg/mL；水中嗅觉阈浓度：59.7 mg/L
安全防护措施		工程控制：密闭操作，局部排风。 呼吸系统防护：空气中浓度超标时，戴面具式呼吸器。紧急事态抢救或逃生时，应该佩带自给式呼吸器。 眼睛防护：戴化学安全防护眼镜。 防护服：穿工作服。 手防护：戴橡皮胶手套。 其他：工作后，淋浴更衣。注意个人清洁卫生。
应急措施	急救措施	皮肤接触：脱去污染的衣着，用大量流动清水彻底冲洗。 眼睛接触：立即翻开上下眼睑，用大量流动清水或生理盐水冲洗。就医。 吸入：脱离现场至空气新鲜处。就医。 食入：误服者漱口，给饮牛奶或蛋清，就医。
	泄漏处置	隔离泄漏污染区，周围设警告标志，切断火源。应急处理人员戴自给式呼吸器，穿化学防护服。不要直接接触泄漏物，用清洁的铲子收集于干燥、洁净、有盖的容器中，运至废物处理场所。 大量泄漏：收集回收或无害处理后废弃。
	消防方法	灭火剂：雾状水、泡沫、二氧化碳、干粉、沙土。
主要用途		主要用途是通过聚合生成聚酰胺切片（通常叫尼龙-6 切片，或锦纶-6 切片），可进一步加工成锦纶纤维、工程塑料、塑料薄膜。尼龙-6 切片随着质量和指标的不同，有不同的侧重应用领域。
事件信息		2007 年 1 月 10 日上午 10 时许，中国石化股份公司巴陵分公司己内酰胺部发生一起爆炸事故，巴陵分公司迅速启动突发事件总体应急预案。岳阳市紧急调集消防、环保等部门赶往现场救援。爆炸发生后，当地消防部门派出 10 多辆消防车赶赴现场进行救援，经过消防官兵 1 个多小时的努力，终于控制住局势，爆炸发生后，当地环保部门对现场进行监测。

71. 无水甲醇：CAS 170082-17-4

品名	无水甲醇	别名	木酒精		英文名	Methyl alcohol
理化性质	分子式	CH_4O	分子量	32.04	熔　点	−97.8℃
	沸　点	64.8℃	相对密度	0.79	蒸气压	
	外观性状	无色澄清液体，有刺激性气味				
	溶解性	溶于水，可混溶于醇、醚等多数有机溶剂				

稳定性和危险性	稳定性：稳定。 危险性：易燃，其蒸气与空气可形成爆炸性混合物，遇明火、高热能引起燃烧爆炸。与氧化剂接触发生化学反应或引起燃烧。在火场中，受热的容器有爆炸危险。其蒸气比空气重，能在较低处扩散到相当远的地方，遇火源会着火回燃。
环境标准	工作场所时间加权平均容许浓度（mg/m^3）：25； 前苏联车间空气最高容许浓度（mg/m^3）：5。
监测方法	气相色谱法；变色酸分光光度法。
毒理学资料	大鼠经口半数致死剂量（LD_{50}）：5 628 mg/kg； 兔经皮半数致死剂量（LD_{50}）：15 800 mg/kg 大鼠吸入半数致死浓度（LC_{50}）：83 776 mg/m^3，4 h
安全防护措施	工程控制：生产过程密闭，加强通风。提供安全淋浴和洗眼设备。 呼吸系统防护：可能接触其蒸气时，应该佩戴过滤式防毒面具（半面罩）。紧急事态抢救或撤离时，建议佩戴空气呼吸器。 眼睛防护：戴化学安全防护眼镜。 身体防护：穿防静电工作服。 手防护：戴橡胶手套。 其他防护：工作现场禁止吸烟、进食和饮水。工作完毕，淋浴更衣。实行就业前和定期的体检。

应急措施	急救措施	皮肤接触：脱去污染的衣着，用肥皂水和清水彻底冲洗皮肤。 眼睛接触：提起眼睑，用流动清水或生理盐水冲洗。就医。 吸入：迅速脱离现场至空气新鲜处。保持呼吸道通畅。如呼吸困难，给输氧。如呼吸停止，立即进行人工呼吸。就医。 食入：饮足量温水，催吐。用清水或 1%硫代硫酸钠溶液洗胃。就医。
	泄漏处置	迅速撤离泄漏污染区人员至安全区，并进行隔离，严格限制出入。切断火源。建议应急处理人员戴自给正压式呼吸器，穿防静电工作服。不要直接接触泄漏物。尽可能切断泄漏源。防止流入下水道、排洪沟等限制性空间。 小量泄漏：用沙土或其他不燃材料吸附或吸收。也可以用大量水冲洗，洗水稀释后放入废水系统。 大量泄漏：构筑围堤或挖坑收容。用泡沫覆盖，降低蒸气灾害。用防爆泵转移至槽车或专用收集器内，回收或运至废物处理场所处置。
	消防方法	尽可能将容器从火场移至空旷处。喷水保持火场容器冷却，直至灭火结束。处在火场中的容器若已变色或从安全泄压装置中产生声音，必须马上撤离。 灭火剂：抗溶性泡沫、干粉、二氧化碳、沙土。
主要用途		主要用于制甲醛、香精、染料、医药、火药、防冻剂等。
事件信息		2005 年 11 月 3 日 8 时 02 分，保津高速 121 km 处一辆载有 15 t 左右化学试剂的东风牌半挂货车发生交通事故，事故现场车载乙酸、无水乙醇等化学试剂发生泄漏，在做好个人防护、确认现场周围的泄漏气体对人员不构成伤害的情况下，接近事故车辆进一步对车载物品、泄漏物质处进行侦察，寻找泄漏口，仔细察看车载货物成分；同时利用喷雾水枪对车辆上空挥发蒸气以及附近区域进行稀释，冲洗地面；并根据现场情况进一步调整警戒区范围。采取倒车的方法将车上货物全部转移至救援车上，成功避免了事故的恶化。

72. 双环戊二烯树脂

品名	双环戊二烯树脂	别名		英文名	
简介					

品名	双环戊二烯树脂	别名		英文名	
简介	双环戊二烯树脂是一种淡黄色透明液体，有类似樟脑气味，不溶于水，溶于醇，其热稳定性、光稳定性和耐化学性均优于通用标准树脂，是生产农药、香料、阻燃剂、降冰片、烯类衍生物、金刚烷、环氧化合物等的原料。				
事件信息	2009 年 7 月 30 日 6 时 40 分左右，一槽罐车在安徽芜马高速发生侧翻，泄漏双环戊二烯树脂 20～30 kg。泄漏物非危险化学品，附近无水源地和居民区，经处置，该事件未对周围环境造成影响。				

73. 正丁酸：CAS 107-92-6

品名	正丁酸	别名	酪酸，乙基乙酸	英文名	N-butyric acid
分子式	$CH_3CH_2CH_2COOH$	分子量	88.10	熔 点	–7.9℃
沸点	163.5℃	密度	0.958 7	闪 点	76.67℃
简介	无色油状液体。稀溶液有酸败油的气味，溶于水、乙醇和乙醚。用于制药和果子香精，并用于皮革的鞣制，还作为合成原料制备其他有机化学品。				
危险特性	遇明火、高热或与氧化剂接触，有引起燃烧爆炸的危险。燃烧（分解）产物：一氧化碳、二氧化碳。				
毒理学资料	侵入途径：吸入、食入、经皮吸收。健康危害：高浓度一次接触，可引起皮肤、眼或黏膜的中度刺激性损害。毒性：属低毒类。急性毒性：大鼠经口半数致死剂量（LD_{50}）：2 000 mg/kg；　　　　　　兔经皮半数致死剂量（LD_{50}）：530 mg/kg				
环境标准	前苏联　车间空气中有害物质的最高容许浓度 10 mg/m³；前苏联（1975）居民区大气中有害物最大允许浓度 0.015 mg/m³（最大值，昼夜均值）；前苏联　污水中有害物质最高允许浓度 10 mg/L。				
安全防护措施	呼吸系统防护：空气中浓度超标时，应该佩戴防毒面具。必要时佩戴自给式呼吸器。眼睛防护：戴化学安全防护眼镜。防护服：穿工作服（防腐材料制作）。手防护：戴橡皮手套。其他：工作后，淋浴更衣。注意个人清洁卫生。				

应急措施	急救措施	皮肤接触：脱去污染的衣着，立即用流动清水彻底冲洗。 眼睛接触：立即提起眼睑，用流动清水或生理盐水冲洗至少 15 min。就医。 吸入：迅速脱离现场至空气新鲜处。保持呼吸道通畅。必要时进行人工呼吸。就医。 食入：误服者给饮大量温水，催吐，就医。
	泄漏处置	疏散泄漏污染区人员至安全区，禁止无关人员进入污染区，建议应急处理人员戴自给式呼吸器，穿化学防护服。不要直接接触泄漏物，在确保安全情况下堵漏。用沙土或其他不燃性吸附剂混合吸收，收集运至废物处理场所处置。也可以用大量水冲洗，经稀释的洗水放入废水系统。 大量泄漏：利用围堤收容，然后收集、转移、回收或无害处理后废弃。
	消防方法	灭火剂：雾状水、泡沫、二氧化碳、沙土
事件信息		2009 年 8 月 24 日 2 时 14 分左右，一载有 60 桶正丁酸（50 kg/桶）的大货车在遵崇高速曾家弯大桥处发生侧翻，车上 3 人当场死亡。该地段非饮用水源保护区，车辆侧翻在隔离带上，有少量正丁酸泄漏，但未对该处环境造成污染，监测结果表明，该事件未对周边环境造成明显影响。

74. 丙烯：CAS 115-07-1

品名	丙烯		别名			英文名	Propylene
理化性质	分子式	CH₃CHCH₂	分子量	42.08		熔点	−191.2℃
	沸点	−47.7℃	相对密度	（水=1）：0.5 （空气=1）：1.48		蒸气压	602.88 kPa/0℃
	外观性状	无色有烃类气味的气体				闪点	−108℃
	溶解性	溶于水、乙醇					
稳定性和危险性	稳定性：稳定。 危险性：易燃，与空气混合能形成爆炸性混合物。遇热源和明火有燃烧爆炸的危险。与二氧化氮、四氧化二氮、氧化二氮等激烈化合，与其他氧化剂接触剧烈反应。气体比空气重，能在较低处扩散到相当远的地方，遇明火会引着回燃。 燃烧（分解）产物：一氧化碳、二氧化碳。						
环境标准	前苏联　车间空气中有害物质的最高容许浓度　　100 mg/m³； 前苏联（1977）　大气质量标准　3.3 mg/m³； 前苏联（1975）　污水中有机物最大允许浓度　10 mg/L； 前苏联（1975）　水体中有害物质最高允许浓度　0.5 mg/L。						

分子式 CH₃CHCH₂

毒理学资料	毒性：属低毒类。 急性毒性：人吸入 15%浓度×30 min，意志丧失；人吸入 35%～40%×20 s，意志丧失；人吸入 260 mg/L×4 min，麻醉并可引起呕吐。 亚急性和慢性毒性：小鼠吸入浓度为 35%的本品，20 次，引起肝脏轻微脂肪浸润。	
应急措施	急救措施	吸入：迅速脱离现场至空气新鲜处。保持呼吸道通畅。如呼吸困难，给输氧。如呼吸停止，立即进行人工呼吸。就医。
	泄漏处置	迅速撤离泄漏污染区人员至上风处，并进行隔离，严格限制出入。切断火源。建议应急处理人员戴自给正压式呼吸器，穿消防防护服。尽可能切断泄漏源。用工业覆盖层或吸附/吸收剂盖住泄漏点附近的下水道等地方，防止气体进入。合理通风，加速扩散。喷雾状水稀释、溶解。构筑围堤或挖坑收容产生的大量废水。如有可能，将漏出气用排风机送至空旷地方或装设适当喷头烧掉。漏气容器要妥善处理，修复、检验后再用。
	消防方法	切断气源。若不能立即切断气源，则不允许熄灭正在燃烧的气体。喷水冷却容器，可能的话将容器从火场移至空旷处。 灭火剂：雾状水、泡沫、二氧化碳、干粉。
主要用途	用于制丙烯腈、环氧丙烷、丙酮等	
事件信息	2005 年 2 月 25 日 17 时，2 辆装载 24.5 t 丙烯气体的槽罐车在穿越西安市临潼区行西路高速路桥涵洞时，1 辆槽车上部安全阀门与涵洞顶部碰撞，导致丙烯气体泄漏。事件得到妥善处理。	

75. 丙烯酸：CAS 79-10-7

品名	丙烯酸	别名			英文名	Acrylic acid
理化性质	分子式	$C_3H_4O_2$	分子量	72.06	熔点	14℃
	沸点	141℃	相对密度	（水=1）：1.05 （空气=1）：2.45	蒸气压	11.33 kPa/39.9℃
	外观性状	无色液体，有刺激性气味			闪点	50℃
	溶解性	与水混溶，可混溶于乙醇、乙醚				
稳定性和危险性	稳定性：稳定。 危险性：其蒸气与空气形成爆炸性混合物，遇明火、高热能引起燃烧爆炸。与氧化剂能发生强烈反应。若遇高热，可能发生聚合反应，出现大量放热现象，引起容器破裂和爆炸事故。 燃烧（分解）产物：一氧化碳、二氧化碳。					
环境标准	前苏联　车间空气中有害物质的最高容许浓度　5 mg/m³； 前苏联（1975）　水体中有害物质最高允许浓度　0.5 mg/L； 　　　　　　　嗅觉阈浓度　0.094 mg/m³； 中国　工作场所时间加权平均容许浓度　6 mg/m³。					

毒理学资料	侵入途径：吸入、食入、经皮吸收。 健康危害：本品对皮肤、眼睛和呼吸道有强烈刺激作用。 毒性：属低毒类。 急性毒性：大鼠经口半数致死剂量（LD_{50}）：2 520 mg/kg； 兔经皮半数致死剂量（LD_{50}）：950 mg/kg； 小鼠吸入半数致死浓度（LC_{50}）：LC_{50} 5 300 mg/m³，2 h 致突变性：细胞遗传学分析：小鼠淋巴细胞 450 mg/L。 生殖毒性：大鼠腹腔最低中毒剂量（TD_{Lo}）：73 216 μg/kg（孕 5～15 d），致胚胎毒性，肌肉骨骼发育异常。 致癌性：IARC 致癌性评论：动物、人类皆无可靠数据。	
应急措施	急救措施	皮肤接触：脱去污染的衣着，立即用水冲洗至少 15 min。 眼睛接触：立即提起眼睑，用流动清水或生理盐水冲洗至少 15 min。 吸入：迅速脱离现场至空气新鲜处。保持呼吸道通畅。必要时进行人工呼吸。就医。 食入：误服者给饮大量温水，催吐，就医。
	泄漏处置	疏散泄漏污染区人员至安全区，禁止无关人员进入污染区，切断火源。建议应急处理人员戴自给式呼吸器，穿化学防护服。不要直接接触泄漏物，在确保安全情况下堵漏。喷水雾能减少蒸发但不要使水进入储存容器内。用沙土或其他不燃性吸附剂混合吸收，然后收集运至废物处理场所处置。如大量泄漏，利用围堤收容，然后收集、转移、回收或无害处理后废弃。
	消防方法	灭火剂：雾状水、二氧化碳、沙土、抗溶性泡沫。
主要用途	用于树脂制造。	
事件信息	2009 年 9 月 13 日上午，位于淄博市张店区湖田镇的张店都邦化工厂发生丙烯酸高位槽爆裂泄漏生产安全事故,事故中造成 1 死 3 伤，还导致约 300 kg 丙烯酸泄漏。事故发生后，淄博市委市政府立即组织安监、公安、环保、卫生等相关部门赶赴现场进行处置，当地环保部门采用石灰对泄漏的丙烯酸进行了处置，处置后的石灰由该厂回收自行处理。泄漏的丙烯酸没有流出该化工厂，该事故没有对周围环境造成污染。	

76. 丙烯酸丁酯：CAS 141-32-2

品名	丙烯酸丁酯	别名			英文名	n-butyl acrylate
理化性质	分子式	$C_7H_{12}O_2$	分子量	128.17	熔点	−64.6℃
	沸点	145.7℃	相对密度	（水=1）：0.89 （空气=1）：4.42	蒸气压	1.33 kPa（35.5℃）
	外观性状	无色液体				
	溶解性	不溶于水，可混溶于乙醇、乙醚				

稳定性和危险性	稳定性：稳定
	危险性：易燃，遇明火、高热或与氧化剂接触，有引起燃烧爆炸的危险。容易自聚，聚合反应随着温度的上升而急骤加剧。
	有害燃烧产物：一氧化碳、二氧化碳。
环境标准	前苏联　车间空气中有害物质的最高容许浓度　10 mg/m^3； 前苏联（1975）　水体中有害物质最高允许浓度（mg/L）0.01； 　　　　　　　污水排放标准（mg/L）60。
毒理学资料	侵入途径：吸入、食入、经皮吸收。
	健康危害：吸入、口服或经皮肤吸收对身体有害。其蒸气或雾对眼睛、黏膜和呼吸道有刺激作用。中毒表现有烧灼感、咳嗽、喘息、喉炎、气短、头痛、恶心和呕吐。
	急性毒性：大鼠经口半数致死剂量（LD$_{50}$）：900 mg/kg； 　　　　　兔经皮半数致死剂量（LD$_{50}$）：2 000 mg/kg； 　　　　　大鼠吸入半数致死浓度（LC$_{50}$）：14 305 mg/m^3，4 h。

应急措施	急救措施	皮肤接触：脱去污染的衣着，用肥皂水和清水彻底冲洗皮肤。 眼睛接触：提起眼睑，用流动清水或生理盐水冲洗。就医。 吸入：迅速脱离现场至空气新鲜处。保持呼吸道通畅。如呼吸困难，给输氧。如呼吸停止，立即进行人工呼吸。就医。 食入：饮足量温水，催吐。就医。
	泄漏处置	迅速撤离泄漏污染区人员至安全区，并进行隔离，严格限制出入。切断火源。建议应急处理人员戴自给正压式呼吸器，穿防静电工作服。尽可能切断泄漏源。防止流入下水道、排洪沟等限制性空间。 小量泄漏：用沙土、干燥石灰或苏打灰混合。也可以用不燃性分散剂制成的乳液刷洗，洗液稀释后放入废水系统。 大量泄漏：构筑围堤或挖坑收容。用泡沫覆盖，降低蒸气灾害。喷雾状水或泡沫冷却和稀释蒸气、保护现场人员。用防爆泵转移至槽车或专用收集器内，回收或运至废物处理场所处置。
	消防方法	消防人员必须穿全身防火防毒服，在上风向灭火。遇大火，消防人员须在有防护掩蔽处操作。 灭火剂：泡沫、干粉、二氧化碳、沙土。用水灭火无效，但可用水保持火场中容器冷却。

主要用途	用作有机合成中间体、黏合剂、乳化剂。

事件信息	2007年1月29日21时，上海汇通船务有限责任公司所属的"汇道22"轮在荣成市石岛管理区宁津街道办事处镇琊岛附近海域与沉船发生碰撞，导致一个货舱破损，所载丙烯酸丁酯发生泄漏。据当地海事部门调查，该船所载丙烯酸丁酯共计930 t，通过液面探测货物泄漏至少为40 t。据报告，当时现场西北风7级，阵风8～9级，挥发性气体主要飘向海内方向，陆上空气基本不受影响。

77. 丙烷：CAS 74-98-6

品名	丙烷	别名			英文名	Propane
理化性质	分子式	C_3H_8	分子量	44.10	熔 点	−187.6℃
	沸 点	−42.1℃	相对密度	（水=1）：0.58 （−44.5℃）	蒸气压	53.32 kPa （−55.6℃）
	外观性状	无色气体，纯品无臭				
	溶解性	微溶于水，溶于乙醇、乙醚				
稳定性和危险性	稳定性：稳定。 危险性：易燃气体。与空气混合能形成爆炸性混合物，遇热源和明火有燃烧爆炸的危险。与氧化剂接触猛烈反应。气体比空气重，能在较低处扩散到相当远的地方，遇火源会着火回燃。					
环境标准	前苏联车间空气最高容许浓度（mg/m³）：300。					
监测方法	空气中丙烷含量的测定：用可燃气体计量器测定（NIOSH 法） 气相色谱法，参照《分析化学手册》（第四分册，色谱分析），化学工业出版社					
毒理学资料	侵入途径：吸入。 健康危害：本品有单纯性窒息及麻醉作用。人短暂接触 1%丙烷，不引起症状；10%以下的浓度，只引起轻度头晕；高浓度时出现麻醉状态、意识丧失；极高浓度时可致窒息。 毒性：属微毒类。 急性毒性：大鼠经口半数致死剂量（LD₅₀）：5 800 mg/kg； 　　　　　兔经皮半数致死剂量（LD₅₀）：20 000 mg/kg 刺激性：家兔经眼：3 950 μg，重度刺激。家兔经皮开放性刺激试验：395 mg，轻度刺激。 致突变性：细胞遗传学分析：制酒酵母菌 200 mmol/管。					
安全防护措施	工程控制：生产过程密闭，全面通风。 呼吸系统防护：一般不需要特殊防护，但建议特殊情况下，佩戴自吸过滤式防毒面具（半面罩）。 眼睛防护：一般不需要特殊防护，高浓度接触时可戴安全防护眼镜。 身体防护：穿防静电工作服。 手防护：戴一般作业防护手套。 其他：工作现场严禁吸烟。避免长期反复接触。进入罐、限制性空间或其他高浓度区作业，须有人监护。					

应急措施	急救措施	吸入：迅速脱离现场至空气新鲜处。保持呼吸道通畅。如呼吸困难，给输氧。如呼吸停止，立即进行人工呼吸。就医。
	泄漏处置	迅速撤离泄漏污染区人员至上风处，并进行隔离，严格限制出入。切断火源。建议应急处理人员戴自给正压式呼吸器，穿防静电工作服。尽可能切断泄漏源。用工业覆盖层或吸附/吸收剂盖住泄漏点附近的下水道等地方，防止气体进入。合理通风，加速扩散。喷雾状水稀释、溶解。构筑围堤或挖坑收容产生的大量废水。如有可能，将漏出气用排风机送至空旷地方或装设适当喷头烧掉。漏气容器要妥善处理，修复、检验后再用。
	消防方法	切断气源。若不能切断气源，则不允许熄灭泄漏处的火焰。喷水冷却容器，可能的话将容器从火场移至空旷处。 灭火剂：雾状水、泡沫、二氧化碳、干粉。
主要用途		用于有机合成。
事件信息		1. 2011年12月22日17时许，一辆运载30 t丙烷气体的半挂储罐车行驶至荣乌高速天津滨海新区大港路段 708 km 处时突然发生侧翻，罐体前方阀门挤压变形，丙烷气体随即从阀门处向外渗漏。事故发生后，消防大港支队及应急办、公安、安监、高速交警等相关部门工作人员第一时间到达事故现场，立即封锁荣乌高速天津段各收费站口，并设立警戒区。消防员身着防化服，立即切断事故车辆电瓶，使用水枪和泡沫管枪稀释有毒气体，并迅速调派重型起吊车和丙烷储罐车进行导罐处置，经过 12 h 的现场处置，侧翻车辆被安全吊离事故现场，车内 30 t 丙烷被全部导出。 2. 2012年1月4日15时10分许，在106国道上，一辆满载20 t丙烷罐车阀门发生松动，并发生气体泄漏，邢台消防赶到现场进行救援，在现场架设水枪对泄漏气体进行稀释，同时在事故车辆前后各 500 m 处设定警戒线，禁止所有车辆和无关人员入内，1 h后罐体顶部的泄漏部位停止泄漏，在用可燃气体探测仪检测后，确定没有危害气体泄漏，技术人员对泄漏部位进行了封堵，事故没有造成人员伤亡。

78. 丙酮氰醇：CAS 75-86-5

品名	丙酮氰醇	别名		英文名	Acetone cyanohydrin
分子式	$(CH_3)_2C(OH)CN$	分子量	85.1	熔点	$-19℃$
沸点	95℃	相对密度	0.932（20/4℃）	蒸气压	3.0 kPa/20℃
简介	无色至淡黄色液体。易溶于水和常用有机溶剂，但不溶于石油醚和二硫化碳。			闪点	63℃
稳定性与反应性	化学稳定性：可燃。在火焰中释放出刺激性或有毒烟雾（或气体）。高于74℃时，可能形成爆炸性蒸气-空气混合物。与碱或水接触或加热时，迅速分解生成高毒和易燃的氰化氢和丙酮。与氧化剂和酸猛烈反应，有着火和爆炸危险。				
毒理学资料	属于高毒类。 急性毒性：小鼠经口半数致死剂量（LD_{50}）：15 mg/kg。 兔涂皮半数致死剂量（LD_{50}）：100 mg/kg，在5～180 min后均死亡，而涂皮50 mg/kg未引发死亡。 小鼠吸入 LC_{100} 150 mg/m³，大鼠 LC_{100} 330 mg/m³，浓度在70～185 mg/m³时引发部分动物死亡。大鼠吸入含0.25%HCN的丙酮氰醇饱和蒸气1～2 min后死亡。动物吸入蒸气中毒时可见呼吸困难、侧卧、痉挛，最后呼吸停止而死亡。				
安全防护	工程控制：密闭系统和通风。 防火防爆：禁止明火。高于74℃密闭系统，通风。 个人防护：吸入防护，密闭系统，通风；皮肤防护，佩戴防护手套，防护服。 眼睛防护：佩戴面罩或眼睛防护结合呼吸防护。 摄食防护：工作时不得进食、饮水或吸烟。				
消防及灭火措施	灭火剂：干粉，水成膜泡沫，泡沫、二氧化碳。着火时喷水保持料桶等冷却，但避免该物质与水接触。从掩蔽位置灭火。				
环境标准	前苏联车间空气 0.9 mg/m³； 中国工作场所最高容许浓度 3 mg/m³。				
事件信息	2009年12月2日，一载有30 t丙酮氰醇的罐车在辽宁新民市新法公路公主屯段温家店村附近发生交通事故，事故中3人死亡，车载丙酮氰醇全部泄漏至公路下洼地土壤中，附近无饮用水源。对新民市饮用水源地和事发地周边村民饮用水质监测结果表明，丙酮氰醇类污染物未检出。				

79. 2-丙醇：CAS 67-63-0

品名	2-丙醇	别名	异丙醇		英文名	2-propanol
理化性质	分子式	C_3H_8O	分子量	60.10	熔点	−88.5℃
	沸点	80.3℃	相对密度	（水=1）：0.79； （空气=1）：2.07	蒸气压	4.40 kPa/20℃
	外观性状	无色透明液体，有似乙醇和丙酮混合物的气味			闪点	12℃
	溶解性	溶于水、醇醚、苯、氯仿等多数有机溶剂				

稳定性和危险性	稳定性：稳定。 危险性：易燃，其蒸气与空气可形成爆炸性混合物。遇明火、高热能引起燃烧爆炸。与氧化剂接触会猛烈反应。在火场中，受热的容器有爆炸危险。其蒸气比空气重，能在较低处扩散到相当远的地方，遇明火会引着回燃。 燃烧（分解）产物：一氧化碳、二氧化碳。

环境标准	中国工作场所时间加权平均容许浓度（mg/m^3） 350； 中国工作场所短时间接触容许浓度（mg/m^3） 700； 前苏联车间空气中有害物质的最高容许浓度 10 mg/m^3； 前苏联（1975）居民区大气中有害物最大允许浓度 0.6 mg/m^3（最大值、昼夜均值）； 前苏联（1975）水体中有害物质最高允许浓度 0.25 mg/L； 嗅觉阈浓度 1.1 mg/m^3。

毒理学资料	侵入途径：吸入、食入、经皮吸收。 健康危害：接触高浓度蒸气出现头痛、倦睡、共济失调以及眼、鼻、喉刺激症状。口服可致恶心、呕吐、腹痛、腹泻、倦睡、昏迷甚至死亡。长期皮肤接触可致皮肤干燥、皲裂。 毒性：属微毒类。 急性毒性：大鼠经口半数致死剂量（LD_{50}）：5 045 mg/kg； 　　　　　　兔经皮半数致死剂量（LD_{50}）：12 800 mg/kg； 人吸入 980 $mg/m^3 \times 3 \sim 5$ min，眼鼻黏膜轻度刺激；人经口 22.5 mL 头晕、面红，吸入 $2 \sim 3$ h 后头痛、恶心。 亚急性和慢性毒性：大鼠吸入 $1.0 \times 10^{-6} \times 24$ h/d×3 个月，肝、肾功能异常； 　　　　　　大鼠吸入 $8.4 \times 10^{-6} \times 24$ h/d×3 个月，肝、肾严重损害。 致突变性：细胞遗传学分析：制酒酵母菌 200 mmol/管。 致癌性：小鼠吸入 $3\ 000 \times 10^{-6} \times 3 \sim 7$ h/d×5 日/周×5～8 月肿瘤发病率增高。

	急救措施	皮肤接触：脱去被污染的衣着，用肥皂水和清水彻底冲洗皮肤。 眼睛接触：提起眼睑，用流动清水或生理盐水冲洗。就医。 吸入：迅速脱离现场至空气新鲜处。保持呼吸道通畅。如呼吸困难，给输氧。如呼吸停止，立即进行人工呼吸。就医。 食入：洗胃。就医。
应急措施	泄漏处置	迅速撤离泄漏污染区人员至安全区，并进行隔离，严格限制出入。切断火源。建议应急处理人员戴自给正压式呼吸器，穿消防防护服。尽可能切断泄漏源，防止进入下水道、排洪沟等限制性空间。 小量泄漏：用沙土或其他不燃材料吸附或吸收。也可以用大量水冲洗，洗液稀释后放入废水系统。 大量泄漏：构筑围堤或挖坑收容；用泡沫覆盖，降低蒸气灾害。用防爆泵转移至槽车或专用收集器内。回收或运至废物处理场所处置。
	消防方法	尽可能将容器从火场移至空旷处。喷水保持火场容器冷却，直至灭火结束。处在火场中的容器若已变色或从安全泄压装置中产生声音，必须马上撤离。 灭火剂：抗溶性泡沫、干粉、二氧化碳、沙土。
主要用途		重要的化工产品和原料。主要用于制药、化妆品、塑料、香料、涂料等
事件信息		2006年1月15日20时15分，位于开平市月山镇的广东康德化工实业有限公司发生火灾，着火点位于仓库，其中堆放着甲苯、二丁酯、丁酮、异丙醇等化学原料共约13 t。在扑灭大火过程中，约有300 t含有机物的废水排出，收集在附近的一口鱼塘内，未有污水流入河道，对潭江水源和附近农田灌溉用水没有造成影响。对收集到鱼塘的污染废水及清理现场产生的危险固体废物，交有资质的单位处理。

80. 石油醚：CAS 8032-32-4

品名	石油醚		别名		石油精		英文名	Petroleum ether
理化性质	分子式			分子量			熔点	<−73℃
	沸点	40～80℃	相对密度		（水=1）： 0.64～0.66 （空气=1）：2.5		蒸气压	53.32 kPa（20℃）
	外观性状	无色透明液体，有煤油气味						
	溶解性	不溶于水，溶于无水乙醇、苯、氯仿、油类等多数有机溶剂						

稳定性和危险性	危险性：其蒸气与空气可形成爆炸性混合物，遇明火、高热能引起燃烧爆炸。燃烧时产生大量烟雾。与氧化剂能发生强烈反应。高速冲击、流动、激荡后可因产生静电火花放电引起燃烧爆炸。其蒸气比空气重，能在较低处扩散到相当远的地方，遇火源会着火回燃。本品极度易燃，具强刺激性。
	燃烧（分解）产物：一氧化碳、二氧化碳。
环境标准	美国　车间卫生标准　100 mg/L
毒理学资料	健康危害：其蒸气或雾对眼睛、黏膜和呼吸道有刺激性。中毒表现可有烧灼感、咳嗽、喘息、喉炎、气短、头痛、恶心和呕吐。本品可引起周围神经炎。对皮肤有强烈刺激性。
	急性毒性：小鼠静脉半数致死剂量（LD_{50}）：40 mg/kg。

应急措施	急救措施	皮肤接触：立即脱去污染的衣着，用肥皂水和清水彻底冲洗皮肤。就医。
		眼睛接触：立即提起眼睑，用大量流动清水或生理盐水彻底冲洗至少 15 min。就医。
		吸入：迅速脱离现场至空气新鲜处。保持呼吸道通畅。如呼吸困难，给输氧。如呼吸停止，立即进行人工呼吸。就医。
		食入：用水漱口，给饮牛奶或蛋清。就医。
	泄漏处置	迅速撤离泄漏污染区人员至安全区，并进行隔离，严格限制出入。切断火源。建议应急处理人员戴自给正压式呼吸器，穿防静电工作服。尽可能切断泄漏源。防止流入下水道、排洪沟等限制性空间。
		小量泄漏：用活性炭或其他惰性材料吸收。也可以用不燃性分散剂制成的乳液刷洗，洗液稀释后放入废水系统。
		大量泄漏：构筑围堤或挖坑收容。用泡沫覆盖，降低蒸气灾害。用防爆泵转移至槽车或专用收集器内，回收或运至废物处理场所处置。
	消防方法	喷水冷却容器，可能的话将容器从火场移至空旷处。处在火场中的容器若已变色或从安全泄压装置中产生声音，必须马上撤离。
		灭火剂：泡沫、二氧化碳、干粉、沙土。用水灭火无效。
主要用途		主要用作溶剂及作为油脂的抽提用。
事件信息		2006 年 2 月 9 日 6:30，成都市辖彭州市琢新公司中试车间发生火灾，灭火过程中燃烧剩余的约 1 000 kg 原辅材料（氨基酸、甲醇、苯和甲苯、石油醚）随约 1 000 t 消防水从雨水口排入人民村泄洪沟（无水干沟）。 　　处置措施：一是将 1 000 t 污水全部拦截在雨水口下游 1 000 m 内，并在拦水坝下游 100 m 处迅速筑起了第二道拦水坝；二是收集、吸附水面的苯系物及石油醚就地焚烧；三是用罐车将拦截的污水全部运到四川制药有限公司污水处理厂进行处理；四是对排洪沟底泥进行疏浚，防止污染地下水，并将底泥进行吸附后安全填埋；五是对周边地下水实施跟踪监测。

81. 戊烷：CAS 109-66-0

品名	戊烷	别名	正戊烷		英文名	n-pentane
理化性质	分子式	C_5H_{12}	分子量	72.15	熔点	−129.8
	沸点	36.1	相对密度	0.63	蒸气压	53.32（18.5℃）
	外观性状	无色液体，有微弱的薄荷香味				
	溶解性	微溶于水，溶于乙醇、乙醚、丙酮、苯、氯仿等多数有机溶剂				
稳定性和危险性	稳定性：稳定。 危险性：极易燃，其蒸气与空气可形成爆炸性混合物，遇明火、高热极易燃烧爆炸。与氧化剂接触发生强烈反应，甚至引起燃烧。液体比水轻，不溶于水，可随水漂流扩散到远处，遇明火即引起燃烧。在火场中，受热的容器有爆炸危险。其蒸气比空气重，能在较低处扩散到相当远的地方，遇火源会着火回燃。					
环境标准	PC-TWA（mg/m^3）：500； PC-STEL（mg/m^3）：1 000； TLV-TWA（mg/m^3）：$600×10^{-6}$。					
监测方法	热解吸-气相色谱法；直接进样-气相色谱法。					
毒理学资料	大鼠经口半数致死剂量（LD_{50}）：＞2 000 mg/kg； 小鼠静脉半数致死剂量（LD_{50}）：446 mg/kg； 大鼠吸入半数致死浓度（LC_{50}）：364 mg/m^3，4 h。					
安全防护措施	工程控制：生产过程密闭，全面通风。提供安全淋浴和洗眼设备。呼吸系统防护：一般不需特殊防护。空气中浓度较高时，建议佩戴过滤式防毒面具（半面罩）。 眼睛防护：必要时戴安全防护眼镜。 身体防护：穿防静电工作服。 手防护：戴橡胶耐油手套。 其他防护：工作现场严禁吸烟。避免长期反复接触。					
应急措施	急救措施	皮肤接触：脱去污染的衣着，用肥皂水和清水彻底冲洗皮肤。 眼睛接触：提起眼睑，用流动清水或生理盐水冲洗。就医。 吸入：迅速脱离现场至空气新鲜处。保持呼吸道通畅。如呼吸困难，给输氧。如呼吸停止，立即进行人工呼吸。就医。 食入：饮足量温水，催吐。就医。				

应急措施	泄漏处置	迅速撤离泄漏污染区人员至安全区，并进行隔离，严格限制出入。切断火源。建议应急处理人员戴自给正压式呼吸器，穿防静电工作服。尽可能切断泄漏源。防止流入下水道、排洪沟等限制性空间。 小量泄漏：用活性炭或其他惰性材料吸收。 大量泄漏：构筑围堤或挖坑收容。用泡沫覆盖，降低蒸气灾害。用防爆泵转移至槽车或专用收集器内，回收或运至废物处理场所处置。
	消防方法	喷水冷却容器，可能的话将容器从火场移至空旷处。处在火场中的容器若已变色或从安全泄压装置中产生声音，必须马上撤离。灭火剂：泡沫、二氧化碳、干粉、沙土。用水灭火无效。
主要用途		用作溶剂，制造人造冰、麻醉剂，合成戊醇、异戊烷等。
事件信息		2007年1月30日一辆载着9 t戊烷的槽车行驶至四川省三台县永新镇101省道133 km处时，侧翻在马路上，大量戊烷气体向外泄漏，多处达到爆炸极限浓度，在接到报警后，公安等部门赶到现场立即对现场方圆500 m实施警戒，杜绝一切火源防止爆炸，并架起水龙对挥发出的戊烷实施驱散稀释，并对槽车内的戊烷实施转罐。

82. 1,3-戊二烯：CAS 504-60-9

品名	1,3-戊二烯	别名	间戊二烯		英文名	1,3-pentadiene； 1,3-piperlene
理化性质	分子式	C_5H_8	分子量	68.12	熔 点	−92.7℃
	沸 点	42.3℃	相对密度	（水=1）：0.68	蒸气压	53.32 kPa（24.7℃）
	外观性状	无色液体				
	溶解性	不溶于水				
稳定性和危险性	稳定性：稳定。 危险性：易燃，与空气混合能形成爆炸性混合物。接触热、火星、火焰或氧化剂易燃烧爆炸。若遇高热，可发生聚合反应，放出大量热量而引起容器破裂和爆炸事故。气体比空气重，能在较低处扩散到相当远的地方，遇明火会引着回燃。					
环境标准	前苏联（1975） 车间卫生标准 30 mg/m³					
监测方法	气相色谱法，参照《分析化学手册》（第四分册，色谱分析），化学工业出版社					

毒理学资料	急性毒性：大鼠吸入半数致死浓度（LC$_{50}$）：140 000 mg/m^3，2 h	
安全防护措施	呼吸系统防护：空气中浓度较高时，建议佩戴自吸过滤式防毒面具（半面罩）。 眼睛防护：戴化学安全防护眼镜。 身体防护：穿防静电工作服。 手防护：戴一般作业防护手套。 其他：工作现场严禁吸烟。避免长期反复接触。进入罐、限制性空间或其他高浓度区作业，须有人监护。	
应急措施	急救措施	皮肤接触：脱去被污染的衣着，用肥皂水和清水彻底冲洗皮肤。 眼睛接触：提起眼睑，用流动清水或生理盐水彻底冲洗。就医。 吸入：迅速脱离现场至空气新鲜处。保持呼吸道通畅。如呼吸困难，给输氧。如呼吸停止，立即进行人工呼吸。就医。 食入：饮足量温水，催吐，就医。
	泄漏处置	迅速撤离泄漏污染区人员至上风处，并进行隔离，严格限制出入。切断火源。建议应急处理人员戴自给正压式呼吸器，穿消防防护服。从上风处进入现场。尽可能切断泄漏源。 小量泄漏：用沙土或其他不燃材料吸附或吸收。也可以用不燃性分散剂制成的乳液刷洗，洗液稀释后放入废水系统。 大量泄漏：构筑围堤或挖坑收容；用泡沫覆盖，降低蒸气灾害。喷雾状水冷却和稀释蒸气、保护现场人员、把泄漏物稀释成不燃物。用防爆泵转移至槽车或专用收集器内，回收或运至废物处理场所处置。
	消防方法	灭火方法：切断气源。若不能立即切断气源，则不允许熄灭正在燃烧的气体。喷水冷却容器，可能的话将容器从火场移至空旷处。 灭火剂：雾状水、泡沫、二氧化碳、干粉。
主要用途	生产石油树脂。	
事件信息	2011 年 7 月 14 日上午 8 点左右，一辆装有间戊二烯的槽罐车在沈海高速东台出口的匝道内发生侧翻，事故导致 2 人死亡，危化品未发生泄漏，事故现场处理过程中，为防危化品发生泄漏，现场救援人员都被要求佩戴防毒面具；事故发生后，当地消防、卫生、安监等部门，立即启动应急预案，派出人员赶往事故现场。由于处理及时，槽罐车里的危化品没有发生泄漏。	

83. 甲乙酮：CAS 78-93-3

品名	甲乙酮	别名	2-丁酮		英文名	Methylethylketone
理化性质	分子式	C_4H_8O	分子量	72.10	熔　点	$-85.9°C$
	沸　点	$79.6°C$	相对密度	（水=1）：0.81	蒸气压	$9.49\ kPa$（20℃）
	外观性状	无色透明液体。有类似丙酮气味。易挥发				
	溶解性	溶于水、乙醇、乙醚，可混溶于油类				
稳定性和危险性	稳定性：稳定。 危险性：该品易燃，具刺激性。					
环境标准	前苏联　车间空气中有害物质的最高容许浓度　200 mg/m³； 前苏联（1978）　地面水最高容许浓度　1.0 mg/L； 前苏联（1975）　污水排放标准　50 mg/L。					
监测方法	现场应急监测方法：气体检测管法；便携式气相色谱法； 气体速测管（北京劳保所产品）； 实验室监测方法：气相色谱法《空气中有害物质的测定方法》（第二版），杭士平主编； 色谱/质谱法《固体废弃物试验分析评价手册》中国环境监测总站等译。					
毒理学资料	毒性：属低毒类。 急性毒性：大鼠经口半数致死剂量（LD_{50}）：3 400 mg/kg； 　　　　　兔经皮半数致死剂量（LD_{50}）：6 480 mg/kg； 　　　　　大鼠吸入半数致死浓度（LC_{50}）：23 520 mg/m³，8 h； 人吸入30 g/m³，感到强烈气味和刺激；人吸入1 g/m³，略有刺激。 刺激性：家兔经眼：80 mg，引起刺激。家兔经皮开放性刺激试验：13 780 µg（24 h），轻度刺激。 致突变性：性染色体缺失和不分离。啤酒酵母菌 33 800×10⁻⁶。 生殖毒性：大鼠吸入最低中毒浓度（TC_{Lo}）：3 000×10⁻⁶（7 h），（孕6～15 d），致颅面部（包括鼻、舌）发育异常，致泌尿生殖系统发育异常，致凝血异常。					
安全防护措施	工程控制：密闭操作，全面通风。 呼吸系统防护：空气中浓度超标时，佩戴防毒面罩，NIOSH/OSHA 3 000×10⁻⁶；连续供气式全面罩呼吸器、动力驱动带有机蒸气滤毒盒的全面罩呼吸器、装有机蒸气滤毒盒的空气净化式全面罩呼吸器（防毒面具）、自携式呼吸器、全面罩呼吸器、应急或有计划进入浓度未知区域，或处于立即危及生命或健康的状况；自携式正压全面罩呼吸器、供气式正压全面罩呼吸器辅之以辅助自携式正压呼吸器。逃生：装有机蒸气滤毒盒的空气净化式全面罩呼吸器（防毒面具）、自携式逃生呼吸器。 眼睛防护：必要时戴化学安全防护眼镜。 防护服：穿相应的防护服。 手防护：高浓度接触时，戴防护手套。 其他：工作现场严禁吸烟。注意个人清洁卫生。避免长期反复接触。					

应急措施	急救措施	皮肤接触：脱去污染的衣着，用肥皂水和清水彻底冲洗皮肤。 眼睛接触：提起眼睑，用流动清水或生理盐水冲洗。就医。 吸入：迅速脱离现场至空气新鲜处。保持呼吸道通畅。如呼吸困难，给输氧。如呼吸停止，立即进行人工呼吸。就医。 食入：饮足量温水，催吐。就医。
	泄漏处置	应急处理：迅速撤离泄漏污染区人员至安全区，并进行隔离，严格限制出入。切断火源。建议应急处理人员戴自给正压式呼吸器，穿防静电工作服。尽可能切断泄漏源。防止流入下水道、排洪沟等限制性空间。 小量泄漏：用沙土或其他不燃材料吸附或吸收。也可以用大量水冲洗，洗水稀释后放入废水系统。 大量泄漏：构筑围堤或挖坑收容。用泡沫覆盖，降低蒸气灾害。用防爆泵转移至槽车或专用收集器内，回收或运至废物处理场所处置。
	消防方法	尽可能将容器从火场移至空旷处。喷水保持火场容器冷却，直至灭火结束。处在火场中的容器若已变色或从安全泄压装置中产生声音，必须马上撤离。 灭火剂：抗溶性泡沫、干粉、二氧化碳、沙土。
主要用途		主要用作溶剂，如用于润滑油脱蜡、涂料工业及多种树脂溶剂、植物油的萃取过程及精制过程的共沸精馏。
事件信息		2005年12月2日凌晨3:38，一辆满载40 t甲乙酮易燃易爆液体的罐车在宣广高速东收费站向广德方向2 km处发生交通事故，在连撞3辆车后停靠在高速公路路边。驾驶员受伤已被送往医院，槽罐内装载的甲乙酮易燃易爆液体不断向外泄漏，随时有发生燃烧爆炸的危险，情况万分危急。消防队赶到现场后，立即对交通进行了封闭，疏散围观群众。邵显桥支队长、方明参谋长和卜真清处长到场后，立即成立了由公安、消防、交警、安监等部门负责人组成的临时指挥部，制定了详细的施救措施。上午11时许，在完成堵漏任务之后，随着现场总指挥邵显桥支队长的一声令下，两辆吊车的起吊钢丝绳穿过罐车大梁，在水枪喷水保护下将罐车吊上路面，险情暂时解除。在邵显桥支队长的亲自指挥下，消防队员立即对泄漏的甲乙酮易燃易爆液体进行稀释处理。上午12时许，该罐车在消防车的掩护下被清障车拖离宣广高速至附近一化工厂，经过近13 h的连续作战，险情终于被消防官兵排除。

84. 甲苯-2,4-二异氰酸酯：CAS 584-84-9

品名	甲苯-2,4-二异氰酸酯	别名		2,4-二异氰酸甲苯酯	英文名	Toluene-2,4-diisocyanate
理化性质	分子式	$C_9H_6N_2O_2$	分子量	174.16	熔 点	13.2℃
	沸 点	118℃/1.33 kPa	相对密度	（水=1）：1.22（空气=1）：6.0	蒸气压	1.33 kPa/118℃
	外观性状	无色到淡黄色透明液体			闪点	121℃
	溶解性	溶于丙酮、醚				

稳定性和危险性	稳定性：稳定。 危险性：遇明火、高热或与氧化剂接触，有引起燃烧爆炸的危险。遇水或水蒸气分解放出有毒的气体。若遇高热，可发生剧烈分解，引起容器破裂或爆炸事故。 燃烧（分解）产物：一氧化碳、二氧化碳、氧化氮、氰化氢。
环境标准	前苏联（1978）环境空气中最高容许浓度　0.05 mg/m³（一次值）；0.02 mg/m³（日均值）。
毒理学资料	侵入途径：吸入、食入、经皮吸收。 健康危害：本品具有明显的刺激和致敏作用。高浓度接触直接损害呼吸道黏膜，发生喘息性支气管炎，表现有咽喉干燥、剧咳、胸痛、呼吸困难等。重者缺氧紫绀、昏迷。可引起肺炎和肺水肿。蒸气或雾对眼有刺激性；液体溅入眼内，可能引起角膜损伤。液体对皮肤有刺激作用。口服能引起消化道的刺激和腐蚀。 慢性影响：反复接触本品，能引起过敏性哮喘。长期低浓度接触，呼吸功能可受到影响。 毒性：经口属低毒类。 急性毒性：大鼠经口半数致死剂量（LD_{50}）：5 800 mg/kg； 　　　　　大鼠吸入半数致死浓度（LC_{50}）：14×10⁻⁶，4 h； 　　　　　人经口最小致死剂量（LD_{Lo}）：5 000 mg/kg，。 亚急性和慢性毒性：人吸入 16 mg/m³×3～4 周，呼吸道炎症；人吸入 0.5 mg/m³×1周，呼吸道刺激。
应急措施	急救措施	皮肤接触：脱去污染的衣着，立即用流动清水彻底冲洗。 眼睛接触：立即提起眼睑，用大量流动清水彻底冲洗。 吸入：迅速脱离现场至空气新鲜处。注意保暖，必要时进行人工呼吸。就医。 食入：误服者给饮大量温水，催吐，就医。

应急措施	泄漏处置	疏散泄漏污染区人员至安全区，禁止无关人员进入污染区，切断火源。建议应急处理人员戴正压自给式呼吸器，穿化学防护服。不要直接接触泄漏物，在确保安全情况下堵漏。喷水雾会减少蒸发，但不能降低泄漏物在受限制空间内的易燃性。用活性炭或其他惰性材料吸收，然后收集运至废物处理场所处置。如大量泄漏，利用围堤收容，然后收集、转移、回收或无害处理后废弃。 废弃物处置方法：用控制焚烧法。焚烧炉排的氮氧化物通过酸洗涤器或高燃装置除去。
	消防方法	灭火剂：泡沫、沙土、干粉、二氧化碳。禁止使用酸碱灭火剂。
主要用途		用于有机合成、生产泡沫塑料、涂料和用作化学试剂。
事件信息		2006年5月14日0时左右，一辆装载甲苯二异氰酸酯的甘肃籍货车侧翻于阿坝州九寨沟县甘沟村汤珠河公路边，该车共装载84桶（每桶250 kg）甲苯二异氰酸酯，其中21桶进入白水江支流汤珠河内。 　　处置措施：一是采取积极措施，查找、打捞掉入河中的甲苯二异氰酸酯桶；二是加强水质监测，扩大监测范围，加密监测频次；三是立即通知下游南充、广安等有关地区，并通报重庆市，做好应急准备工作，确保人员安全；四是打捞出的废物严格按照危险废物的管理规定贮存、运输、处理、处置，杜绝二次污染；五是对出现的中毒人员及时救治，做好善后工作；六是由四川省政府统一发布信息。

85. 甲基二氯硅烷：CAS 75-54-7

品名	甲基二氯硅烷	别名			英文名	Methyldichlorosilae
理化性质	分子式	CH$_4$Cl$_2$Si	分子量	115.04	熔　点	−90.6℃
	沸　点	41.9℃	相对密度	（水=1）：1.10	蒸气压	53.32 kPa（23.7℃）
	外观性状	无色液体，具有刺鼻气味，易潮解				
	溶解性	溶于苯、醚				
稳定性和危险性	稳定性：稳定。 危险性：其蒸气与空气可形成爆炸性混合物。遇明火、高热能引起燃烧爆炸。遇水或水蒸气剧烈反应，放出的热量可导致其自燃，并放出有毒和腐蚀性的烟雾。与氧化剂接触会猛烈反应。					
环境标准	我国暂无相关标准。					

监测方法	用气相色谱-质谱法测定氯硅烷中的甲基氯硅烷——（Rath H J，Wimmer J.），《Fresemius'Z.Anal.Chem.》（德文），1980，30（5）394-396。《分析化学文摘》，1982.5。
毒理学资料	急性毒性：大鼠吸入半数致死浓度（LC_{50}）：1 410 mg/m^3，4 h。
安全防护措施	工程控制：密闭操作，局部排风。提供安全淋浴和洗眼设备。 呼吸系统防护：可能接触其蒸气时，应该佩戴自吸过滤式防毒面具（全面罩）。紧急事态抢救或撤离时，建议佩戴自给式呼吸器。 眼睛防护：呼吸系统防护中已做防护。 身体防护：穿胶布防毒衣。 手脚防护：戴橡胶手套、穿耐酸水鞋。 其他：工作现场禁止吸烟、进食和饮水。工作完毕，淋浴更衣。保持良好的卫生习惯。

应急措施	急救措施	皮肤接触：立即脱去被污染的衣着，用大量流动清水冲洗，至少15 min。就医。 眼睛接触：立即提起眼睑，用大量流动清水或生理盐水彻底冲洗至少15 min。就医。 吸入：迅速脱离现场至空气新鲜处。保持呼吸道通畅。如呼吸困难，给输氧。如呼吸停止，立即进行人工呼吸。就医。 食入：误服者用水漱口，给饮牛奶或蛋清。就医。
	泄漏处置	迅速撤离泄漏污染区人员至安全区，并进行隔离，严格限制出入。切断火源。建议应急处理人员戴自给正压式呼吸器，穿消防防护服。不要直接接触泄漏物。尽可能切断泄漏源，防止进入下水道、排洪沟等限制性空间。 小量泄漏：用沙土或其他不燃材料吸附或吸收。 大量泄漏：构筑围堤或挖坑收容；用防爆泵转移至槽车或专用收集器内，回收或运至废物处理场所处置。
	消防方法	消防人员必须穿戴全身防火防毒服。 灭火剂：二氧化碳、干粉、沙土。禁止用水或泡沫灭火。

主要用途	用于硅酮化合物的制造。
事件信息	2010年3月9日7时40分许,在沪渝高速渝沪方向699+100 km处,一辆装载化学危险物品的货车发生翻车事故,导致车上23.5 t "一甲基二氯硅烷"泄漏。接警后,黄冈市黄梅县消防大队迅速出动2台消防车、12名官兵赶赴现场进行处置,并请求黄梅县政府启动社会应急联动机制,调集公安、安监、交通、环保等相关部门到场协助救援。同时,黄冈支队指挥中心接到黄梅大队增援请求后,紧急调集了武穴中队1辆消防车、特勤中队1辆消防车共16名官兵赶赴现场增援。8时5分,辖区中队黄梅消防中队官兵到达事故现场,并将车辆依次停靠在事故现场上风方向的200 m处。经现场勘察,车号为皖R 41632的大货车"四轮向天"躺着,车上装有138桶合计23.5 t "一甲基二氯硅烷"在强烈撞击下,部分铁桶破裂,不断向外泄漏,有大量白烟往外冒,并产生浓浓的刺鼻气味。黄梅大队迅速与到场的县公安局、环保、安监、高速交警等部门成立了抢险救援指挥部,下设侦检、堵漏、警戒、转移4个战斗小组,同时命令侦检小组进行侦检。警戒小组负责现场警戒,禁止无关人员进入警戒区域,禁绝一切火源。两名消防官兵迅速佩戴防护装备,深入现场侦察。经侦察发现:车辆周围有大量液体流出,根据现场侦察情况,黄梅大队立即向黄梅县政府报告,并请求启动突发事件应急预案,确定了处置方案:一是立即对事故现场划定警戒区域,由高管人员对事故路段实施交通管制,禁止通行;二是消防官兵与技术人员进入现场施救,严禁无关人员进出警戒区域;三是调集两台吊车,消防官兵进行协助,先将事故车辆吊到安全地带;四是调集一辆大型货车,用起重机将未泄漏的甲基二氯硅烷吊到转运货车上,转移到安全地带;五是将发生泄漏的铁桶经堵漏处理后转移到安全地带。15时40分,中断8 h的沪渝高速公路恢复正常的交通秩序。

86. 甲基叔丁基醚: CAS 1634-04-4

品名	甲基叔丁基醚	别名	叔丁基甲醚		英文名	Methyl-tert-butyl ether
理化性质	分子式	$C_5H_{12}O$	分子量	88.2	熔点	−109℃/凝
	沸点	53～56℃	相对密度	(水=1): 0.76 (空气=1): 3.1	蒸气压	31.9 kPa/20℃
	外观性状	无色液体,具有醚样气味			闪点	−10℃
	溶解性	不溶于水				

稳定性和危险性	稳定性：稳定。 危险性：易燃，其蒸气与空气可形成爆炸性混合物。遇明火、高热或与氧化剂接触，有引起燃烧爆炸的危险。与氧化剂接触会猛烈反应。其蒸气比空气重，能在较低处扩散到相当远的地方，遇明火会引着回燃。 燃烧（分解）产物：一氧化碳、二氧化碳。	
环境标准	美国　车间卫生标准　144 mg/m³	
毒理学资料	侵入途径：吸入、食入、经皮吸收。 健康危害：本品蒸气或雾对眼睛、黏膜和上呼吸道有刺激作用，可引起化学性肺炎。对皮肤有刺激性。 毒性：属低毒类。 急性毒性：大鼠经口半数致死剂量（LD_{50}）：3 030 mg/kg； 　　　　　兔经皮半数致死剂量（LD_{50}）：>7 500 mg/kg； 　　　　　大鼠吸入半数致死浓度（LC_{50}）：85 000 mg/m³，4 h	
应急措施	急救措施	皮肤接触：脱去被污染的衣着，用肥皂水和清水彻底冲洗皮肤。 眼睛接触：提起眼睑，用流动清水或生理盐水冲洗。就医。 吸入：迅速脱离现场至空气新鲜处。保持呼吸道通畅。如呼吸困难，给输氧。如呼吸停止，立即进行人工呼吸。就医。 食入：饮足量温水，催吐，就医。
	泄漏处置	迅速撤离泄漏污染区人员至安全区，并进行隔离，严格限制出入。切断火源。建议应急处理人员戴自给正压式呼吸器，穿消防防护服。尽可能切断泄漏源，防止进入下水道、排洪沟等限制性空间。 小量泄漏：用沙土、蛭石或其他惰性材料吸收。 大量泄漏：构筑围堤或挖坑收容；用泡沫覆盖，降低蒸气灾害。用防爆泵转移至槽车或专用收集器内，回收或运至废物处理场所处置。
	消防方法	尽可能将容器从火场移至空旷处。喷水保持火场容器冷却，直至灭火结束。处在火场中的容器若已变色或从安全泄压装置中产生声音，必须马上撤离。 灭火剂：抗溶性泡沫、干粉、二氧化碳、沙土。
主要用途	用作汽油添加剂	
事件信息	2008年9月21日5时许，一辆运载29 t甲基叔丁基醚槽车途经陕西省汉中市316国道留坝县城关镇楼房沟段时，从公路翻至路边河滩，造成约10 t甲基叔丁基醚泄漏，进入附近的农灌渠内。 　　处置措施：一是通知下游乡镇禁止人畜用水及生产用水；二是对事故现场进行交通管制，防止挥发物爆炸和引起人体中毒；三是积极封堵泄漏物，采用稻草、秸秆等吸附材料进行吸附，并联系采购活性炭进一步吸附处理；四是汉中市环保局带应急监测车到达现场进行监测。	

87. 甲基氢二氯硅烷：CAS 75-54-7

品名	甲基氢二氯硅烷	别名	二氯甲基硅烷	英文名	Dichloromethylsilane
分子式	CH$_4$Cl$_2$Si	分子量	115.04	熔点	−90.6℃
沸点	41.9℃	密度	（水=1）：1.10 （空气=1）：4.0	蒸气压	53.32 kPa（23.7℃）
简介					

简介	无色透明液体 具有刺激气味 易潮解。 溶解性：溶于苯，乙醚，乙烷等。 主要用途：生产含氢硅油，甲基乙烯基单体及改性硅油等。
危险 特性	其蒸气与空气可形成爆炸性混合物。遇明火、高热能引起燃烧爆炸。遇水或水蒸气剧烈反应，放出的热量可导致其自燃，并放出有毒和腐蚀性的烟雾。与氧化剂接触会猛烈反应。 燃烧（分解）产物：氯化氢、氧化硅、一氧化碳、二氧化碳。
毒理 学资 料	侵入途径：吸入、食入。 健康危害：本品对呼吸道有强烈刺激作用。可引起皮肤和眼刺激或灼伤。口服导致消化道灼伤。 慢性影响：皮炎，呼吸道和眼损害。 急性毒性：大鼠吸入半数致死浓度（LC$_{50}$）：1 410 mg/m^3，4 h。
环境 标准	美国　车间卫生标准　5×10^{-6} [HCl]
安全 防护 措施	呼吸系统防护：可能接触其蒸气时，应该佩戴自吸过滤式防毒面具（全面罩）。紧急事态抢救或撤离时，建议佩戴自给式呼吸器。 眼睛防护：呼吸系统防护中已做防护。 身体防护：穿胶布防毒衣。 手防护：戴橡胶手套。 其他：工作现场禁止吸烟、进食和饮水。工作完毕，淋浴更衣。保持良好的卫生习惯。

应急措施	急救措施	皮肤接触：立即脱去被污染的衣着，用大量流动清水冲洗，至少15 min。就医。 眼睛接触：立即提起眼睑，用大量流动清水或生理盐水彻底冲洗至少15 min。就医。 吸入：迅速脱离现场至空气新鲜处。保持呼吸道通畅。如呼吸困难，给输氧。如呼吸停止，立即进行人工呼吸。就医。 食入：误服者用水漱口，给饮牛奶或蛋清。就医。
	泄漏处置	迅速撤离泄漏污染区人员至安全区，并进行隔离，严格限制出入。切断火源。建议应急处理人员戴自给正压式呼吸器，穿消防防护服。不要直接接触泄漏物。尽可能切断泄漏源，防止进入下水道、排洪沟等限制性空间。 小量泄漏：用沙土或其他不燃材料吸附或吸收。 大量泄漏：构筑围堤或挖坑收容；用防爆泵转移至槽车或专用收集器内，回收或运至废物处理场所处置。
	消防措施	灭火剂：干粉、沙土、二氧化碳。禁用水和泡沫。

事件信息	2009 年 8 月 27 日，一载有 20 余吨甲基氢二氯硅烷的货车在行驶到安徽南陵县工山镇乌霞寺公园路段时，司机发现车上所载甲基氢二氯硅烷其中一桶的桶盖密封不严，桶口出现少量白色烟雾，立即报警。消防部门对桶盖进行了封堵，泄漏气体未对周边群众造成影响。监测结果显示，该事件未对周边环境造成影响。

88．甲基萘：CAS 1321-94-4

品名	甲基萘	别名		英文名	Methylnaphthalene
分子式	$C_{11}H_{10}$	分子量	142.21	沸点	241～244℃
闪点	82～97℃	相对密度		（20℃）1.025	
简介	\multicolumn{5}{l}{甲基萘是一种无色油状液体，有类似萘的气味，能与蒸气一同挥发，易燃，不溶于水，易溶于乙醚和乙醇。 甲基萘属于危险品，遇高热、火种、氧化剂等易燃，应贮存于阴凉通风仓库内，温度不宜超过 30℃。运输应用汽运罐、火运罐、桶装（200 kg）。 甲基萘是生产分散染料助剂（分散剂）的主要原料，还可做热载体和溶剂，表面活性剂，硫黄提取剂，也可用于生产增塑剂，纤维助染剂，还可用于测定烷值和十六烷值的标准燃料。}
稳定性与危险性	\multicolumn{5}{l}{化学稳定性：可燃。 燃烧（分解）产物：受热时，分解生成刺激性烟雾。}
毒理学资料	\multicolumn{5}{l}{甲基萘类均属低毒类，大鼠经口 MLD 1-甲基萘和 2-甲基萘均为 5 000 mg/kg}
安全保护措施	\multicolumn{5}{l}{工程控制：通风。 防火与防爆：禁止明火。 个人防护措施： 吸入防护：通风； 皮肤防护：使用防护手套； 眼睛防护：使用安全护目镜； 摄食防护：工作时不得进食、饮水或吸烟。}
消防措施	\multicolumn{5}{l}{灭火剂：干粉、抗醇泡沫、大量水或二氧化碳等。}
事件信息	\multicolumn{5}{l}{　2006 年 10 月 26 日，在山西省境内 207 国道和顺县、昔阳县交界处，一辆装载 33 t 洗油（有机化工原料，主要成分为甲基萘、联苯等）的运输车发生侧翻，造成油罐破裂，33 t 洗油全部流入昔阳县境内的杨家坡水库，造成水库水体严重污染。 　处置措施：一是采取有效措施，控制水库用水，防止人畜中毒。二是加强应急监测。三是及时向社会发布信息。}

89. 甲氰菊酯：CAS 64257-84-7

品名	甲氰菊酯	别名	灭扫利	英文名	Fenpropathrin
分子式	$C_{22}H_{23}NO_3$	分子量	349.43	熔点	49～50℃（纯品） 45～50℃（原药）
简介		一种神经毒剂，纯品为白色结晶固体，原药为棕黄色液体。 难溶于水，溶于丙酮、环己烷、甲基异丁酮、乙腈、二甲苯、氯仿等有机溶剂。 主要用于防治棉花、苹果、甘蓝等作物的多种病害。			

毒理学资料	急性毒性：纯品大鼠经口半数致死剂量（LD_{50}）：49～541 mg/kg， 　　　　　经皮半数致死剂量（LD_{50}）：900～1 410 mg/kg， 　　　　　腹腔注射半数致死剂量（LD_{50}）：180～225 mg/kg， 　　　　　小鼠经口半数致死剂量（LD_{50}）：58～67 mg/kg， 　　　　　经皮半数致死剂量（LD_{50}）：900～1 350 mg/kg， 　　　　　腹腔注射半数致死剂量（LD_{50}）：210～230 mg/kg。 慢性毒性：原药大鼠经口无作用剂量雌 25 mg/L，雄鼠＞500 mg/L 诱变性：动物未见诱变性。 致癌性：动物未见明显异常。 致畸性：动物未见明显异常。 体内转归：进入动物体内后 48 h57%从尿中排出，40%从粪便排出，其代谢过程是酯键断裂，代谢物为 3-苯氧基苯甲酸及其硫酸盐缀合物。

（表格继续）

| 毒理学资料 | 急性毒性：纯品大鼠经口半数致死剂量（LD_{50}）：49～541 mg/kg，经皮半数致死剂量（LD_{50}）：900～1 410 mg/kg，腹腔注射半数致死剂量（LD_{50}）：180～225 mg/kg，小鼠经口半数致死剂量（LD_{50}）：58～67 mg/kg，经皮半数致死剂量（LD_{50}）：900～1 350 mg/kg，腹腔注射半数致死剂量（LD_{50}）：210～230 mg/kg。慢性毒性：原药大鼠经口无作用剂量雌 25 mg/L，雄鼠＞500 mg/L 诱变性：动物未见诱变性。致癌性：动物未见明显异常。致畸性：动物未见明显异常。体内转归：进入动物体内后 48 h57%从尿中排出，40%从粪便排出，其代谢过程是酯键断裂，代谢物为 3-苯氧基苯甲酸及其硫酸盐缀合物。 |
| 事件信息 | 2008 年 9 月 15 日凌晨，有人在宣恩县沙道沟集镇酉水河饮用水源地取水口上游约 300 m 处投放鱼藤精 7 瓶（285 mL/瓶），灭扫利 9 瓶（又名甲氰菊酯，60 mL/瓶）。投毒点至下游 2 000 m 内发现有死鱼现象，2 000 m 以下至 6 000 m 处，没有发现死鱼等异常现象。酉水河沙道沟集镇水厂供 6 000 人饮用，其下游约 30 km 处为来凤县城。当地政府紧急采取措施，沙道沟集镇取水口立即停止取水，启用备用水源，保障了群众饮用水安全。9 月 16 日凌晨 3 时，来凤县环境监测站连夜对酉水监测断面水质进行监测，各项常规监测指标无异常，特征污染物均未检出。酉水河水质符合《地表水环境质量标准》（GB 3838—2002）Ⅱ类标准。 |

90. 甲酸：CAS 64-18-6

品名	甲酸	别名	蚁酸		英文名	Formic acid
理化性质	分子式	CH₂O₂	分子量	46.03	熔　点	8.4℃
	沸　点	100.8℃	相对密度	（水=1）：1.220	蒸气压	5.33 kPa（24℃）
	外观性状	无色透明液体，有刺激性气味				
	溶解性	能与水、乙醇、乙醚和甘油任意混溶				
稳定性和危险性	稳定性：稳定。 危险性：可燃。其蒸气与空气可形成爆炸性混合物，遇明火、高热能引起燃烧爆炸。与强氧化剂接触可发生化学反应。具有较强的腐蚀性。					
环境标准	工作场所时间加权平均容许浓度（mg/m³）：10； 前苏联车间空气最高容许浓度（mg/m³）：1。					
监测方法	气相色谱法。					
毒理学资料	急性毒性：大鼠经口半数致死剂量（LD₅₀）：1 100 mg/kg； 大鼠吸入半数致死浓度（LC₅₀）：15 000 mg/m³，15 min； 刺激性：家兔经眼：122 mg，重度刺激。家兔经皮开放性刺激试验：610 mg，轻度刺激。					
安全防护措施	工程控制：生产过程密闭，加强通风。提供安全淋浴和洗眼设备。 呼吸系统防护：可能接触其蒸气时，必须佩戴自吸过滤式防毒面具（全面罩）或自吸式长管面具。紧急事态抢救或撤离时，建议佩戴空气呼吸器。 眼睛防护：呼吸系统防护中已做防护。 身体防护：穿橡胶耐酸碱服。 手防护：戴橡胶耐酸碱手套。 其他防护：工作现场禁止吸烟、进食和饮水。工作完毕，淋浴更衣。注意个人清洁卫生。					

应急措施	急救措施	皮肤接触：立即脱去污染的衣着，用大量流动清水冲洗至少15 min。就医。
		眼睛接触：立即提起眼睑，用大量流动清水或生理盐水彻底冲洗至少 15 min。就医。
		吸入：迅速脱离现场至空气新鲜处。保持呼吸道通畅。如呼吸困难，给输氧。如呼吸停止，立即进行人工呼吸。就医。
		食入：用水漱口，给饮牛奶或蛋清。就医。
	泄漏处置	应急处理：迅速撤离泄漏污染区人员至安全区，并进行隔离，严格限制出入。切断火源。建议应急处理人员戴自给正压式呼吸器，穿防酸碱工作服。不要直接接触泄漏物。尽可能切断泄漏源。防止流入下水道、排洪沟等限制性空间。
		小量泄漏：用沙土或其他不燃材料吸附或吸收。也可以将地面撒上苏打灰，然后用大量水冲洗，洗水稀释后放入废水系统。
		大量泄漏：构筑围堤或挖坑收容。用泡沫覆盖，降低蒸气灾害。喷雾状水冷却和稀释蒸气。用泵转移至槽车或专用收集器内，回收或运至废物处理场所处置。
	消防方法	消防人员须穿全身防护服、佩戴氧气呼吸器灭火。用水保持火场容器冷却，并用水喷淋保护去堵漏的人员。
		灭火剂：抗溶性泡沫、干粉、二氧化碳。
主要用途		甲酸是基本有机化工原料之一，广泛用于农药、皮革、染料、医药和橡胶等工业。
事件信息		1. 2012 年 3 月 14 日 17 点 20 分左右，一辆装载有甲酸的槽罐车在开发区绕城高速下沙往萧山方向行驶时，突然发现槽罐车罐体开始泄漏，罐内装载的甲酸开始排向外环境，接到事故通知后，杭州经济技术开发区环保局第一时间赶往事发地点，并立即向市支队上报现场情况，联系开发区相关企业，紧急调用石灰等应急处置物资，对泄漏的甲酸进行吸附处置，防止事态进一步恶化。同时，环保监察人员对事发点周边的雨水井、渠道进行封堵，并对河道的水样采集和监测，分析事故对周边环境的影响。截至当晚 21 点 00 分，现场泄漏甲酸已全部用石灰覆盖，槽罐车内剩余甲酸已全部用泵抽取出来妥善贮存，至 3 月 15 日 11 时，环境监察人员汇同应急处置机构工作人员已将现场事故点泄漏及流入雨水井的甲酸残液全部清理和安全处置，周边环境未受到污染。根据最新的水质监测分析表明，事发点周边河道水质正常。

事件信息

2. 2007 年 10 月 1 日，北京颐和园消防中队接到报警，温泉镇环山村 1 号楼发生甲酸泄漏事故，在了解基本情况后，指挥员首先疏散了聚集在楼道内的无关人员，并立即将所有窗户打开，随后，将楼道内的各种被甲酸侵蚀的杂物统一装入垃圾袋，拿到楼下专门处理。由于事故地点处在房间密集的宿舍楼，为了避免用水冲刷给其他用户造成更大的损失，当现场杂物清理干净后，指挥员找来几床棉被，将大面积的甲酸积液吸附进棉被内，随后将棉被同样装入垃圾袋打包处理好。当大面积积液被初步吸走之后，指挥员利用中和的原理，找到碱面，在水中进行稀释，用自制的碱水将三层到一层的楼道仔细冲洗了 3 遍，当楼内味道基本消除后，又用清水将楼道内清洗干净。

3. 2009 年 5 月 4 日墨江县消防大队接指挥中心报警：元磨高速公路下行线 K273 300 m 处老苍坡 1 号隧道内 1 辆运输甲酸的大货车发生交通事故并造成甲酸泄漏。地方党委政府报告接警情况，迅速启动墨江县灾害事故应急救援预案。指挥部命令元磨高速公路管理处迅速开启了隧道排风系统，降低隧道内的甲酸蒸气浓度，并迅速调派了 100 kg 纯碱，利用酸碱中和原理在地面和泄漏处实施处置，最大限度地减轻甲酸泄漏造成的危害，并杜绝次生灾害的发生。在确定甲酸浓度较低，不足以对人体造成危害后，指挥部迅速调派了 1 辆大型货车，并组织了 10 余名搬运工协同消防大队全体参战官兵对散落在地上的和车上的甲酸液桶进行转移，排除险情，并对现场残留的甲酸进行了清理，成功地消除了事故危害。

4. 2010 年 12 月 4 日晚，贵州省松桃县大兴镇雅三塘路段一辆满载 29 t 甲酸的槽车在行驶途中失控侧翻在公路边上，消防指挥员果断命令参与救援的车辆停放在事故点上风方向 100 m 以外，并以事故点为中心，迅速确定了警戒和疏散区域。现场县环保局作为技术指导，设立警戒区域，消防官兵携带无火花工具、木质式堵漏工具在水枪的保护下，对罐体的泄漏点进行处置，由于罐体周围的裂缝还有少量甲酸泄漏，指挥部调集了一辆挖掘机赶到现场，在距离罐体下方 2 m 处挖出了 1 个直径 3 m、高 2 m 的坑，将事先准备好的石灰倒进坑里防止泄漏的甲酸向下流淌造成污染，并调集了 2 辆大型吊车将泄漏罐体调走，利用水枪对罐体周围进行稀释，直到罐体被成功吊起并安全转以后，救援工作结束。

91. 甲缩醛：CAS 109-87-5

品名	甲缩醛	别名	甲醛缩二甲醇		英文名	Methylal
理 化 性 质	分子式	$C_3H_8O_2$	分子量	76.1	熔 点	−104.8℃
	沸 点	42.3℃	相对密度	（水=1）：0.859 3	蒸气压	43.98 kPa（20℃）
	外观性状	无色澄清易挥发可燃液体，有氯仿气味和刺激味				
	溶解性	溶于 3 倍的水，20℃时水中溶解度32%（质量）				
稳定性和危险性	稳定性：稳定。危险性：其蒸气与空气可形成爆炸性混合物。遇明火、高热及强氧化剂易引起燃烧。与氧化剂接触会猛烈反应。接触空气或在光照条件下可生成具有潜在爆炸危险性的过氧化物。					
环境标准	TLV-TWA（mg/m³）：$1\,000×10^{-6}$。					
监测方法	气相色谱法（用活性炭吸附、己烷脱附）					
毒理学资料	毒性：对黏膜有明显刺激。对豚鼠眼有中等刺激作用。急性毒性：兔经口半数致死剂量（LD_{50}）：5 708 mg/kg；大鼠吸入半数致死浓度（LC_{50}）：46 650 mg/m³ 亚急性和慢性毒性：小鼠吸入 58 g/m³×2 h/d×2 次，80%死亡；小鼠吸入 34 100 g/m³×7 h×15 次，6/50 死亡。					
安全防护措施	工程控制：生产过程密闭，加强通风。提供安全淋浴和洗眼设备。呼吸系统防护：空气中浓度超标时，佩戴过滤式防毒面具（半面罩）眼睛防护：戴化学安全防护眼镜。身体防护：穿防静电工作服。手防护：戴橡胶耐油手套。其他防护：工作现场禁止吸烟、进食和饮水。工作完毕，淋浴更衣。注意个人清洁卫生。					
应急措施	急救措施	皮肤接触：脱去污染的衣着，用肥皂水和清水彻底冲洗皮肤。如有不适感，就医。眼睛接触：提起眼睑，用流动清水或生理盐水冲洗。如有不适感，就医。吸入：迅速脱离现场至空气新鲜处。保持呼吸道通畅。如呼吸困难，给输氧。呼吸、心跳停止，立即进行心肺复苏术。就医。食入：饮水，禁止催吐。如有不适感，就医。				

应急措施	泄漏处置	消除所有点火源。根据液体流动和蒸气扩散的影响区域划定警戒区,无关人员从侧风、上风向撤离至安全区。建议应急处理人员戴正压自给式呼吸器,穿防静电服。作业时使用的所有设备应接地。禁止接触或跨越泄漏物。尽可能切断泄漏源。防止泄漏物进入水体、下水道、地下室或密闭性空间。 小量泄漏:用沙土或其他不燃材料吸收。使用洁净的无火花工具收集吸收材料。 大量泄漏:构筑围堤或挖坑收容。用泡沫覆盖,减少蒸发。喷水雾能减少蒸发,但不能降低泄漏物在受限制空间内的易燃性。用防爆泵转移至槽车或专用收集器内。喷雾状水驱散蒸气、稀释液体泄漏物。
	消防方法	消防人员须佩戴防毒面具、穿全身消防服,在上风向灭火。尽可能将容器从火场移至空旷处。喷水保持火场容器冷却,直至灭火结束。处在火场中的容器若已变色或从安全泄压装置中产生声音,必须马上撤离。 灭火剂:泡沫、二氧化碳、干粉、沙土。用水灭火无效。
主要用途		用作溶剂、分析试剂。
事件信息		1. 2010 年 8 月 12 日,在唐津高速公路 145 km 附近,一辆运送甲缩醛的罐车与一辆大货车发生追尾,罐体中的化学品随即泄漏到地面上,接到报警后,津南、大港、南开三个区的 14 辆消防车赶到现场,消防人员与交管、安监部门协调,调来两辆罐车进行倒罐处理。现场安排一组消防人员用水枪对罐体的泄漏处不间断地喷水,以稀释泄漏出来的甲缩醛,另外一组消防人员则对两个罐体进行喷水,防止两个罐体因为升温而发生爆炸。同时其他的消防人员则携带 3 台手台泵和 2 台浮艇泵轮番向前方实施不间断供水。截止到 12:30 左右,倒罐工作结束。 2. 2011 年 3 月 19 日茫崖大队接公安局 110 指挥中心转警:一辆满载甲缩醛驶往新疆的货车在格茫公路距离茫崖 147 km 处发生侧翻并发生泄漏,通过现场勘察,初步掌握了现场情况。事故车辆载有 27 t 甲缩醛,事发点北侧 300 m 便是花土沟水站,现场立即在事故发生地点两端 1 km 处设置警戒线,避免化学液体散发的气味给过路司机带来伤害,警戒区人员全部被疏散,指挥员指挥消防车停在上风方向对泄漏物进行稀释并用湿棉被覆盖泄漏口,以减少甲缩醛的挥发降低对救援人员的伤害。为了在吊车起吊时不产生火花,在钢丝绳上垫上了几床棉被并用水打湿,边稀释边处置。经过 3.5 h 的紧张救援,成功处置了此次化学危险品泄漏事故。 3. 2007 年 6 月 4 日 11 时许,濮阳一无证停产的化工厂突然发生爆炸,一个装有少量甲缩醛的 30 t 化工罐被炸毁,10 min 后,濮阳市华龙区消防大队 30 名官兵赶到现常濮阳市消防支队指挥中心立即启动处置大型化工灾害事故紧急预案。11 时 40 分,甲缩醛罐爆炸引发的大火被全部扑灭。12 时 20 分,经过 50 多吨水的冷却,甲缩醛罐和其他化工罐全部恢复正常。

92. 甲醇钠：CAS 124-41-4

品名	甲醇钠		别名	甲氧基钠		英文名	Sodium methylate
理化性质	分子式	CH₃ONa	分子量	54.02		熔 点	−98℃
	沸 点	>450℃	相对密度	（水=1）：1.3 （空气=1）：1.1		蒸气压	50 mmHg（20℃）
	外观性状	白色无定形易流动粉末，无臭					
	溶解性	溶于甲醇、乙醇					

<table>
<tr><td rowspan="2">稳定性和危险性</td><td>危险性：遇明火、高热易燃。与氧化剂接触猛烈反应。受热分解释出高毒烟雾。遇潮时对部分金属如铝、锌等有腐蚀性。</td></tr>
<tr><td>燃烧（分解）产物：一氧化碳、二氧化碳、氧化钠。</td></tr>
<tr><td>环境标准</td><td>我国暂无相关标准。</td></tr>
<tr><td>毒理学资料</td><td>健康危害：本品蒸气、雾或粉尘对呼吸道有强烈刺激和腐蚀性。吸入后，可引起昏睡、中枢抑制和麻醉。对眼有强烈刺激和腐蚀性，可致失明。皮肤接触可致灼伤。口服腐蚀消化道，引起腹痛、恶心、呕吐；大量口服可致失明和死亡。慢性影响：对中枢神经系统有抑制作用。</td></tr>
<tr><td rowspan="4">应急措施</td><td>急救措施：
皮肤接触：立即脱去污染的衣着，用大量流动清水冲洗至少 15 min。就医。
眼睛接触：立即提起眼睑，用大量流动清水或生理盐水彻底冲洗至少 15 min。就医。
吸入：迅速脱离现场至空气新鲜处。保持呼吸道通畅。如呼吸困难，给输氧。如呼吸停止，立即进行人工呼吸。就医。
食入：用水漱口，用水漱口，就医。</td></tr>
<tr><td>泄漏处置：隔离泄漏污染区，限制出入。切断火源。建议应急处理人员戴自给正压式呼吸器，穿防酸碱工作服。用沙土、干燥石灰或苏打灰混合。避免扬尘，小心扫起，转移至安全场所。若大量泄漏，用塑料布、帆布覆盖。收集回收或运至废物处理场所处置。</td></tr>
<tr><td>消防方法：消防人员须戴好防毒面具，在安全距离以外，在上风向灭火。灭火剂：泡沫、干粉、二氧化碳、沙土。禁止用水。</td></tr>
<tr><td>主要用途：主要用于医药工业，有机合成中用作缩合剂、化学试剂、食用油脂处理的催化剂等。</td></tr>
<tr><td>事件信息</td><td>2006 年 7 月 30 日上午 10 时许，安徽省滁州市来安县金邦医药化工有限公司甲醇钠车间发生火灾。大火持续近 10 h，于 7 月 30 日20 时被成功扑灭。此次火灾无一人死亡、受伤、中毒，饮用水源也没有受到污染，经检测大气有轻微污染，由于采用干粉灭火未发生污水外排。</td></tr>
</table>

93. 甲醚：CAS 115-10-6

品名	甲醚	别名		二甲醚	英文名	Methyl ether
理化性质	分子式	C_2H_6O	分子量	46.07	熔点	$-138.5℃$
	沸点	$-24.9℃$	相对密度	（水=1）：0.67	蒸气压	0.51mPa（20℃）
	外观性状	常温、常压下为无色、无味、无臭气体，在压力下为液体				
	溶解性	能同大多数极性和非极性有机溶剂混溶				
稳定性和危险性	稳定性：稳定。 危险性：与空气混合能形成爆炸性混合物。接触热、火星、火焰或氧化剂易燃烧爆炸。接触空气或在光照条件下可生成具有潜在爆炸危险性的过氧化物。气体比空气重，能在较低处扩散到相当远的地方，遇火源会着火回燃。若遇高热，容器内压增大，有开裂和爆炸的危险。					
环境标准	中国车间空气最高容许浓度（mg/m^3）：400。					
监测方法	气相色谱法					
毒理学资料	二甲醚的毒性很低，气体有刺激及麻醉作用的特性，通过吸入或皮肤吸收过量的此物品，会引起麻醉，失去知觉和呼吸器官损伤。 小鼠吸入 225.72 g/m^3 麻醉浓度。 猫吸入 1 658.85 g/m^3 深度麻醉。 人吸入 154.24 g/m^3×30 min 轻度麻醉。 人吸入 940.50 g/m^3 有极不愉快的感觉、有窒息感。 大鼠吸入半数致死浓度（LC_{50}）：308 000 mg/m^3。					
安全防护措施	工程控制：密闭操作，全面排风。 呼吸系统防护：一般不需要特殊防护，高浓度接触时可佩戴自吸过滤式防毒面具（半面罩）。 眼睛防护：一般不需要特殊防护，但建议特殊情况下，戴化学安全防护眼镜。 身体防护：穿防静电工作服。 手防护：戴一般作业防护手套。 其他：工作现场严禁吸烟。进入罐、限制性空间或其他高浓度区作业，须有人监护。					

应急措施	急救措施	吸入：迅速脱离现场至空气新鲜处。保持呼吸道通畅。如呼吸困难，给输氧。如呼吸停止，立即进行人工呼吸。就医。
	泄漏处置	迅速撤离泄漏污染区人员至上风处，并进行隔离，严格限制出入。切断火源。建议应急处理人员戴自给正压式呼吸器，穿消防防护服。尽可能切断泄漏源。用工业覆盖层或吸附/吸收剂盖住泄漏点附近的下水道等地方，防止气体进入。合理通风，加速扩散。喷雾状水稀释、溶解。构筑围堤或挖坑收容产生的大量废水。漏气容器要妥善处理，修复、检验后再用。
	消防方法	切断气源。若不能立即切断气源，则不允许熄灭正在燃烧的气体。喷水冷却容器，可能的话将容器从火场移至空旷处。 灭火剂：雾状水、抗溶性泡沫、干粉、二氧化碳、沙土。
主要用途		广泛用于气雾制品喷射剂、氟利昂替代制冷剂、溶剂等，另外也可用于化学品合成，用途比较广泛。
事件信息		1. 2009 年 12 月 10 日 15 时 10 分左右，一辆运载 15 t 二甲醚的陕 AA7614 危险化学品槽罐车在 S210 线 1 km+700 m 处（关岭自治县断桥镇境内）因制动失灵，导致车辆侧翻。肇事槽罐车重约 40 t，其中自重 25 t，二甲醚 15 t（液态）。接到报警后，市安监局、市交警支队，关岭自治县政府、关岭县安监、公安、交通、消防、质监、环保及断桥镇等相关部门人员等立即赶往现场，启动了市、县、镇三级事故应急预案及相关预案。经现场勘察，二甲醚无泄漏，现场拟定初步方案，一是圈定危险区域进行警戒，严禁人员进入；由公安、交通部门对现场进行交通管制，断桥镇组织疏散方圆 600 m 范围内的群众，并设置警戒线；二是调集监测设备对车辆及车辆周边进行监测；三是研究制定倒装和吊装技术方案；四是联系吊车、拖板车、照明灯、空罐车等设备；五是立即向兴义化工厂（二甲醚生产厂）请求技术援助。槽罐车在县交警、安监、交通的护送下，运达滇黔桂贵阳站进行倒装，12 月 11 日 11 时，道路恢复畅通。 2. 2011 年 9 月 21 日四川内江市隆昌县黄家镇发生的危化品二甲醚槽车翻车事故，槽车没有出现泄漏，接到报警后，从泸州调来的两部大型吊车抵达现场。在将槽车扶正后，救援人员又将槽车被损坏的车头取下，换上另一个车头，再将罐体和车头固定好。肇事槽车在一辆水罐泡沫消防车的掩护下，被成功转移至安全地带，险情得以完全排除。

94. 2-甲基丙醛：CAS 78-84-2

品名	2-甲基丙醛	别名		异丁醛		英文名	2-Methylpropanal
理化性质	分子式	C₄H₈O		分子量	72.11	熔点	−65.9℃
	沸点	64℃	相对密度	（水=1）：0.79		蒸气压	15.3 kPa（20℃）
	外观性状	无色透明液体，有较强的刺激性气味					
	溶解性	微溶于水，溶于乙醇、乙醚、苯、氯仿					
稳定性和危险性	稳定性：不稳定，在空气中逐渐氧化成异丁酸。 危险性：其蒸气与空气可形成爆炸性混合物，遇明火、高热极易燃烧爆炸。与氧化剂能发生强烈反应。其蒸气比空气重，能在较低处扩散到相当远的地方，遇火源会着火回燃。						
环境标准	前苏联（1975）车间空气中有害物质的最高容许浓度 5 mg/m³。						
监测方法	热解吸气相色谱法（WS/T 135—1999，作业场所空气）						
毒理学资料	低毒，大鼠经口半数致死剂量（LD₅₀）：2 810 mg/kg。 低浓度对眼、鼻和呼吸道有轻微刺激；高浓度吸入有麻醉作用。脱离接触后，迅速恢复正常。有致敏性。						
安全防护措施	呼吸系统防护：空气中浓度超标时，佩戴过滤式防毒面具（半面罩）。 眼睛防护：一般不需要特殊防护，高浓度接触时可戴化学安全防护眼镜。 身体防护：穿防静电工作服。 手防护：戴橡胶手套。 其他：工作现场禁止吸烟、进食和饮水。工作完毕，淋浴更衣。保持良好的卫生习惯。						
应急措施	急救措施	皮肤接触：脱去被污染的衣着，用肥皂水和清水彻底冲洗皮肤。 眼睛接触：提起眼睑，用流动清水或生理盐水冲洗。就医。 吸入：迅速脱离现场至空气新鲜处。保持呼吸道通畅。如呼吸困难，给输氧。如呼吸停止，立即进行人工呼吸。就医。 食入：饮足量温水，催吐，就医。					
	泄漏处置	迅速撤离泄漏污染区人员至安全区，并进行隔离，严格限制出入。切断火源。建议应急处理人员戴自给正压式呼吸器，穿消防防护服。尽可能切断泄漏源。防止进入下水道、排洪沟等限制性空间。 小量泄漏：用活性炭或其他惰性材料吸收。也可以用大量水冲洗，洗水稀释后放入废水系统。 大量泄漏：构筑围堤或挖坑收容；用泡沫覆盖，降低蒸气灾害。用防爆泵转移至槽车或专用收集器内，回收或运至废物处理场所处置。					
	消防方法	遇到大火，消防人员须在有防爆掩蔽处操作。 灭火剂：抗溶性泡沫、干粉、二氧化碳、沙土。用水灭火无效。					

主要用途	合成泛酸、缬氨酸、亮氨酸、纤维素酯、香料、增塑剂、树脂及汽油添加剂。
事件信息	2006 年 4 月 12 日凌晨，一辆装载 20 t 危化品"异丁醛"的罐车在 205 国道盐山县望树镇路段翻到路边深沟，发生泄漏，盐山县委县政府得知情况，立即启动处置危险化学品事故预案，公安、消防、环保、医疗、安监等 10 多个部门的负责人各自带队赶到现场。 采取措施：① 将周围群众全部疏散到 1 km 以外的安全地带，对 205 国道望树至盐山路桥收费站实行封锁管制；② 县供电公司切断了危运车上方的一条高压供电线路的供电，并巡查扑灭周围一切火源；③ 环保部门对周围 50 m 范围进行了监测；④ 经过各部门协商，利用两部挖掘机把危运车周围的壅土挖掉，又在周围筑起两道围堰，防止"异丁醛"崩漏时大面积扩散，对罐车进行了吊装，监测仪器进行了跟踪监测，车进行了一次侧翻后，又发现有一处泄漏点，经过消防队员处理，险情得到解决，罐车吊上来后，由于泄漏量小，消防队员对泄漏地点用泡沫喷洒，然后用土填埋。4 时 30 分，全部救援工作结束。

95. 对苯二甲酸：CAS 100-21-0

品名	对苯二甲酸	别名	松油苯二甲酸； 1,4-苯二甲酸；酞酸	英文名	Terephthalic acid
理化性质	分子式	$C_8H_6O_4$	分子量	166.13	熔点	>300℃
	沸点		相对密度	（水=1）：1.51	蒸气压	
	外观性状	白色结晶或粉末			闪点	>110℃
	溶解性	不溶于水，不溶于四氯化碳、醚、乙酸等，微溶于乙醇，溶于碳液				
稳定性和危险性	稳定性：稳定。 危险性：遇高热、明火或与氧化剂接触，有引起燃烧的危险。 燃烧（分解）产物：一氧化碳、二氧化碳。					
环境标准	中国 工作场所时间加权平均容许浓度 8mg/m³； 中国 工作场所短时间接触容许浓度 15 mg/m³； 前苏联 车间空气中有害物质的最高容许浓度 0.1 mg/m³； 前苏联（1975） 水体中有害物质最高允许浓度 0.1 mg/L。					

毒理学资料	侵入途径：吸入、食入、经皮吸收。
	健康危害：对眼睛、皮肤、黏膜和上呼吸道有刺激作用，未见职业中毒的报道。
	毒性：属低毒类。
	急性毒性：LD$_{50}$ 1 670 mg/kg（小鼠腹腔）；3 200 mg/kg（大鼠经口）；3 550 mg/kg（小鼠经口）。

应急措施	急救措施	皮肤接触：脱去污染的衣着，用流动清水冲洗。
		眼睛接触：立即翻开上下眼睑，用流动清水冲洗 15 min。就医。
		吸入：脱离现场至空气新鲜处。就医。
		食入：误服者漱口，给饮牛奶或蛋清，就医。
	泄漏处置	切断火源。戴好防毒面具和手套。收集运到空旷处焚烧。如大量泄漏，收集回收或无害处理后废弃。
	消防方法	灭火剂：雾状水、泡沫、二氧化碳、干粉、沙土。
主要用途		用于制造合成树脂、酸成纤维和增塑剂等
事件信息		2006 年 11 月 11 日，一艘装载 440 t 精对苯二甲酸的船只与浙台 235 号船对撞后沉入黄浦江紫石泾附近江中，沉没船只中化学品包装未发现破损。经监测，事故发生地点上游 1 000 m 和下游 2 000 m 水域内（包括松浦大桥监测点）的多个监测点水样中均未检出对苯二甲酸，此次化学品沉船事故未对黄浦江水环境造成影响。

96. 对硝基氯化苯：CAS 100-00-5

品名	对硝基氯化苯	别名	4-硝基氯化苯		英文名	4-nitrochlorobenzene
理化性质	分子式	C$_6$H$_4$ClNO$_2$	分子量	157.56	熔　点	83℃
	沸　点	242℃	相对密度	（水=1）：1.52	蒸气压	0.03 kPa（38℃）
	外观性状	浅黄色单斜棱形晶体				
	溶解性	不溶于水，微溶于乙醇、乙醚、二硫化碳				
稳定性和危险性	稳定性：稳定。					
	危险性：遇高热、明火或与氧化剂接触，有引起燃烧的危险。易升华，具有爆炸性。受高热分解，产生有毒的氮氧化物和氯化物气体。					
环境标准	工作场所时间加权平均容许浓度　0.6 mg/m³；前苏联车间空气最高容许浓度　1 mg/m³。					
监测方法	气相色谱法					

毒理学资料	急性毒性： 大鼠经口半数致死剂量（LD_{50}）：420 mg/kg； 兔经皮半数致死剂量（LD_{50}）：16 000 mg/kg	
安全防护措施	工程控制：严加密闭，提供充分的局部排风。提供安全淋浴和洗眼设备。 呼吸系统防护：空气中粉尘浓度超标时，必须佩戴自吸过滤式防尘口罩。紧急事态抢救或撤离时，应该佩戴空气呼吸器。 眼睛防护：戴化学安全防护眼镜。 身体防护：穿防毒物渗透工作服。 手防护：戴橡胶手套。 其他防护：工作现场禁止吸烟、进食和饮水。及时换洗工作服。工作前后不饮酒，用温水洗澡。实行就业前和定期的体检。	
应急措施	急救措施	皮肤接触：立即脱去污染的衣着，用大量流动清水冲洗。就医。 眼睛接触：提起眼睑，用流动清水或生理盐水冲洗。就医。 吸入：迅速脱离现场至空气新鲜处。保持呼吸道通畅。如呼吸困难，给输氧。如呼吸停止，立即进行人工呼吸。就医。 食入：饮足量温水，催吐。洗胃，导泻。就医。
	泄漏处置	隔离泄漏污染区，限制出入。切断火源。建议应急处理人员戴防尘面具（全面罩），穿防毒服。用洁净的铲子收集于干燥、洁净、有盖的容器中，转移至安全场所。 大量泄漏：收集回收或运至废物处理场所处置。
	消防方法	消防人员须佩戴防毒面具、穿全身消防服，在上风向灭火。 灭火剂：雾状水、泡沫、干粉、二氧化碳、沙土。
主要用途	用作染料中间体及制药。	
事件信息	2007 年 4 月 24 日 6 时 15 分，京福高速公路曲阜段 232 km 处，一辆载有 20 余吨对硝基氯化苯的槽车在行驶途中翻车，大量对硝基氯化苯泄漏，为防止泄漏对硝基氯化苯严重威胁群众的身体健康和污染环境，有关部门立即赶到现场实施处置，立即做出部署：一是尽快对泄漏槽车实施堵漏；二是利用吊车将槽车吊起扶正拖到安全地带。救援方案确定后，对泄漏槽车迅速实施堵漏，并在现场准备了两支水枪，以防在堵漏过程中出现意外事故。堵漏完成后，交通管理部门利用吊车将槽车吊起扶正，在消防车的保护下拖到安全地带。	

97. 亚磷酸二甲酯：CAS 868-85-9

品名	亚磷酸二甲酯	别名		英文名	Dimethyl phosphonate
分子式	$C_2H_7O_3P$	分子量	110.05	沸点	170～171℃
相对密度	1.200（24/4℃）	闪点	29℃		
简介	无色流动性液体。溶于水和多数有机溶剂。 用作润滑油添加剂、胶黏剂和某些有机合成中间体。用于合成杀虫剂氧化乐果、甲基硫环磷和除草剂草甘膦等。				
事件信息	2007年11月28日4点40分许，浙江菱化实业股份有限公司亚磷酸二甲酯车间内的二级脱酸甩盘釜发生爆炸，造成3人死亡，部分磷酸泄漏。事发后，企业立即关闭了厂区内的应急水闸，并对闸内污染水体用碱液进行了中和处置。 　湖州市环保局监测人员对闸口及周边河流进行了布点监测，结果表明，与日常监测值无异常情况。				

98. 1,2-亚乙基二醇：CAS 107-21-1

品名	1,2-亚乙基二醇	别名	甘醇或乙二醇		英文名	Ethylene glycol
理化性质	分子式	$C_2H_6O_2$	分子量	62.07	熔点	−13.2℃
	沸点	197.8℃	相对密度	（水=1）：1.115 5（20℃）	蒸气压	0.06 mmHg/20℃
	外观性状	无色、无臭、有甜味、黏稠液体				
	溶解性	与水、乙醇、丙酮、醋酸甘油吡啶等混溶，微溶于醚等，不溶于石油烃及油类，能够溶解氯化锌、氯化钠、碳酸钾、氯化钾、碘化钾、氢氧化钾等无机物				
稳定性和危险性	稳定性：稳定。 危险性：遇明火、高热或与氧化剂接触，有引起燃烧爆炸的危险。若遇高热，容器内压增大，有开裂和爆炸的危险。					
环境标准	中华人民共和国国家职业卫生标准：乙二醇的时间加权平均容许浓度 PC-TWA　20 mg/m³，短时间接触容许浓度 PC-STEL　40 mg/m³。 水体中有害有机物的最大允许浓度　1.0 mg/L。 嗅觉阈浓度　90 mg/m³					
监测方法	品红亚硫酸法《化工企业空气中有害物质测定方法》，化学工业出版社； 变色酸法《化工企业空气中有害物质测定方法》，化学工业出版社。					

毒理学资料	急性毒性：小鼠经口半数致死剂量（LD_{50}）：8.0～15.3 g/kg； 大鼠经口半数致死剂量（LD_{50}）：5.9～13.4 g/kg；人经口半数致死剂量（LD_{50}）： 1.4 mL/kg。 亚急性和慢性毒性：大鼠吸入 12 mg/m³（连续多次），8 d 后 2/15 只动物眼角膜混浊、失明；人吸入 40%乙二醇混合物，9/28 人出现短暂昏厥；人吸入 40%乙二醇混合物加热至 105℃反复吸入，14/38 人眼球震颤，5/38 人淋巴细胞增多。

应急措施	急救措施	皮肤接触：脱去污染的衣着，用大量流动清水冲洗。 眼睛接触：提起眼睑，用流动清水或生理盐水冲洗。就医。 吸入：迅速脱离现场至空气新鲜处。保持呼吸道通畅。如呼吸困难，给输氧。如呼吸停止，立即进行人工呼吸。就医。 食入：饮足量温水，催吐。洗胃，导泻。就医。
	泄漏处置	切断火源。戴自给式呼吸器，穿一般消防防护服。不要直接接触泄漏物，在确保安全的情况下堵漏。用大量水冲洗，经稀释的洗液排入废水系统。 大量泄漏，用围堤收容，然后收集、转移、回收或无害处理后废弃。
	消防方法	用水雾或泡沫灭火可能会起泡，以水雾喷洒液体表面，因冷却会起泡，可灭火。 灭火剂：化学干粉、酒精泡沫、CO_2、聚合泡沫、水雾。

主要用途	用途广泛，可用来合成"涤纶"（的确良）等高分子化合物，还可用作薄膜、橡胶、增塑剂、干燥剂、刹车油等原料。是常用的高沸点溶剂，其60%的水溶液的凝固点为–40℃，可用作冬季汽车散热器的防冻剂和飞机发动机的制冷剂。乙二醇也可用于玻璃纸、纤维、皮革、黏合剂的湿润剂。乙二醇经加热后产生的蒸气可用作舞台烟幕，乙二醇的硝酸酯是一种炸药。

事件信息	2011 年 12 月 28 日凌晨 3 时，丹化科技通辽金煤化工有限公司首套煤制乙二醇、草酸装置发生了一起生产事故，一台亚酯反应釜搅拌轴断裂，导致反应釜爆裂，造成一套亚酯系统受损。

99. 肉桂酸：CAS 140-10-3

品名	肉桂酸		别名		桂皮酸；桂酸		英文名	Cinnamic acid; β-phenylacrylic acid
理化性质	分子式	C_6H_5-CH=CH-COOH			分子量	148.17	熔点	133℃
	沸点	300℃			相对密度	1.245	蒸气压	
	外观性状	白色单斜棱晶，微有桂皮香气						
	溶解性	1 g 能溶于 2 L 水中（25℃），在热水中溶于 6 mL 乙醇中，可以任意比例溶于苯、丙酮、乙醚、冰乙酸、二硫化碳等溶剂中						

稳定性和危险性	受热时脱羧基而成苯乙烯。氧化时生成苯甲酸。					
主要用途	是制备酯类、香料、医药的原料。					
事件信息	2008 年 12 月 13 日，武汉远城科技发展有限公司试生产车间化学原料发生火灾，车间内化学原料全部烧毁（共有苯甲醛 3.2 t、乙醛 1.4 t、甲苯 0.6 t、盐酸 0.6 t、液碱 0.4 t、肉桂酸 7 t）。灭火过程产生的消防废水共 500 t，其中 150 t 流入该企业应急事故池，350 t 经通惠港流入巡司河。事发地距巡司河入长江口约 9 km，距平湖门水厂取水口（长江上）约 12 km。 处置措施：一是封堵了厂内排污口及周边沟渠，巡司河解放桥闸和武泰闸处于关闭状态，有效防止消防废水流入长江。二是对消防废水及通惠港、巡司河、巡司河入长江口水质进行了取样监测。同时对厂区下风向环境空气进行了取样监测。三是部署对平湖门水厂取水口水质进行严格监控。四是当地政府及时发布信息。					

100．杀虫双：CAS 52207-48-4

品名	杀虫双		别名	2-二甲胺基-1,3-双硫代磺酸钠基丙烷		英文名	Shachongshuang
理化性质	分子式	$C_5H_{11}O_6NS_4Na_2$	分子量		355.37	熔 点	169～171℃/分解（纯品）；142～143℃（工业品）
	沸 点	102.2℃	相对密度	1.30～1.35		蒸气压	
	外观性状	纯品为白色结晶，工业品为茶褐色或棕红色单水溶液，有特殊臭味，易吸潮					
	溶解性	易溶于水，可溶于 95%热乙醇和无水乙醇，以及甲醇、二甲基甲酰胺、二甲基亚砜等有机溶剂，微溶于丙酮，不溶于乙醇乙酯及乙醚					
稳定性和危险性	稳定性：在中性及偏碱条件下稳定，在酸性下会分解，在常温下亦稳定。						

环境标准	中国食品卫生标准 0.2 mg/kg（稻米）
毒理学资料	侵入途径：吸入、食入、经皮吸收。 健康危害：对黏膜、皮肤无明显刺激作用。无致畸、致癌、致突变作用。 毒性：对人畜毒性中等。无致癌、致畸、致突变作用。 急性毒性：雄大鼠经口半数致死剂量（LD_{50}）：451 mg/kg； 　　　　　雌小鼠经口半数致死剂量（LD_{50}）：234 mg/kg； 　　　　　雌小鼠经皮半数致死剂量（LD_{50}）：2 062 mg/kg 对鱼毒性较低。对害虫有胃毒、触杀、内吸传导和一定的杀卵作用。在常用剂量下对作物安全。在夏季高温时有药害，使用时应小心。

应急措施	急救措施	如不慎中毒，立即引吐，并用 1%～2% 苏打水洗胃，用阿托品解毒。
	泄漏处置	
	消防方法	

主要用途	用作农用杀虫剂。

事件信息	2006 年 5 月 8 日晚，重庆市江津市南部山区遭受大暴雨袭击，导致柏林镇傅家场农药商店部分农药浸泡流入当地的笋溪河，笋溪河在事发地下游约 85 km 处汇入綦江，流经 17 km 后汇入长江。被浸泡和入水农药总量为 926.15 kg（杀虫双 900 kg；敌敌畏 2.5 kg，氧乐果 6 kg，乐果 6 kg，敌杀死 3 kg，昆收 2.5 kg，袋装除草剂 5.25 kg，百虫灵 0.9 kg）。 　　处置措施：重庆市环保局接报后立即启动突发环境事件应急预案，有关人员赶赴现场开展应急监测和处置工作。在事发地 85 km 沿线布设了 7 个监测点位，每 2 h 取样监测一次。并向江津市政府提出了 3 点建议：① 立即通知笋溪河下游沿线饮用水源取水点全面停水，监测结果证明无影响后方可恢复供水；② 立即组织人员沿河道捞瓶装农药，及时消除对河流水质的影响。③ 妥善处理被洪水浸泡的农药和化肥。

101. 多聚甲醛：CAS 30525-89-4

品名	多聚甲醛		别名	聚蚁醛		英文名	Paraformaldehyde
理化性质	分子式	$(CH_2O)n$	分子量	$30\,n$	熔点		$120\sim170℃$
	沸点		相对密度	(水=1)：1.39	蒸气压		0.19 kPa/25℃
	外观性状	低分子量的为白色结晶粉末，具有甲醛味					
	溶解性	不溶于乙醇，微溶于冷水，溶于稀酸、稀碱					

稳定性和危险性	稳定性：稳定。
	危险性：遇明火、高热或与氧化剂接触，有引起燃烧的危险。受热分解放出易燃气体能与空气形成爆炸性混合物。粉体与空气可形成爆炸性混合物，当达到一定浓度时，遇火星会发生爆炸。

环境标准	前苏联　车间卫生标准　5 mg/m³

监测方法	气相色谱法

毒理学资料	本品对呼吸道有强烈刺激性，引起鼻炎、咽喉炎、肺炎和肺水肿。对呼吸道有致敏作用。眼直接接触可致灼伤。对皮肤有刺激性，引起皮肤红肿。口服强烈刺激皮肤长期反复接触引起干燥、皲裂、脱屑。 急性毒性：大鼠经口半数致死剂量（LD_{50}）：1 600 mg/kg。

安全防护措施	呼吸系统防护：佩戴防尘口罩。必要时佩戴防毒面具。 眼睛防护：戴安全防护眼镜。 防护服：穿相应的防护服。 手防护：戴防护手套。 其他：工作现场禁止吸烟、进食和饮水。工作后，淋浴更衣。注意个人清洁卫生。

应急措施	急救措施	皮肤接触：脱去污染的衣着，用肥皂水及清水彻底冲洗。 眼睛接触：立即提起眼睑，用流动清水或生理盐水冲洗至少15 min。就医。 吸入：迅速脱离现场至空气新鲜处。保持呼吸道能畅。呼吸困难时给输氧。呼吸停止时，立即进行人工呼吸。就医。 食入：误服者给饮大量温水，催吐，就医。
	泄漏处置	隔离泄漏污染区，周围设警告标志，切断火源。建议应急处理人员戴好防毒面具，穿一般消防防护服。使用无火花工具收集于干燥、洁净、有盖的容器中，运至废物处理场所。如果大量泄漏，用水打湿然后收容回收。
	消防方法	灭火剂：雾状水、泡沫、二氧化碳、干粉、沙土。

主要用途	主要用于制造各种合成树脂和黏合剂等，也用于制取熏蒸消毒剂、杀菌剂和杀虫剂。
事件信息	2011 年 5 月 10 日 15 时 39 分，位于衢州市高新园区内的浙江爱立德化工有限公司一个装有固体多聚甲醛的造粒塔装置起火，并不断有甲醛气体外泄，随时都有爆炸的危险，情况十分紧急。衢州市消防支队指挥中心接到报警后，先后调派了特勤、浙江安全生产应急救援巨化中心、柯城、衢江、战保等 5 个消防中队 12 辆消防车和支队全勤指挥车等 4 辆指挥车共 80 余名官兵前往现场救援，经过公安、消防、安监、环保、医疗等部门近 2.5 h 的协同奋勇战斗，成功扑灭了造粒塔内的大火，避免了一场恶性爆炸灾害事故的发生。是日 16 时许，特勤中队首先赶到现场，此时现场一座高达 40 余米高、直径达 6 m 的立式造粒塔顶部正喷出 2 m 多长的绿色火光，厂区内还有浓浓的多聚甲醛燃烧后所散发出的刺激性气体。通过与现场化工厂内的相关人员沟通，得知该装置内装载的是固体多聚甲醛，燃烧受热后分解出易燃气体能与空气形成爆炸性混合物，粉体与空气可形成爆炸性混合物，当达到一定浓度时，遇火星会发生爆炸，指挥员本着"救人第一"的原则，在要求官兵做好个人防护的基础上，指挥员果断命令官兵分成三个战斗组，一组对工厂内以及周边工厂内的 300 多名工人进行疏散，对周边围观的群众进行了劝离，并紧急在周边 200 m 范围内设立警戒线，防止无关人员和车辆进入事故现场；一组由特勤攻坚小组佩戴空气呼吸器进入工厂内开展侦察，找寻主要着火点；高喷车驾驶员将车停靠在着火装置上风方向出水对造粒塔进行冷却，为侦察小组成员掩护，其他人员寻找固定消火栓和其他水源，为高喷车供水。

102. 异丁烯：CAS 115-11-7

品名	异丁烯	别名	2-甲基丙烯		英文名	Isobutylene
理化性质	分子式	C₄H₈	分子量	56.11	熔　点	−140.3℃
	沸　点	−6.9℃	相对密度	（水=1）：0.67（−49℃）	蒸气压	131.52 kPa（0℃）
	外观性状	无色气体				
	溶解性	不溶于水，易溶于多数有机溶剂				

稳定性和危险性	稳定性：稳定。 危险性：本品易燃，具窒息性。
环境标准	前苏联车间空气最高容许浓度（mg/m³）：100
监测方法	气相色谱法
毒理学资料	急性毒性：大鼠吸入半数致死浓度（LC_{50}）：620 000 mg/m³，4 h。
安全防护措施	工程控制：生产过程密闭，全面通风。 呼吸系统防护：一般不需要特殊防护，高浓度接触时可佩戴自吸过滤式防毒面具（半面罩）。 眼睛防护：必要时，戴化学安全防护眼镜。 身体防护：穿防静电工作服。 手防护：戴一般作业防护手套。 其他防护：工作现场严禁吸烟。避免长期反复接触。进入罐、限制性空间或其他高浓度区作业，须有人监护。

应急措施	急救措施	吸入：迅速脱离现场至空气新鲜处。保持呼吸道通畅。如呼吸困难，给输氧。如呼吸停止，立即进行人工呼吸。就医。
	泄漏处置	应急处理：迅速撤离泄漏污染区人员至上风处，并进行隔离，严格限制出入。切断火源。建议应急处理人员戴自给正压式呼吸器，穿防静电工作服。尽可能切断泄漏源。用工业覆盖层或吸附/吸收剂盖住泄漏点附近的下水道等地方，防止气体进入。合理通风，加速扩散。喷雾状水稀释。如有可能，将漏出气用排风机送至空旷地方或装设适当喷头烧掉。漏气容器要妥善处理，修复、检验后再用。
	消防方法	切断气源。若不能切断气源，则不允许熄灭泄漏处的火焰。喷水冷却容器，可能的话将容器从火场移至空旷处。 灭火剂：雾状水、泡沫、二氧化碳、干粉。

主要用途	用于制合成橡胶和有机化工原料。
事件信息	2009 年 9 月 24 日，（湖南）岳阳市九华山的一化工厂（原岳阳磷肥厂内），一个 15 t 异丁烯储罐泄漏，引发火灾生爆炸事故。

103. 连二亚硫酸钠：CAS 7775-14-6

品名	连二亚硫酸钠	别名	保险粉		英文名	Sodium hyposulfite
理化性质	分子式	$Na_2S_2O_4$	分子量	174.107 1	熔点	300℃
	沸点	1 300℃	相对密度	2.13（25℃）	蒸气压	
	外观性状	白色砂状结晶或淡黄色粉末				
	溶解性	不溶于乙醇				
稳定性和危险性	稳定性：赤热时分解。 危险性：本品属自燃物品，具刺激性。					
环境标准	我国暂无相关标准。					
监测方法	连二亚硫酸钠溶液的无氧荧光滴定。					
毒理学资料	急性毒性：兔口服半数致死剂量（LD_{50}）：600～700 mg/kg； 急性中毒表现：本品对眼、呼吸道和皮肤有刺激性，接触后可引起头痛、恶心和呕吐。					
安全防护措施	工程控制：密闭操作，提供良好的通风条件。 呼吸系统防护：空气中浓度超标时，必须佩戴自吸过滤式防尘口罩。 眼睛防护：必要时，戴化学安全防护眼镜。 身体防护：穿一般作业防护衣。 手防护：戴一般作业防护手套。 其他防护：工作现场严禁吸烟。注意个人清洁卫生。					
应急措施	急救措施	皮肤接触：脱去污染的衣着，用肥皂水和清水彻底冲洗皮肤。 眼睛接触：提起眼睑，用流动清水或生理盐水冲洗。就医。 吸入：迅速脱离现场至空气新鲜处。保持呼吸道通畅。如呼吸困难，给输氧。如呼吸停止，立即进行人工呼吸。就医。 食入：饮足量温水，催吐。就医。				
	泄漏处置	隔离泄漏污染区，限制出入。切断火源。建议应急处理人员戴自给正压式呼吸器，穿化学防护服。不要直接接触泄漏物。 小量泄漏：避免扬尘，用洁净的铲子收集于干燥、洁净、有盖的容器中。 大量泄漏：用干石灰、沙或苏打灰覆盖，使用无火花工具收集回收或运至废物处理场所处置。				
	消防方法	尽可能将容器从火场移至空旷处。 灭火剂：干粉、二氧化碳、沙土。禁止用水。				

主要用途	印染工业中作还原剂，丝、毛的漂白，还用于医药、选矿、硫脲及其硫化物的合成等。
事件信息	2007 年 6 月 2 日 12 时 40 分，广州市花都区新华街美丽华漂染厂仓库存放的连二亚硫酸钠（$Na_2S_2O_4$，俗名保险粉，强还原剂）发生自燃火灾事故，火灾烧毁保险粉 25 t，过火面积 270 m^2，事故无造成人员伤亡，无疏散周边群众。 处置措施：一是组织消防官兵和工厂员工对火灾现场进行物资疏散，共疏散了保险粉 5 t；二是调集了 60 余吨散装水泥对火灾现场进行覆盖灭火救援，当日 21 时火势基本被控制。事故现场周边数千米范围比较空旷，火灾烟雾未对周边造成环境污染，无需对现场附近村民和工人进行疏散。

104．呋喃甲醛：CAS 98-01-1

品名	呋喃甲醛	别名		糠醛		英文名	Furfural
理化性质	分子式	$C_5H_4O_2$	分子量		96.09	熔　点	−36.5℃
	沸　点	161.1℃	相对密度		（水=1）：1.16	蒸气压	0.33 kPa（25℃）
	外观性状	无色至黄色液体，有杏仁样的气味					
	溶解性	微溶于冷水，溶于热水、乙醇、乙醚、苯					
稳定性和危险性	稳定性：稳定。 危险性：该品易燃，具强刺激性。遇明火有引起燃烧的危险。受高热分解放出有毒的气体。						
环境标准	前苏联车间空气最高容许浓度（mg/m^3）：10。						
监测方法	苯胺比色法《空气中有害物质的测定方法》（第二版），杭士平主编； 盐酸苯胺比色法；气相色谱法《食品卫生理化检验标准手册》中国标准出版社。						
毒理学资料	毒性：属中等毒类。 急性毒性：大鼠经口半数致死剂量（LD_{50}）：65 mg/kg； 大鼠吸入半数致死浓度（LC_{50}）：$153×10^{-6}$，4 h； 人经口 500 mg/kg 最小致死剂量。 亚急性和慢性毒性：狗吸入 507 mg/m^3，6 h/d，5 d/周，肝脂肪变性；人吸入 7.4～52.7 $mg/m^3 ×3$ 个月，发生黏膜刺激、结膜炎、流泪、头痛。 致突变性：微粒体突变：鼠伤寒沙门氏菌 7 µL/皿。细胞遗传学分析：仓鼠卵巢 2 500 µmol/L。						

安全防护措施	呼吸系统防护：可能接触其蒸气时，应该佩戴过滤式防毒面具（半面罩）。 眼睛防护：戴化学安全防护眼镜。 身体防护：穿防静电工作服。 手防护：戴防苯耐油手套。 其他：工作现场严禁吸烟、进食和饮水。工作完毕，沐浴更衣。保持良好的卫生习惯。	
应急措施	急救措施	皮肤接触：立即脱去污染的衣着，用肥皂水和清水彻底冲洗皮肤。就医。 眼睛接触：立即提起眼睑，用大量流动清水或生理盐水彻底冲洗至少 15 min。就医。 吸入：迅速脱离现场至空气新鲜处。保持呼吸道通畅。如呼吸困难，给输氧。如呼吸停止，立即进行人工呼吸。就医。 食入：饮足量温水，催吐。就医。
	泄漏处置	应急处理：迅速撤离泄漏污染区人员至安全区，并进行隔离，严格限制出入。切断火源。建议应急处理人员戴自给正压式呼吸器，穿防静电工作服。尽可能切断泄漏源。防止流入下水道、排洪沟等限制性空间。 小量泄漏：用沙土、干燥石灰或苏打灰混合。也可以用大量水冲洗，洗水稀释后放入废水系统。 大量泄漏：构筑围堤或挖坑收容。喷雾状水冷却和稀释蒸气、保护现场人员、把泄漏物稀释成不燃物。用防爆泵转移至槽车或专用收集器内，回收或运至废物处理场所处置。
	消防方法	用水灭火无效，但可用水保持火场中容器冷却。 灭火剂：雾状水、泡沫、干粉、二氧化碳、沙土。
主要用途		糠醛是制备许多药物和工业产品的原料，呋喃经电解还原，还可制成丁二醛，为生产药物阿托品的原料。糠醛的一些衍生物具有很强的杀菌能力，抑菌谱相当宽广。
事件信息		2011 年 8 月 15 日上午，一辆挂有内蒙古车牌的槽罐车，在陕西省靖边拉载 20 多吨糠醛准备运往宝鸡，在途经包茂高速公路下行线 719 km+100 m 处时发生泄漏。事故发生后，铜川市和宜君县两级安监、环保、公安、消防等部门，以及铜川市高交大队及宜君县政府等单位干部及附近群众上百人迅速赶赴现场处置。下午 2 时左右，涉事车辆被拖往包茂高速下行线宜君服务区内开始进行倒罐作业。宜君县及环保部门在事发地附近设置晾晒场等，引流高速路面上雨水混有糠醛的流水，后将废水运往污水处理厂分解处理。

105．邻苯二甲酸二辛酯：CAS 117-84-0

品名	邻苯二甲酸二辛酯	别名	邻苯二甲酸二正辛酯	英文名	Dioctyl phthalate
理化性质	分子式	$C_{24}H_{38}O_4$	分子量	390.56	熔点	−40℃
	沸点	340℃	相对密度	0.98（25℃）	蒸气压	0.027 kPa（25.9℃）
	外观性状	淡黄色油状液体，稍有气味				
	溶解性	不溶于水，可混溶于多数有机溶剂				
稳定性和危险性	稳定性：常温常压下稳定，避免与强氧化剂接触。危险性：可燃，具刺激性。					
环境标准	中国污水综合排放标准（mg/L） 一级：0.3；二级：0.6；三级：2.0					
监测方法	高效液相色谱法					
毒理学资料	急性毒性：小鼠经口半数致死剂量（LD_{50}）：＞13 000 mg/kg；急性中毒表现：摄入有毒。对眼睛和皮肤有刺激作用。受热分解释放出腐蚀性、刺激性的烟雾。					
安全防护措施	工程控制：密闭操作，局部排风。呼吸系统防护：空气中浓度超标时，必须佩戴自吸过滤式防毒面具（半面罩）。紧急事态抢救或撤离时，应该佩戴空气呼吸器。眼睛防护：戴化学安全防护眼镜。身体防护：穿防毒物渗透工作服。手防护：戴橡胶手套。其他防护：工作场所禁止吸烟、进食和饮水，饭前要洗手。工作完毕，淋浴更衣。保持良好的卫生习惯。					

应急措施	急救措施	皮肤接触：脱去污染的衣着，用大量流动清水冲洗。 眼睛接触：提起眼睑，用流动清水或生理盐水冲洗。就医。 吸入：迅速脱离现场至空气新鲜处。保持呼吸道通畅。如呼吸困难，给输氧。如呼吸停止，立即进行人工呼吸。就医。 食入：饮足量温水，催吐。就医。
	泄漏处置	迅速撤离泄漏污染区人员至安全区，并进行隔离，严格限制出入。切断火源。建议应急处理人员戴自给式呼吸器，穿一般作业工作服。不要直接接触泄漏物。尽可能切断泄漏源。防止流入下水道、排洪沟等限制性空间。 小量泄漏：用沙土、蛭石或其他惰性材料吸收。 大量泄漏：构筑围堤或挖坑收容。用泵转移至槽车或专用收集器内，回收或运至废物处理场所处置。
	消防方法	消防人员须佩戴防毒面具、穿全身消防服，在上风向灭火。尽可能将容器从火场移至空旷处。喷水保持火场容器冷却，直至灭火结束。处在火场中的容器若已变色或从安全泄压装置中产生声音，必须马上撤离。 灭火剂：雾状水、泡沫、干粉、二氧化碳、沙土。不宜用水。
主要用途		用作增塑剂、溶剂、气相色谱固定液。
事件信息		2010 年 11 月 24 日 7 时 30 分左右，福建泉州市 324 国道金冠加油站处一辆装有 10 t 邻苯二甲酸二辛酯的油罐车与一辆货车相撞，造成油罐车内的邻苯二甲酸二辛酯大量泄漏，接到报警后，泉港消防立即赶赴现场，对现场进行警戒隔离，切断附近火源，严格限制出入，并对罐体进行堵漏，防治油品再次泄漏，接着组织村民对流入水体的油品进行清除，堵截油品流入田地和生活水源，同时用沙土对路面上残留油品进行吸附，经过 1.5 h，成功处置该起油脂泄漏事故。

106. 邻氟硝基苯：CAS 1493-27-2

品名	邻氟硝基苯	别名		英文名	1-Fluoro-2-nitrobenzene
分子式	$C_6H_4FNO_2$	分子量	141	沸点	116℃
简介	淡黄色透明液体。 用作农药、医药及染料中间体。			熔点	−8℃
事件信息	2006 年 7 月 2 日，临海园区浙江永太化工有限公司邻氟硝基苯中间体在蒸馏过程中，发生了冷却水泵故障，厂方认为蒸馏釜内残留物不多并确认生产停止后安全的情况下，切断了加热装置，釜内残留的邻氟硝基苯遇空气分解而引发爆炸，引发堆放在车间旁边约 3 t 蒸馏下脚料和溶剂燃烧。 　　处置措施：一是立即关闭雨水管与外界联系管道，启用 100 t 应急处理池进行收集，进入应急处理池的废水进污水处理设施达标后排放，散落在地面的废物收集后送有资质单位处理；二是进行现场大气监测。此次环境事件消防污水没有进入外界环境，事故未造成大气污染。				

107. 1-辛醇：CAS 111-87-5

品名	1-辛醇	别名		正辛醇	英文名	Octanol
理化性质	分子式	$C_8H_{18}O$	分子量	130.23	熔　点	−16.7℃
	沸　点	196℃	相对密度	（水=1）：0.83	蒸气压	0.13 kPa（54℃）
	外观性状	无色油状液体，有刺激性气味				
	溶解性	不溶于水，溶于乙醇、乙醚、氯仿				
稳定性和危险性	稳定性：稳定。 危险性：可燃，具刺激性。遇明火、高热可燃。					
毒理学资料	该品对眼睛、皮肤、黏膜和上呼吸道有刺激作用。					
安全防护措施	操作注意事项：密闭操作，全面通风。操作人员必须经过专门培训，严格遵守操作规程。建议操作人员佩戴自吸过滤式防毒面具（半面罩），戴化学安全防护眼镜，穿防毒物渗透工作服，戴橡胶手套。远离火种、热源，工作场所严禁吸烟。使用防爆型的通风系统和设备。防止蒸气泄漏到工作场所空气中。避免与氧化剂、酸类接触。搬运时要轻装轻卸，防止包装及容器损坏。配备相应品种和数量的消防器材及泄漏应急处理设备。倒空的容器可能残留有害物。					
应急措施	急救措施	皮肤接触：脱去污染的衣着，用大量流动清水冲洗。 眼睛接触：提起眼睑，用流动清水或生理盐水冲洗。就医。 吸入：脱离现场至空气新鲜处。如呼吸困难，给输氧。就医。 食入：饮足量温水，催吐。就医。				
	泄漏处置	应急处理：迅速撤离泄漏污染区人员至安全区，并进行隔离，严格限制出入。切断火源。建议应急处理人员戴自给正压式呼吸器，穿防毒服。尽可能切断泄漏源。防止流入下水道、排洪沟等限制性空间。 小量泄漏：用沙土、蛭石或其他惰性材料吸收。也可以用不燃性分散剂制成的乳液刷洗，洗液稀释后放入废水系统。 大量泄漏：构筑围堤或挖坑收容。用泵转移至槽车或专用收集器内，回收或运至废物处理场所处置。				
	消防方法	消防人员须佩戴防毒面具、穿全身消防服，在上风向灭火。尽可能将容器从火场移至空旷处。喷水保持火场容器冷却，直至灭火结束。处在火场中的容器若已变色或从安全泄压装置中产生声音，必须马上撤离。 灭火剂：雾状水、泡沫、干粉、二氧化碳、沙土。				
主要用途	主要用于生产增塑剂、萃取剂、稳定剂，用作溶剂和香料的中间体。					

事件信息	2007年6月21日6时30分左右扬溧高速镇江段发生一起重大交通事故，两车追尾后造成槽罐车上一人死亡，货车上的驾驶员受伤，槽罐车上29 t正辛醇全部泄漏，当地村民在事故发生后立即筑坝阻拦污水，扬溧高速交警大队、镇江消防支队、高速公路管理处、镇江市环保局等部门先后赶到现场维护交通秩序和进行现场处置，对现场实施警戒和对罐体进行监护，环保部门部署人员对附近的3个河塘进行了封堵隔断，对河水进行了取样分析，对遭到污染的第一和第二河塘进行了无害化吸收处理。

108. 尿素：CAS 57-13-6

品名	尿素		别名	碳酰二胺、碳酰胺、脲	英文名	Carbamide
理化性质	分子式	CH_4N_2O		分子量	60.06	熔点	132.7℃
	相对密度	（水=1）：1.335		溶解度（g/100 mL）	108 g/20℃；167 g/40℃；251 g/60℃；400 g/80℃；733 g/100℃		
	外观性状	白色结晶或粉末，有氨的气味					
	溶解性	溶于水、甲醇、乙醇，微溶于乙醚、氯仿、苯					
稳定性和危险性	危险性：遇明火、高热可燃。与次氯酸钠、次氯酸钙反应生成有爆炸性的三氯化氮。受高热分解放出有毒的气体。						
环境标准	中国　工作场所时间加权平均容许浓度　5mg/m³；中国　工作场所短时间接触容许浓度　10 mg/m³。						
毒理学资料	健康危害：本品属微毒类。对眼睛、皮肤和黏膜有刺激作用。急性毒性：大鼠经口半数致死剂量（LD₅₀）：14 300 mg/kg 半数致死浓度（LC₅₀）：无资料						
应急措施	急救措施	皮肤接触：脱去污染的衣着，用大量流动清水冲洗。眼睛接触：提起眼睑，用流动清水或生理盐水冲洗。就医。吸入：迅速脱离现场至空气新鲜处。保持呼吸道通畅。如呼吸困难，给输氧。如呼吸停止，立即进行人工呼吸。就医。食入：饮足量温水，催吐。就医。					
	泄漏处置	隔离泄漏污染区，限制出入。建议应急处理人员戴防尘口罩，穿一般作业工作服。不要直接接触泄漏物。小量泄漏：小心扫起，置于袋中转移至安全场所。大量泄漏：收集回收或运至废物处理场所处置。					
	消防方法	消防人员必须穿全身防火防毒服，在上风向灭火。灭火时尽可能将容器从火场移至空旷处。然后根据着火原因选择适当灭火剂灭火。					
主要用途	用作肥料、动物饲料、炸药、稳定剂和制脲醛树脂的原料等。						

LD_{50}: 14 300 mg/kg

事件信息	2009 年在 7 月 11 日，江苏灵谷化工有限公司试产过程中，由于二氧化碳和氨气配比不平衡，合成塔内压力增高，自动泄压系统打开，泄压二氧化碳时带出少量液态尿素，泄漏量约为 1.8 t，受影响区域呈带状，长约 3 km，平均宽度约 200 m。由于企业位于工业园区，周边农户已搬迁，仅有部分杂草和邵谈村 4 户农户作物出现枯黄现象，附近两家企业厂区环境受到一定影响。泄漏点尿素由该厂自行清扫处理完毕，宜兴市环保局要求灵谷化工有限公司立即停止试生产，同时配合当地政府积极做好周边企业和群众的安抚、补偿工作。

109. 环己烷：CAS 110-82-7

品名	环己烷	别名	六氢化苯		英文名	Cyclohexane
理化性质	分子式	C_6H_{12}	分子量	84.16	熔点	6.5℃
	沸点	80.7℃	相对密度	（水=1）：0.78	蒸气压	13.098 kPa（25℃）
	外观性状	无色液体，有刺激性气味				
	溶解性	不溶于水，溶于乙醇、乙醚、苯、丙酮等多数有机溶剂				
稳定性和危险性	稳定性：稳定。 危险性：该品极度易燃。					
环境标准	中国车间空气最高容许浓度（mg/m³）：100 前苏联车间空气最高容许浓度（mg/m³）：80					
监测方法	气相色谱法					
毒理学资料	毒性：属低毒类。有刺激和麻醉作用。 急性毒性：大鼠经口半数致死剂量（LD$_{50}$）：12 705 mg/kg。 刺激性：家兔经皮：1 548 mg（2 d），间歇，皮肤刺激。 亚急性和慢性毒性：家兔分别吸入 65 g/m³，6 h/d，2 周；44 g/m³，6 h/d，2 周；32 g/m³，6 h/d，5 周；分别出现 3/4、1/4、3/4 死亡。表现有足爪节律性痉挛、麻醉、暂时轻瘫、流涎、结膜刺激等症状。 致突变性：DNA 损伤：大肠杆菌 10 μmol/L。					

安全防护措施		密闭操作，全面通风。操作人员必须经过专门培训，严格遵守操作规程。建议操作人员佩戴自吸过滤式防毒面具（半面罩），戴安全防护眼镜，穿防静电工作服，戴橡胶耐油手套。远离火种、热源，工作场所严禁吸烟。使用防爆型的通风系统和设备。防止蒸气泄漏到工作场所空气中。避免与氧化剂接触。灌装时应控制流速，且有接地装置，防止静电积聚。搬运时要轻装轻卸，防止包装及容器损坏。配备相应品种和数量的消防器材及泄漏应急处理设备。倒空的容器可能残留有害物。
应急措施	**急救措施**	皮肤接触：脱去污染的衣着，用肥皂水和清水彻底冲洗皮肤。 眼睛接触：提起眼睑，用流动清水或生理盐水冲洗。就医。 吸入：迅速脱离现场至空气新鲜处。保持呼吸道通畅。如呼吸困难，给输氧。如呼吸停止，立即进行人工呼吸。就医。 食入：饮足量温水，催吐。就医。
	泄漏处置	应急处理：迅速撤离泄漏污染区人员至安全区，并进行隔离，严格限制出入。切断火源。建议应急处理人员戴自给正压式呼吸器，穿防静电工作服。尽可能切断泄漏源。防止流入下水道、排洪沟等限制性空间。 小量泄漏：用活性炭或其他惰性材料吸收。也可以用不燃性分散剂制成的乳液刷洗，洗液稀释后放入废水系统。 大量泄漏：构筑围堤或挖坑收容。用泡沫覆盖，降低蒸气灾害。用防爆泵转移至槽车或专用收集器内，回收或运至废物处理场所处置。
	消防方法	喷水冷却容器，可能的话将容器从火场移至空旷处。处在火场中的容器若已变色或从安全泄压装置中产生声音，必须马上撤离。 灭火剂：泡沫、二氧化碳、干粉、沙土。用水灭火无效。
主要用途		一般用作一般溶剂、色谱分析标准物质及用于有机合成，可在树脂、涂料、脂肪、石蜡油类中应用，还可制备环己醇和环己酮等有机物。
事件信息		2011 年 5 月 2 日，巨化集团公司锦纶厂环己酮车间发生了燃烧事故，起火物为生产环己酮的原料环己烷，环己酮车间的环己烷管道泄漏遇热起火。火场指挥部利用厂区固定和消防车移动水炮在四个方向设立水枪阵地进行打压火势，同时最大限度地冷却燃烧的氧化烷塔西面，保护储存槽罐。由于槽罐泄漏压力巨大，并喷的环己烷气体引发了更大的火势，失火的罐体在高温下已经熔化，一度引发爆炸危险。指挥部果断调集衢州江山、龙游、常山、开化 4 个县市消防大队的重型水罐车和泡沫液前往增援。对阀门关闭后遗留在管道内的环己烷进行有序引燃，事故没有造成人员伤亡。

110. 环己酮：CAS 674-82-8

品名	环己酮	别名			英文名	Cyclohexanone
理化性质	分子式	$C_6H_{10}O$	分子量	98.14	熔点	−45℃
	沸点	115.6℃	相对密度	（水=1）：0.95 （空气=1）：3.38	蒸气压	1.33 kPa/38.7℃
	外观性状	无色或浅黄色透明液体，有强烈的刺激性臭味			闪点	43℃
	溶解性	微溶于水，可混溶于醇、醚、苯、丙酮等多数有机溶剂				

稳定性和危险性	稳定性：稳定。 危险性：易燃，遇高热、明火有引起燃烧的危险。与氧化剂接触会猛烈反应。若遇高热，容器内压增大，有开裂和爆炸的危险。 燃烧（分解）产物：一氧化碳、二氧化碳。

环境标准	中国　工作场所时间加权平均容许浓度　50mg/m³； 前苏联（1975）居民区大气中有害物最大允许浓度 0.04 mg/m³（最大值，昼夜均值）； 前苏联（1975）污水排放标准 50 mg/L；PC-TWA：50mg/m³； 嗅觉阈浓度　0.24 mg/m³。

毒理学资料	侵入途径：吸入、食入、经皮吸收。 健康危害：本品具有麻醉和刺激作用。液体对皮肤有刺激性；眼接触有可能造成角膜损害。慢性影响：长期反复接触可致皮炎。 毒性：属低毒类。 急性毒性：大鼠经口半数致死剂量（LD_{50}）：1 535 mg/kg； 　　　　　兔经皮半数致死剂量（LD_{50}）：948 mg/kg； 　　　　　大鼠吸入半数致死浓度（LC_{50}）：32 080 mg/m³，4 h； 人吸入 300 mg/m³，对眼、鼻、喉黏膜刺激；人吸入 200 mg/m³，感觉到气味；人吸入 50 mg/m³，最小中毒浓度。 刺激性：人经眼：$75×10^{-6}$，引起刺激。家兔经皮开放性刺激试验：500 mg，轻度刺激。 亚急性和慢性毒性：家兔吸入 12.39 g/m³，6 h/d，3 周，4 只中 2 只死亡；5.68 g/m³，10 周，轻微黏膜刺激。 致突变性：微粒体诱变：鼠伤寒沙门氏菌 20 μL/L。细胞遗传学分析：人淋巴细胞 5 μL/L。 生殖毒性：大鼠吸入最低中毒浓度（TC_{Lo}）：105 mg/m³，4 h（孕 1～20 d 用药），致植入前的死亡率升高。小鼠经口最低中毒剂量（TD_{Lo}）：11 g/kg（孕 8～12 d 用药），影响新生鼠的生长统计（如体重增长的减少）。 致癌性：IARC 致癌性评论：动物可疑阳性。

应急措施	急救措施	皮肤接触：脱去被污染的衣着，用肥皂水和清水彻底冲洗皮肤。 眼睛接触：立即提起眼睑，用大量流动清水或生理盐水彻底冲洗至少 15 min。就医。 吸入：迅速脱离现场至空气新鲜处。保持呼吸道通畅。如呼吸困难，给输氧。如呼吸停止，立即进行人工呼吸。就医。 食入：饮足量温水，催吐，就医。
	泄漏处置	迅速撤离泄漏污染区人员至安全区，并进行隔离，严格限制出入。切断火源。建议应急处理人员戴自给正压式呼吸器，穿消防防护服。尽可能切断泄漏源，防止进入下水道、排洪沟等限制性空间。 小量泄漏：用沙土或其他不燃性材料吸附或吸收。也可以用大量水冲洗，洗水稀释后放入废水系统。 大量泄漏：构筑围堤或挖坑收容；用泡沫覆盖，降低蒸气灾害。用防爆泵转移至槽车或专用收集器内，回收或运至废物处理场所处置。
	消防方法	喷水冷却容器，可能的话将容器从火场移至空旷处。 灭火剂：泡沫、二氧化碳、干粉、沙土。
主要用途		主要用于制造己内酰胺和己二酸，也是优良的溶剂。
事件信息		2009 年 8 月 11 日 22 时 15 分，一载有 58 桶（每桶大约 180 kg）环己酮的货车在山东省新泰市境内新安路官桥因交通事故翻入公路北侧路基下，6 桶环己酮发生泄漏（每桶泄漏约 100 kg），附近居民被疏散。泄漏的环己酮没有流入附近水体，部分渗入到路基北侧的土壤中，对土壤造成一定污染。

111. 环氧乙烷：CAS 75-21-8

品名	环氧乙烷	别名	氧化乙烯；氧丙环；恶烷	英文名	Epoxyethane
理化性质	分子式	CH₂CH₂O	分子量	44.05	熔点	−112.2℃
	沸点	10.4℃	相对密度	（水=1）：0.87 （空气=1）：1.52	蒸气压	145.91 kPa/20℃
	外观性状	无色气体			闪点	<−17.8℃/开杯
	溶解性	易溶于水、多数有机溶剂				
稳定性和危险性	稳定性：不稳定。 危险性：其蒸气能与空气形成范围广阔的爆炸性混合物。遇热源和明火有燃烧爆炸的危险。若遇高热可发生剧烈分解，引起容器破裂或爆炸事故。接触碱金属、氢氧化物或高活性催化剂如铁、锡和铝的无水氯化物及铁和铝的氧化物可大量放热，并可能引起爆炸。其中蒸气比空气重，能在较低处扩散到相当远的地方，遇明火会引着回燃。 燃烧（分解）产物：一氧化碳、二氧化碳。					

环境标准	中国 工作场所时间加权平均容许浓度 $2mg/m^3$； 前苏联（1975）居民区大气中有害物最大允许浓度 $0.03\ mg/m^3$（昼夜均值）。
毒理学资料	侵入途径：吸入、经皮吸收。 健康危害：是一种中枢神经抑制剂、刺激剂和原浆毒物。 急性中毒：患者有剧烈的搏动性头痛、头晕、恶心和呕吐、流泪、呛咳、胸闷、呼吸困难；重者全身肌肉颤动、言语障碍、共济失调、出汗、神志不清，以致昏迷。尚可见心肌损害和肝功能异常。抢救恢复后可有短暂精神失常、迟发性功能性失音或中枢性偏瘫。皮肤接触迅速发生红肿，数小时后起疱，反复接触可致敏。液体溅入眼内，可致角膜灼伤。 慢性影响：长期少量接触，可见有神经衰弱综合征和植物神经功能紊乱。 毒性：属中等毒类。 急性毒性：大鼠经口半数致死剂量（LD_{50}）：330 mg/kg； 　　　　　大鼠吸入半数致死浓度（LC_{50}）：$2\ 631.6\ mg/m^3 \times 4\ h$； 人吸入 $250 \times 10^{-6} \times 60\ min$，严重中毒；人吸入 100×10^{-6}，出现有害症状；人吸入 $>10 \times 10^{-6}$，不安全。 刺激性：家兔经眼：18 mg（6 h），中度刺激。人经皮：1%，7 s，皮肤刺激。 亚急性和慢性毒性：大鼠吸入 $0.64\ g/m^3$，7 h/次，7 次后出现继发性肺感染，引起死亡。而小鼠出现中度体重降低，严重肺损害。 致突变性：微粒体诱变：鼠伤寒沙门氏菌 20×10^{-6}，微生物致突变：啤酒酵母菌 25 mmol/L。姐妹染色单体交换：人淋巴细胞 4×10^{-6}。 生殖毒性：大鼠吸入最低中毒浓度（TC_{Lo}）：$3600\ \mu g/m^3$，24 h（60 d，雄性），影响睾丸、附睾和输精管。致植入前的死亡率升高。大鼠吸入最低中毒浓度（TC_{Lo}）：150×10^{-6}（7 h，孕 7～16 d 用药），致胚胎毒性，致颅面部发育异常，致肌肉骨骼发育异常。 致癌性：IARC 致癌性评论：人类致癌物。
应急措施	**急救措施** 皮肤接触：立即脱去被污染的衣着，用大量流动清水冲洗，至少 15 min。就医。 眼睛接触：立即提起眼睑，用大量流动清水或生理盐水彻底冲洗至少 15 min。就医。 吸入：迅速脱离现场至空气新鲜处。保持呼吸道通畅。如呼吸困难，给输氧。如呼吸心跳停止时，立即进行人工呼吸和胸外心脏按压术。 食入：误服者立即漱口，饮牛奶或蛋清。就医。

应急措施	泄漏处置	迅速撤离泄漏污染区人员至上风处，并立即隔离150 m，严格限制出入。切断火源。建议应急处理人员戴自给正压式呼吸器，穿消防防护服。尽可能切断泄漏源。用工业覆盖层或吸附/吸收剂盖住泄漏点附近的下水道等地方，防止气体进入。合理通风，加速扩散。喷雾状水稀释、溶解。构筑围堤或挖坑收容产生的大量废水。如有可能，将漏出气用排风机送至空旷地方或装设适当喷头烧掉。漏气容器要妥善处理，修复、检验后再用。 废弃物处置方法：不含过氧化物的废料液经浓缩后，在控制的速度下燃烧。含过氧化物的废料经浓缩后，在安全距离外敞口燃烧。
	消防方法	切断气源。若不能立即切断气源，则不允许熄灭正在燃烧的气体。喷水冷却容器，可能的话将容器从火场移至空旷处。 灭火剂：雾状水、抗溶性泡沫、干粉、二氧化碳。
主要用途		用于制造乙二醇、表面活性剂、洗涤剂、增塑剂以及树脂等。
事件信息		2006年5月10日，位于北京市丰台区五间楼的北京惠鼎皮业有限公司院内进行施工时，于地下2 m处一废弃防空洞中发现11个环氧乙烷钢瓶。钢瓶表面已严重锈蚀，随时都有泄漏的危险。经有关专家研究后，请求部队支持，采取爆破方式进行处理。

112. 环氧丙烷：CAS 75-56-9

品名	环氧丙烷	别名	氧化丙烯、甲基环氧乙烷		英文名	Propylene oxide
理化性质	分子式	C_3H_6O	分子量	58.08	熔　点	-112 ℃
	沸　点	34℃	相对密度	（水=1）：0.830	蒸气压	75.86 kPa（25℃）
	外观性状	无色透明液体，具有类似醚类气味				
	溶解性	溶于水，与丙酮、四氯化碳、乙醚、甲醇、乙醇等多种溶剂互溶				
稳定性和危险性	稳定性：环氧丙烷化学性质活泼，易开环聚合，可与水、氨、醇、二氧化碳等反应，生成相应的化合物或聚合物。在含有两个以上活泼氢的化合物上聚合，生成的聚合物通称聚醚多元醇。 危险性：环氧丙烷产品是易燃品。					
环境标准	TLV-TWA（mg/m^3）：2×10^{-6}； PC-TWA（mg/m^3）：5。					
监测方法	直接进样-气相色谱法。					

毒理学资料		急性毒性： 大鼠经口半数致死剂量（LD$_{50}$）：380 mg/kg， 小鼠经口半数致死剂量（LD$_{50}$）：440 mg/kg， 大鼠吸入半数致死浓度（LC$_{50}$）：$4\ 000 \times 10^{-6}$ mg/m^3，4 h， 小鼠吸入半数致死浓度（LC$_{50}$）：4 127 mg/m^3，4 h。 家兔经皮：50 mg，6 min，重度刺激；415 mg 开放试验，中度刺激 家兔经眼：20 mg，2 h，中度刺激 亚急性与慢性毒性：0.3 g/kg 灌胃，每周 5 次，18 次，大鼠体重减轻，出现胃刺激和肝脏损害。 致突变性：微生物致突变：鼠伤寒沙门氏菌 350 μg/皿。DNA 损伤：大肠杆菌 1 μmol/L。显性致死实验：大鼠吸入 300×10^{-6}，5 d（间歇）。细胞遗传学分析：人淋巴细胞 1 850 μg/L。姐妹染色单体交换：人淋巴细胞 25 000 mg/L。 致畸性：大鼠孕后 7～16 d 吸入最低中毒剂量（TC$_{Lo}$）500×10^{-6}，7h，致肌肉骨骼系统、颅面部（包括鼻、舌）发育畸形。
安全防护措施		工程控制：生产过程密闭，全面通风。提供安全淋浴和洗眼设备。 呼吸系统防护：可能接触其蒸气时，佩戴过滤式防毒面具（全面罩）。 眼睛防护：呼吸系统防护中已做防护。 身体防护：穿防静电工作服。 手防护：戴橡胶耐油手套。 其他：工作现场严禁吸烟。工作完毕，淋浴更衣。注意个人清洁卫生。
应急措施	急救措施	皮肤接触：立即脱去污染的衣着，用大量流动清水冲洗 20～30 min。如有不适感，就医。 眼睛接触：立即提起眼睑，用大量流动清水或生理盐水彻底冲洗 10～15 min。如有不适感，就医。 吸入：迅速脱离现场至空气新鲜处。保持呼吸道通畅。如呼吸困难，给输氧。呼吸、心跳停止，立即进行心肺复苏术。就医。 食入：用水漱口，给饮牛奶或蛋清。就医。
	泄漏处置	消除所有点火源。根据液体流动和蒸气扩散的影响区域划定警戒区，无关人员从侧风、上风向撤离至安全区。建议应急处理人员戴正压自给式呼吸器，穿防毒、防静电服。作业时使用的所有设备应接地。禁止接触或跨越泄漏物。尽可能切断泄漏源。防止泄漏物进入水体、下水道、地下室或密闭性空间。 小量泄漏：用沙土或其他不燃材料吸收。使用洁净的无火花工具收集吸收材料。 大量泄漏：构筑围堤或挖坑收容。用飞尘或石灰粉吸收大量液体。用抗溶性泡沫覆盖，减少蒸发。喷水雾能减少蒸发，但不能降低泄漏物在受限制空间内的易燃性。用防爆泵转移至槽车或专用收集器内。喷雾状水驱散蒸气、稀释液体泄漏物。
	消防方法	消防人员须佩戴防毒面具、穿全身消防服，在上风向灭火。尽可能将容器从火场移至空旷处。喷水保持火场容器冷却，直至灭火结束。处在火场中的容器若已变色或从安全泄压装置中产生声音，必须马上撤离。 灭火剂：抗溶性泡沫、二氧化碳、干粉、沙土。

主要用途	环氧丙烷（PO）是除聚丙烯和丙烯腈外的第三大丙烯衍生物，是重要的基本有机化工合成原料，主要用于生产聚醚、丙二醇等。它也是第四代洗涤剂非离子表面活性剂、油田破乳剂、农药乳化剂等的主要原料。环氧丙烷的衍生物广泛用于汽车、建筑、食品、烟草、医药及化妆品等行业。已生产的下游产品近百种，是精细化工产品的重要原料。
事件信息	1. 2009 年 9 月 21 日 13 时 45 分许，滨博高速淄川区路段博山方向 7 km 处发生一起化危品槽车追尾事故，27 t 装满环氧丙烷槽车被撞得车身多处发生泄漏，并引起燃烧，在接到报警后，淄川区公安消防大队立即出动两辆水罐消防车、两辆泡沫消防车和 19 名官兵赶赴事故现场，指挥员命令检测小组利用有毒气体探测仪、可燃气体检测仪对事故现场气体浓度、扩散范围和污染情况进行动态监测；利用气象仪测定风向、风速等气象数据。依据《化学灾害事故处置辅助决策系统》进行评估，根据询情、侦检情况确定警戒区域、将警戒区域划分为危险区和安全区、设立警戒标志，在安全区外视情况设立隔离带、合理设置出入口，严格控制进出人员、同时组织高速公路路政、交警、派出所民警立即对周围车辆进行疏散。因环氧丙烷轻于水，指挥员果断命令，确定了攻防路线、阵地，在上风方向出一支泡沫枪利用抗溶性泡沫进行覆盖灭火，同时出两支水枪对环氧丙烷槽车和丁二醇槽罐进行冷却降温，防止发生爆炸。根据现场侦察，槽罐内还有少部分环氧丙烷，指挥部立即决定，打开环氧丙烷槽罐上方密封口盖，利用雾状水进行清洗，防止残留环氧丙烷再次发生爆炸。15 时 48 分，现场警戒解除。 2. 2007 年 8 月 30 日凌晨 3 时 02 分许，河北廊坊廊大路大王务乡南 300 m 路段一辆满载环氧丙烷的斯泰尔重型危险物品运输车与一辆福田小型货车相撞，事故造成大量环氧丙烷泄漏，处置现场根据化学危险品处置程序，迅速成立警戒组和堵漏组，在现场 500 m 范围内设置警戒，由于泄漏点经撞击后呈不规则三角形敞口，无法实施有效堵漏，因此现场决定采取清罐排液，并稀释监护的方式进行处置。在泄漏点出一支喷雾水枪对泄漏液体和路面进行稀释，一支喷雾水枪对罐体进行冷却同时稀释地面流淌液体。40 min 后，槽车内承载的 27 t 环氧丙烷液体全部泄完，并向罐体内注水，将罐内剩余液体清理排出。为防止泄漏的环氧丙烷污染附近村庄水源和农作物，官兵们又用水枪对路面和泄漏区外 350 m 的范围进行了洗消。

113. 环氧氯丙烷：CAS 106-89-8

品名	环氧氯丙烷	别名		3-氯-1,2-环氧丙烷		英文名	Epichlorohydrin
理化性质	分子式	C_3H_5ClO	分子量		92.52	熔 点	−25.6℃
	沸 点	117.9℃	相对密度	（水=1）：1.18（20℃）；（空气=1）：3.29		蒸气压	1.8 kPa（20℃）
	外观性状	无色油状液体，有氯仿样刺激气味					
	溶解性	微溶于水，可混溶于醇、醚、四氯化碳、苯					
稳定性和危险性	稳定性：稳定。						
	危险性：其蒸气与空气可形成爆炸性混合物。遇明火、高温能引起分解爆炸和燃烧。若遇高热可发生剧烈分解，引起容器破裂或爆炸事故。						
	有害燃烧产物：一氧化碳、二氧化碳、氯化氢。						
环境标准	中国　工作场所时间加权平均容许浓度　　1 mg/m³；						
	中国　工作场所短时间接触容许浓度　　2 mg/m³。						
毒理学资料	侵入途径：吸入、食入、经皮吸收。						
	健康危害：蒸气对呼吸道有强烈刺激性。反复和长时间吸入能引起肺、肝和肾损害。高浓度吸入致中枢神经系统抑制，可致死。蒸气对眼有强烈刺激性，液体可致眼灼伤。皮肤直接接触液体可致灼伤。口服引起肝、肾损害，可致死。						
	慢性中毒：长期少量吸入可出现神经衰弱综合征和周围神经病变。						
	急性毒性：大鼠经口半数致死剂量（LD_{50}）：90 mg/kg；						
	小鼠经口半数致死剂量（LD_{50}）：238 mg/kg；						
	兔经皮半数致死剂量（LD_{50}）：1 500 mg/kg；						
	大鼠吸入半数致死浓度（LC_{50}）：500×10⁻⁶，4 h。						
应急措施	急救措施	皮肤接触：立即脱去污染的衣着，用大量流动清水冲洗至少15 min。就医。					
		眼睛接触：立即提起眼睑，用大量流动清水或生理盐水彻底冲洗至少15 min。就医。					
		吸入：迅速脱离现场至空气新鲜处。保持呼吸道通畅。如呼吸困难，给输氧。如呼吸停止，立即进行人工呼吸。就医。					
		食入：饮足量温水，催吐。洗胃，导泻。就医。					
	泄漏处置	迅速撤离泄漏污染区人员至安全区，并进行隔离，严格限制出入。切断火源。建议应急处理人员戴自给正压式呼吸器，穿防毒服。尽可能切断泄漏源。防止流入下水道、排洪沟等限制性空间。小量泄漏：用沙土、蛭石或其他惰性材料吸收。					
		大量泄漏：构筑围堤或挖坑收容。用泵转移至槽车或专用收集器内，回收或运至废物处理场所处置。					

应急措施	消防方法	消防人员必须佩戴过滤式防毒面具（全面罩）或隔离式呼吸器、穿全身防火防毒服，在上风向灭火。尽可能将容器从火场移至空旷处。喷水保持火场容器冷却，直至灭火结束。处在火场中的容器若已变色或从安全泄压装置中产生声音，必须马上撤离。 灭火剂：雾状水、泡沫、干粉、二氧化碳、沙土。
主要用途		用于制环氧树脂，也是一种含氧物质的稳定剂和化学中间体。
事件信息		2007 年 7 月 2 日晚，河北省黄骅市境内海防公路南排河镇前范村段一辆装有 50 t 环氧氯丙烷（本品易燃，属中等毒性，具强刺激性）的罐车发生翻车事故，约 25 t 环氧氯丙烷泄漏在公路旁边的水塘（容积为 200 m³），造成事发地附近 19 户居民被紧急疏散。 处置措施：一是封堵泄漏的环氧氯丙烷；二是开展环境应急监测，对事发地周围空气进行监测；三是研究制定事故处置方案，将公路旁边水塘内的环氧氯丙烷进行收集，贮存到附近一家化工厂废水处理站，另外，对水塘内的底泥采取挖掘，送往有资质固体废物处置的单位进行处理。

114. 苯乙腈：CAS 140-29-4

品名	苯乙腈	别名			英文名	Phenylqcetonitrile
理化性质	分子式	C_8H_7N	分子量	117.15	熔点	−23.8℃
	沸点	233.5℃	相对密度	（水=1）：1.02	蒸气压	0.13 kPa/60℃
	外观性状	无色油状液体，有刺激气味			闪点	101℃
	溶解性	不溶于水，溶于乙醇、醚等多数有机溶剂				
稳定性和危险性	稳定性：稳定。					
	危险性：遇明火能燃烧。受高热分解放出有毒的气体。与强氧化剂接触可发生化学反应。					
	燃烧（分解）产物：一氧化碳、二氧化碳、氧化氮、氰化氢。					
环境标准	前苏联　车间空气中有害物质的最高容许浓度　0.8 mg/m³[皮]					

毒理学资料	侵入途径：吸入、食入、经皮吸收。
	健康危害：毒作用与氢氰酸相似，并有局部刺激作用。吸入后出现头痛、头晕、恶心、呕吐、倦睡、上呼吸道刺激、神志丧失等，可引起死亡。对眼和皮肤有刺激性。可经皮服迅速吸收。口服可有消化道刺激症状。
	毒性：属高毒类。
	急性毒性：大鼠经口半数致死剂量（LD_{50}）：270 mg/kg； 兔经皮半数致死剂量（LD_{50}）：270 mg/kg； 大鼠吸入半数致死浓度（LC_{50}）：430 mg/m^3，2 h。

应急措施	急救措施	皮肤接触：立即脱去被污染的衣着，用流动清水或5%硫代硫酸钠溶液彻底冲洗至少 20 min。就医。
		眼睛接触：提起眼睑，用流动清水或生理盐水冲洗。就医。
		吸入：迅速脱离现场至空气新鲜处。保持呼吸道通畅。如呼吸困难，给输氧。呼吸心跳停止时，立即进行人工呼吸（勿用口对口）和胸外心脏按压术。给吸入亚硝酸异戊酯。就医。
		食入：饮足量温水，催吐，用1∶5 000高锰酸钾或5%硫代硫酸钠溶液洗胃。就医。
	泄漏处置	迅速撤离泄漏污染区人员至安全区，并进行隔离，严格限制出入。切断火源。建议应急处理人员佩戴自给正压式呼吸器，穿防毒服。不要直接接触泄漏物。尽可能切断泄漏源，防止进入下水道、排洪沟等限制性空间。
		小量泄漏：用沙土或其他不燃材料吸附或吸收。
		大量泄漏：构筑围堤或挖坑收容。用泵转移至槽车或专用收集器内，回收或运至废物处理场所处置。
	消防方法	灭火剂：抗溶性泡沫、干粉、二氧化碳、沙土。禁止使用酸碱灭火剂。

主要用途	用于有机合成。

事件信息	2006 年 3 月 2 日，哈医药供销有限责任公司精细化工分公司发生火灾，致使 5 t 左右的苯乙酸钠、少量苯乙腈连同 100 t 的消防用水溢流到距厂区 3 m 外的一个土坑中。 处置措施：一是立即将破损罐内存有的苯乙酸钠、苯乙腈转移至密闭容器中，同时，将其他生产原料及厂区内外存留的所有消防混合水和冰收集并转移至密闭容器中，安全储存；二是开展对水及大气中苯乙腈、苯乙酸、苯甲醛、甲基苯酚、苯酚等有机物的监测，组织专家提出对苯乙酸钠、苯乙腈及消防混合水的处置意见；三是处理厂区内外受污染的土壤。

115．苯乙酸钠：CAS 114-70-5

品名	苯乙酸钠	别名		英文名	Sodium phenylacetate
分子式	C$_8$H$_7$NaO$_2$	分子量	158.13		
简介	用于制药工业，主要用于制造青霉素。				
事件信息	2006 年 3 月 2 日，哈医药供销有限责任公司精细化工分公司发生火灾，致使 5 t 左右的苯乙酸钠、少量苯乙腈连同 100 t 的消防用水溢流到距厂区 3 m 外的一个土坑中。 　　处置措施：一是立即将破损罐内存有的苯乙酸钠、苯乙腈转移至密闭容器中，同时，将其他生产原料及厂区内外存留的所有消防混合水和冰收集并转移至密闭容器中，安全储存；二是开展对水及大气中苯乙腈、苯乙酸、苯甲醛、甲基苯酚、苯酚等有机物的监测，组织专家提出对苯乙酸钠、苯乙腈及消防混合水的处置意见；三是处理厂区内外受污染的土壤。				

116．苯甲酰氯：CAS 98-88-4

品名	苯甲酰氯	别名	氯化苯甲酰、苯酰氯	英文名	Benzoyl chloride	
理化性质	分子式	C$_7$H$_5$ClO	分子量	140.57	熔点	−1.0℃
	沸点	197.2℃	相对密度	1.21	蒸气压	0.13 kPa/32.1℃
	外观性状	无色透明易燃液体，暴露在空气中即发烟。有特殊的刺激性臭味				
	溶解性	溶于乙醚、氯仿、苯和二硫化碳			闪点	88℃
稳定性和危险性	稳定性：稳定。 危险性：遇明火、高热或与氧化剂接触，有引起燃烧爆炸的危险。遇水反应发热放出有毒的腐蚀性气体。有腐蚀性。					
环境标准	前苏联（1975）　车间卫生标准　　5 mg/m^3					
毒理学资料	急性毒性：大鼠经口半数致死剂量（LD$_{50}$）：1 870 mg/m^3，2 h； 亚急性和慢性毒性：人吸入 2×10^{-6}×1 月，引起刺激的最低浓度。					

应急措施	急救措施	皮肤接触：脱去污染的衣着，用肥皂水及清水彻底冲洗。若有灼伤，就医治疗。 眼睛接触：立即提起眼睑，用流动清水或生理盐水冲洗至少15 min。就医。 吸入：迅速脱离现场至空气新鲜处。保持呼吸道通畅。必要时进行人工呼吸。就医。 食入：患者清醒时立即漱口，给饮牛奶或蛋清。就医。
	泄漏处置	疏散泄漏污染区人员至安全区，禁止无关人员进入污染区，建议应急处理人员戴自给式呼吸器，穿化学防护服。不要直接接触泄漏物，在确保安全情况下堵漏。喷水雾减慢挥发（或扩散），但不要对泄漏物或泄漏点直接喷水。勿使泄漏物与可燃物质（木材、纸、油等）接触，用沙土、蛭石或其他惰性材料吸收，然后收集运至废物处理场所处置。 大量泄漏：最好不用水处理，在技术人员指导下清除。
	消防方法	灭火剂：干粉、沙土、二氧化碳、泡沫。禁止用水。
主要用途		苯甲酰氯用作有机合成、染料和医药原料，制造引发剂过氧化二苯甲酰、过氧化苯甲酸叔丁酯、农药除草剂等。
事件信息		2011年4月8日夜10点50分左右，在沿海高速盐城经济技术开发区入口向南5 km左右处，一辆南通的危化品运输车追尾撞上前方正常行驶的大货车，致使10只苯甲酰氯危化品桶滚落路面，其中5只破损，发生少量泄漏。 　处置措施：封锁事故现场，分流车辆；盐城市安监、消防、交通等部门派人员赶赴现场参与处置；消防部门采取黄沙、泥土覆盖等措施，处置泄漏的危化品；转移事故车辆离开高速路。4月11日凌晨5时左右，事故车辆所在的南通公司增派车辆已将全部危化品驳载完毕。

117．苯甲酸乙酯：CAS 93-89-0

品名	苯甲酸乙酯		别名			英文名	Ethyl benzoate
理化性质	分子式	$C_9H_{10}O_2$	分子量	150.17		熔点	−34.6℃
	沸点	212.6℃	相对密度	（水=1）：1.05；（空气=1）：4.34		蒸气压	0.17 kPa（44℃）
	外观性状	无色澄清液体，有芳香气味					
	溶解性	微溶于热水，溶于乙醇、乙醚、石油醚等					

稳定性和危险性	稳定性：稳定。 危险性：遇明火、高热可燃。 有害燃烧产物：一氧化碳、二氧化碳。
环境标准	我国暂无相关标准。
毒理学资料	健康危害：吸入、摄入或经皮肤吸收后对身体有害。蒸气或烟雾对眼睛、皮肤、黏膜和上呼吸道有刺激作用。目前，未见职业中毒的报道。 急性毒性：大鼠经口半数致死剂量（LD_{50}）：6 500 mg/kg。 LC_{50}：无资料。

应急措施	急救措施	皮肤接触：脱去污染的衣着，用流动清水冲洗。就医。 眼睛接触：提起眼睑，用流动清水或生理盐水冲洗。就医。 吸入：脱离现场至空气新鲜处。如呼吸困难，给输氧。就医。 食入：饮足量温水，催吐。就医。
	泄漏处置	迅速撤离泄漏污染区人员至安全区，并进行隔离，严格限制出入。切断火源。建议应急处理人员戴自给正压式呼吸器，穿防毒服。尽可能切断泄漏源。防止流入下水道、排洪沟等限制性空间。 小量泄漏：用沙土、干燥石灰或苏打灰混合。也可以用不燃性分散剂制成的乳液刷洗，洗液稀释后放入废水系统。 大量泄漏：构筑围堤或挖坑收容。用泵转移至槽车或专用收集器内，回收或运至废物处理场所处置。
	消防方法	消防人员须佩戴防毒面具、穿全身消防服，在上风向灭火。尽可能将容器从火场移至空旷处。喷水保持火场容器冷却，直至灭火结束。处在火场中的容器若已变色或从安全泄压装置中产生声音，必须马上撤离。 灭火剂：雾状水、泡沫、干粉、二氧化碳、沙土。

主要用途	用作玫瑰、橙花、香石竹等化妆香精的调配，也用作纤维素酯、纤维素醚、树脂等的溶剂。

事件信息	2008 年 9 月 7 日晚 11 点许，位于湖北省黄冈市浠水县兰溪镇兰溪河西码头长瓷石粉厂门口约 10 m 处，一辆小型货车顺着江堤向长江倾倒废弃污染物，被发现后逃离现场，留下 14 个盛装不明污染物的塑料桶，其中 25 kg 蓝色桶 8 个、5 kg 白色桶 6 个，蓝色桶中残留有部分黑色废液，气味强烈刺鼻。长瓷石粉厂职工在查看塑料桶时，有 6 人出现呕吐、舌头麻痹、喉咙硬化和呼吸困难等中毒情况，该废弃污染物沿着长瓷石粉厂的取水管道形成的小沟流入长江。 　处置措施：一是立即开展应急监测，确认该废弃污染物主要包含三氯苯甲酸、2,6-二异丙基萘、苯甲酸乙酯 3 种物质。组织开展水质监测；二是配合当地做好应急和防控工作。停止兰溪镇取水口取水，并迅速通知当地和下游群众禁止饮用受污染和可能受污染的自来水和长江水，当地政府改用浠水河备用水源集中供水；三是及时清理现场，将收集的废弃污染物及其包装容器以及被污染的土壤送交有资质的单位处理。

118. 苯甲醛：CAS 100-52-7

品名	苯甲醛	别名	苯醛		英文名	Benaldehyde
理化性质	分子式	C_6H_5CHO	分子量	106.12	熔点	–26℃
	沸点	179℃	相对密度	（水=1）：1.04 （空气=1）：3.66	蒸气压	0.13 kPa/26℃
	外观性状	纯品为无色液体，工业品为无色至淡黄色液体，有苦杏仁气味			闪点	64℃
	溶解性	微溶于水，可混溶于乙醇、乙醚、苯、氯仿				

稳定性和危险性	稳定性：稳定。 危险性：遇高热、明火或与氧化剂接触，有引起燃烧的危险。若遇高热，容器内压增大，有开裂和爆炸的危险。 燃烧（分解）产物：一氧化碳、二氧化碳。

环境标准	前苏联　车间空气中有害物质的最高容许浓度　5 mg/m³

毒理学资料	急性毒性：大鼠经口半数致死剂量（LD$_{50}$）：1 300 mg/kg。
	侵入途径：吸入、食入。
	健康危害：本品对眼睛、呼吸道黏膜有一定的刺激作用。由于其挥发性低，其刺激作用亦不足以引致严重危害。

应急措施	急救措施	皮肤接触：脱去污染的衣着，用流动清水冲洗。
		眼睛接触：立即翻开上下眼睑，用流动清水冲洗 15 min。就医。
		吸入：脱离现场至空气新鲜处。就医。
		食入：误服者给饮足量温水，催吐，就医。
	泄漏处置	疏散泄漏污染区人员至安全区，禁止无关人员进入污染区，切断火源。应急处理人员戴自给式呼吸器，穿一般消防防护服。在确保安全情况下堵漏。喷水雾可减少蒸发。用不燃性分散剂制成的乳液刷洗，经稀释的洗液放入废水系统。如大量泄漏，利用围堤收容，然后收集、转移、回收或无害处理后废弃。
	消防方法	消防人员须佩戴防毒面具、穿全身消防服。
		灭火剂：水、泡沫、二氧化碳、沙土。

| 主要用途 | 用于制月桂醛、苯乙醛和苯酸苄酯等，也用作食品香料 |

| 事件信息 | 2008 年 12 月 13 日凌晨 3 时 36 分，武汉远城科技发展有限公司试生产车间化学原料发生火灾，车间内化学原料全部烧毁（经统计，共有苯甲醛 3.2 t、乙醛 1.4 t、甲苯 0.6 t、盐酸 0.6 t、液碱 0.4 t、肉桂酸 7 t）。灭火过程产生的消防废水共 500 t，其中 150 t 流入该企业应急事故池，350 t 经通惠港流入巡司河。事发企业位于武汉市洪山区狮子山街番息村，事发地距巡司河入长江口约 9 km，距平湖门水厂取水口（长江上）约 12 km。 |
| | 处置措施：一是封堵厂内排污口及周边沟渠。由于枯水期巡司河解放桥闸和武泰闸处于关闭状态，有效防止了消防废水流入长江；二是对消防废水及通惠港、巡司河、巡司河入长江口水质进行了取样监测。同时，对厂区下风向环境空气进行了取样监测；三是对平湖门水厂取水口水质进行严格监控；四是当地政府及时发布信息。 |

119. 叔丁基环戊醇

品名	叔丁基环戊醇	别名		英文名	
简介					

事件信息	2009 年 12 月 3 日，安徽滁州石坝水库发生污染事件，经排查，安县经济开发区新力复合材料有限公司，外排废水 COD 浓度为 2 800 mg/L（含有苯、乙苯、苯乙稀、叔丁基环戊醇等成分）。 　　处置措施：一是告知群众禁止人、畜使用库水和食用受污染的水产品；二是对库区周边饮用井水进行加密监测；三是关闭水库水闸，防止下游受到污染，并从上游水库逐步放水稀释。

120. 卷叶虫特杀

品名	卷叶虫特杀	别名		英文名	
简介					

事件信息	2006 年 8 月 10 日 20 时 40 分，位于宁波市江东区福明街道余隘村一农资仓库发生火灾，仓库内储存的部分农药（敌克松、敌敌畏、卷叶虫特杀等 10 几种农药）因火灾消防用水泄漏。火灾产生的消防废水对仓库边上中央江等 3 条小河道产生污染，形成了 200 m 左右的污染带，受污染水体出现了死鱼现象。 　　处置措施：一是通知附近村民禁止从受污染水体取水；二是对受污染的 3 条河道进行筑坝封堵；三是调用活性炭对受污染河道进行抛洒吸附；四是用空桶收集事发地的农药残液和消防废水后运往固废专业处理单位进行处置，并对剩余的农药进行整理转移；五是对事发地固废进行收集处置；六是对受污染河道以每 50 m 一个点位的密度进行布点连续监测。

121. 草甘膦：CAS 1071-83-6

品名	草甘膦	别名	N-（膦酸基甲基）甘氨酸	英文名	Glyphosate；N-(phosphonomethyl) glycine
理化性质	分子式	$C_3H_8NO_5P$	分子量	169.09	熔点	230℃
	水溶解性	1.2 g/100 mL	相对密度	1.74	蒸气压	
	外观性状	白色固体				
	溶解性	微溶于水，溶于多数有机溶剂				
稳定性和危险性	危险性：遇明火、高热可燃。其粉体与空气可形成爆炸性混合物，当达到一定浓度时，遇火星会发生爆炸。受高热分解放出有毒的气体。具有腐蚀性。 燃烧（分解）产物：一氧化碳、二氧化碳、氮氧化物、氧化磷。					
环境标准	我国暂无相关标准。					

毒理学资料	健康危害：低毒有机磷除草剂。无人类中毒报道，对皮肤有轻度刺激作用。动物实验对眼有重度刺激作用。
	急性毒性：大鼠经口半数致死剂量（LD_{50}）：4 873 mg/kg； 兔经口半数致死剂量（LD_{50}）：3 800 mg/kg； 兔经皮半数致死剂量（LD_{50}）：7 940 mg/kg； 小鼠经口半数致死剂量（LD_{50}）：1 568 mg/kg 大鼠吸入半数致死浓度（LC_{50}）：>12 200 mg/m^3，4 h

应急措施	急救措施	皮肤接触：脱去污染的衣着，用大量流动清水冲洗。 眼睛接触：提起眼睑，用流动清水或生理盐水冲洗。就医。 吸入：迅速脱离现场至空气新鲜处。保持呼吸道通畅。如呼吸困难，给输氧。如呼吸停止，立即进行人工呼吸。就医。 食入：饮足量温水，催吐。就医。
	泄漏处置	隔离泄漏污染区，限制出入。切断火源。建议应急处理人员戴防尘口罩，穿防酸碱工作服。不要直接接触泄漏物。 小量泄漏：避免扬尘，小心扫起，收集运至废物处理场所处置。 大量泄漏：收集回收或运至废物处理场所处置。
	消防方法	消防人员必须穿全身耐酸碱消防服。切勿将水流直接射至熔融物，以免引起严重的流淌火灾或引起剧烈的沸溅。 灭火剂：雾状水、泡沫、干粉、二氧化碳、沙土。

主要用途	用作农用除草剂。

事件信息	2007 年 10 月 29 日 15 时 30 分左右，一辆装载草甘膦运输槽罐车途经临安市锦城街道三眼桥处发生侧翻，造成车载 22.12 t 草甘膦母液（主要成分：含草甘膦铵盐水剂 10%，属低毒物质）全部外泄，绝大部分经雨水管（约 50 m 长）直接排入锦溪后汇入青山湖。据了解，事发地下游有多个集中饮用水水源取水口，最近的饮用水水源地为下游 26 km 处的余杭镇自来水厂取水口。经监测，事故对青山湖水域水质未造成重大影响，未对下游饮用水水源造成影响。

122. 氟化物：CAS 16984-48-8

品名	氟化物	别名		英文名	Fluoride
简介	无色澄清液体，有强烈的醚似的气味，清灵、微带香的酒香，易扩散，不持久。				
事件信息	2006 年 2 月 14 日 21 时，宜宾市 12369 热线接到举报，宜宾县越溪河观音镇段地表水出现异常。2 月 16 日，省局派出调查组赴现场调查处理，经采样分析，越溪河中氟化物超标，最高超标 1.2 倍（地表水Ⅲ类水体标准为 1.0 mg/L）。经排查，造成越溪河氟化物超标的为四川德兴能源集团有限公司，此次氟化物超标的原因为煤矸石中高氟化物质燃烧后通过水膜除尘水转移到水中，随冲渣废水排入越溪河所致。2 月 18 日下午，四川德兴能源集团有限公司已按照当地政府要求进行停产整顿，并切断了污染源。当地环保部门增加监测和检查频次，确保越溪河水质符合国家规定标准，同时控制四川德兴能源集团有限公司生产用煤含氟量，禁止高氟矸石煤进厂，改湿法除尘为干法除尘。至 2 月 21 日 21 时恢复供水，整个事件过程中未发现人员中毒、伤亡现象，河流水生物未发现异常。				

123. 氟乐灵：CAS 1582-09-8

品名	氟乐灵		别名			英文名	Trifluralin
理化性质	分子式	$C_{13}H_{16}F_3N_3O_4$	分子量	335.29		熔点	48.5～49℃
	沸点	139～140℃ (0.56 kPa)	相对密度	1.294		闪点	100℃
	外观性状	纯度为98% 是橙黄色结晶，有芳香气味					
	溶解性	不溶于水，溶于多数有机溶剂					
稳定性和危险性	危险性：遇明火、高热可燃。受热分解，放出有毒的氮氧化物和氟化物烟气。燃烧（分解）产物：一氧化碳、二氧化碳、氮氧化物、氟化物。						
环境标准	我国暂无相关标准。						
毒理学资料	健康危害：目前未见接触本品而引起中毒的病例。有报道，经常接触本品者，可引起接触性皮炎和光感性皮炎。 急性毒性：大鼠经口半数致死剂量（LD_{50}）：>10 000 mg/kg						
应急措施	急救措施	皮肤接触：脱去污染的衣着，用大量流动清水冲洗。 眼睛接触：提起眼睑，用流动清水或生理盐水冲洗。就医。 吸入：脱离现场至空气新鲜处。如呼吸困难，给输氧。就医。 食入：饮足量温水，催吐。就医。					
	泄漏处置	隔离泄漏污染区，限制出入。切断火源。建议应急处理人员戴自给正压式呼吸器，穿防毒服。用洁净的铲子收集于干燥、洁净、有盖的容器中，转移至安全场所。若大量泄漏，收集回收或运至废物处理场所处置。					
	消防方法	尽可能将容器从火场移至空旷处。 灭火剂：雾状水、泡沫、干粉、二氧化碳、沙土。					
主要用途		用作农用除草剂。					
事件信息	2009年4月14日，青海西宁湟中县下峡门村一村民在农田施农药时，不慎将一瓶"氟乐灵"农药打碎在该村水源中。该村饮用水水源被污染后，水质发黄并散发农药味，2名村民在饮用后出现口干、头晕等症状，全村394户1 724人饮用水中断。当日，2名出现症状的村民经医疗救治观察后出院。该事件未对周边环境造成较大影响。						

124. 原油

品名	原油	别名		英文名	
相对密度	0.75～0.95	凝固点			−50～35℃

简介	习惯上称直接从油井中开采出来未加工的石油为原油，它是一种由各种烃类组成的黑褐色或暗绿色黏稠液态或半固态的可燃物质。它由不同的碳氢化合物混合组成，其主要组成成分是烷烃，此外石油中还含硫、氧、氮、磷、钒等元素。可溶于多种有机溶剂，不溶于水，但可与水形成乳状液。石油主要被用来作为燃油和汽油，也是许多化学工业产品——如溶剂、化肥、杀虫剂和塑料等的原料。
事件信息	2009 年 7 月 9 日凌晨,中石化鲁宁输油管线肥城市老城镇大石铺村发生盗油事件，造成 100 t 以上原油泄漏，泄漏点原油顺山坡流入省道 104 路旁河道内，沿路东侧顺势而下，肥城境内约 70 亩山地受到污染，长清境内约 600 m 河道受到污染。 　　处置措施：一是加快现场清理工作，处理地面污染，搞好河道、蓄水池泄漏原油的回收工作；二是积极采取防范措施，建立多级专业拦油网和拦油坝，防止污染事态的进一步扩大；三是制定受污染土壤处置方案并组织实施，尽快消除污染隐患；四是妥善处置土地及地面污染清理物；五是加强环境监测，防止发生二次污染。

125. 顺丁烯二酸酐：CAS 108-31-6

品名	顺丁烯二酸酐	别名	马来酸酐，失水苹果酸酐	英文名	Maleic anhydride
理化性质	分子式	$C_4H_2O_3$	分子量	98.06	熔点	52.8℃
	沸点	200	相对密度	1.48	蒸气压	0.02 kPa（20℃）
	外观性状	无色结晶粉末，有强烈刺激气味				
	溶解性	溶于乙醇、乙醚和丙酮，难溶于石油醚和四氯化碳；与热水作用成马来酸				
稳定性和危险性	稳定性：稳定。 危险性：本品可燃，有毒，具腐蚀性、刺激性，可致人体灼伤，具致敏性。					
环境标准	前苏联车间空气最高容许浓度（mg/m³）: 1。					
毒理学资料	急性毒性：大鼠经口半数致死剂量（LD_{50}）: 400 mg/kg; 兔经皮半数致死剂量（LD_{50}）: 2 620 mg/kg。					

安全防护措施	工程控制：密闭操作，局部排风。提供安全淋浴和洗眼设备。 呼吸系统防护：空气中粉尘浓度超标时，必须佩戴自吸过滤式防尘口罩。紧急事态抢救或撤离时，应该佩戴空气呼吸器。 眼睛防护：戴化学安全防护眼镜。 身体防护：穿橡胶耐酸碱服。 手防护：戴橡胶耐酸碱手套。 其他防护：工作完毕，淋浴更衣。注意个人清洁卫生。	
应急措施	急救措施	皮肤接触：立即脱去污染的衣着，用大量流动清水冲洗至少15 min。就医。 眼睛接触：立即提起眼睑，用大量流动清水或生理盐水彻底冲洗至少15 min。就医。 吸入：迅速脱离现场至空气新鲜处。保持呼吸道通畅。如呼吸困难，给输氧。如呼吸停止，立即进行人工呼吸。就医。 食入：用水漱口，给饮牛奶或蛋清。就医。
	泄漏处置	隔离泄漏污染区，限制出入。切断火源。建议应急处理人员戴防尘面具（全面罩），穿防酸碱工作服。用洁净的铲子收集于干燥、洁净、有盖的容器中，转移至安全场所。 若大量泄漏：收集回收或运至废物处理场所处置。
	消防方法	灭火剂：雾状水、泡沫、二氧化碳、沙土。
主要用途		用于双烯加成、制药物、农药、染料中间体及制聚酯树脂、醇酸树脂、马来酸等有机酸，也用作脂肪和油防腐剂等。
事件信息		2010年10月9日江西新余市新余前卫化工有限公司发生顺丁烯二酸酐泄漏，救援组在接到报警后立即启动事故应急救援预案，经应急处置，阻止了液体泄漏。

126. 莎稗磷：CAS 64249-01-0

品名	莎稗磷	别名		英文名	Anilofos
分子式	$C_{13}H_{19}ClNO_3PS_2$	分子量	367.85	蒸气压	2.2 mPa（60℃）
密度	1.4（20℃）	熔点	47～50℃	闪点	28±2℃
简介	属低毒除草剂，原药为黄色或浅褐色粉末。制剂外观为褐色液体，具有磷酸酯气味。 常温贮存稳定性2年。				
事件信息	2008年9月15日21时45分许，上海农药厂由于操作工操作不当，造成生产莎稗磷（除草剂）的反应釜温度过高，发生冲料事故，阀门破裂，约有300 kg混合气体泄漏。事发后该厂紧急关闭事故工艺设施，未造成污染的进一步扩大。				

127. 柴油：CAS 68334-30-5

品名	柴油	别名		油渣		英文名	Diesel oil
理 化 性 质	分子式		分子量			熔点	−18℃
	沸点	282～338℃	相对密度	（水=1）：0.87～0.9		蒸气压	
	外观性状	稍有黏性的棕色液体					
	溶解性	不溶于水					
稳定 性和 危险 性	稳定性：着火性和流动性。						
	危险性：遇明火、高热或与氧化剂接触，有引起燃烧爆炸的危险。若遇高热，容器内压增大，有开裂和爆炸的危险。						
	有害燃烧产物：一氧化碳、二氧化碳。						
环境 标准	我国暂无相关标准。						
	水环境中的浓度标准可参照石油类指标。						
毒 理 学 资 料	侵入途径：皮肤接触，呼吸道吸入。						
	健康危害：皮肤接触可为主要吸收途径，可致急性肾脏损害。柴油可引起接触性皮炎、油性痤疮。吸入其雾滴或液体呛入可引起吸入性肺炎。能经胎盘进入胎儿血中。柴油废气可引起眼、鼻刺激症状，头晕及头痛。						
	急性毒性：LD_{50}：无资料，LC_{50}：无资料。						
应 急 措 施	急救措施	皮肤接触：立即脱去污染的衣着，用肥皂水和清水彻底冲洗皮肤。就医。					
		眼睛接触：提起眼睑，用流动清水或生理盐水冲洗。就医。					
		吸入：迅速脱离现场至空气新鲜处。保持呼吸道通畅。如呼吸困难，给输氧。如呼吸停止，立即进行人工呼吸。就医。					
		食入：尽快彻底洗胃。就医。					
	泄漏处置	迅速撤离泄漏污染区人员至安全区，并进行隔离，严格限制出入。切断火源。建议应急处理人员戴自给正压式呼吸器，穿一般作业工作服。尽可能切断泄漏源。防止流入下水道、排洪沟等限制性空间。					
		小量泄漏：用活性炭或其他惰性材料吸收。					
		大量泄漏：构筑围堤或挖坑收容。用泵转移至槽车或专用收集器内，回收或运至废物处理场所处置。					
	消防方法	消防人员须佩戴防毒面具、穿全身消防服，在上风向灭火。尽可能将容器从火场移至空旷处。喷水保持火场容器冷却，直至灭火结束。处在火场中的容器若已变色或从安全泄压装置中产生声音，必须马上撤离。					
		灭火剂：雾状水、泡沫、干粉、二氧化碳、沙土。					

主要用途	用作柴油机的燃料。

事件信息	2009 年 12 月 30 日，中石油公司位于陕西省华阴市一处成品油输油管道由于第三方施工破坏发生破裂，导致 150 m³ 左右柴油泄漏流入渭河，泄漏的柴油在渭河河面上形成了一条浮油带，距渭河入黄河口约 17 km，有可能进入黄河。 　　处置措施：事件发生后，当地政府和中石油立即启动了应急预案，并采取了以下措施，封堵和拦截油污。一是快速封堵了漏油点；二是设置了多道拦油障，最大限度地回收漏油。在赤水河设置了 2 组挡油木排，并在渭河下游 6 km、渭河入黄河口 12.5 km、3.5 km、3 km 等处设置了多道隔油障，对成品油进行收集处理，全力以赴阻止泄漏柴油进入黄河；三是进行环境应急监测。在赤水河、渭河、渭河入黄河口等多处设立了监测点位，进行取样监测，为阻止和消除油污提供科学依据。

128. 氧乐果：CAS 113-02-6

品名	氧乐果	别　名			英文名	Omethoate
理化性质	分子式	$C_5H_{12}NO_4PS$	分子量	213.21	熔　点	−28℃
	沸　点	135℃	相对密度	（水=1）：1.32	蒸气压	0.33×10⁻⁵ kPa
	外观性状	纯品为无色透明油状液体。工业品为黄色液体				
	溶解性	不溶于石油醚，微溶于乙醚，可混溶于水乙醇、烃类等				
稳定性和危险性	稳定性：稳定。 危险性：遇明火、高热可燃。与氧化剂可发生反应。受高热分解放出有毒的气体。若遇高热，容器内压增大，有开裂和爆炸的危险。					
环境标准	我国暂无相关标准。					
毒理学资料	侵入途径：吸入、食入、经皮吸收。 健康危害：抑制胆碱酯酶活性。轻者表现有头痛、头晕、多汗、流涎、视力模糊、呕吐和胸闷；中度中毒出现肌束震颤、瞳孔缩小、呼吸困难等；重者出现肺水肿、脑水肿。 急性毒性：大鼠经口半数致死剂量（LD_{50}）：50 mg/kg； 　　　　　　大鼠经皮半数致死剂量（LD_{50}）：700 mg/kg。 LC_{50}：无资料。					

应急措施	急救措施	皮肤接触：立即脱去污染的衣着，用肥皂水及流动清水彻底冲洗污染的皮肤、头发、指甲等。就医。 眼睛接触：提起眼睑，用流动清水或生理盐水冲洗。就医。 吸入：迅速脱离现场至空气新鲜处。保持呼吸道通畅。如呼吸困难，给输氧。如呼吸停止，立即进行人工呼吸。就医。 食入：饮足量温水，催吐。用清水或2%～5%碳酸氢钠溶液洗胃。就医。
	泄漏处置	迅速撤离泄漏污染区人员至安全区，并进行隔离，严格限制出入。切断火源。建议应急处理人员戴自给式呼吸器，穿防毒服。不要直接接触泄漏物。尽可能切断泄漏源。防止流入下水道、排洪沟等限制性空间。 小量泄漏：用沙土或其他不燃材料吸附或吸收。 大量泄漏：构筑围堤或挖坑收容。用泵转移至槽车或专用收集器内，回收或运至废物处理场所处置。
	消防方法	消防人员必须佩戴过滤式防毒面具（全面罩）或隔离式呼吸器、穿全身防火防毒服，在上风向灭火。尽可能将容器从火场移至空旷处。喷水保持火场容器冷却，直至灭火结束。处在火场中的容器若已变色或从安全泄压装置中产生声音，必须马上撤离。用水喷射逸出液体，使其稀释成不燃性混合物，并用雾状水保护消防人员。 灭火剂：水、雾状水、抗溶性泡沫、干粉、二氧化碳、沙土。
主要用途		用作农用杀虫剂、杀螨剂。
事件信息		2006年5月8日晚，重庆市江津市南部山区遭受大暴雨袭击，导致柏林镇傅家场农药商店部分农药浸泡流入当地的笋溪河，笋溪河在事发地下游约85 km处汇入綦江，流经17 km后汇入长江。被浸泡和入水农药总量为926.15 kg（杀虫双900 kg；敌敌畏2.5 kg，氧乐果6 kg，乐果6 kg，敌杀死3 kg，昆收2.5 kg，袋装除草剂5.25 kg，百虫灵0.9 kg）。 处置措施：重庆市环保局接报后，立即启动突发环境事件应急预案，有关人员赶赴现场开展应急监测和处置工作。在事发地85 km沿线布设了7个监测点位，每2 h取样监测一次。并向江津市政府提出了3点建议：① 立即通知笋溪河下游沿线饮用水源取水点全面停水，监测结果证明无影响后方可恢复供水；② 立即组织人员沿河清捞瓶装农药，及时消除对河流水质的影响。③ 妥善处理被洪水浸泡的农药和化肥。

129. 4-氨基-N,N-二甲基苯胺： CAS 99-98-9

品名	4-氨基-N,N-二甲基苯胺	别名	N,N-二甲基对苯二胺	英文名	4-amnio-N,N-dimethylaniline
理化性质	分子式	$C_8H_{12}N_2$	分子量	136.20	熔　点	34～36℃
	沸　点	262℃	闪点	90℃	溶解性	溶于水
	外观性状	灰色至黑色固体				
稳定性和危险性	禁配物：强氧化剂、酸类、酰基氯、酸酐、氯仿。 遇明火、高热可燃。与强氧化剂接触可发生化学反应。受高热分解放出有毒的气体。 有害燃烧产物：一氧化碳、二氧化碳、氧化氮。				
环境标准	我国暂无相关标准。				
毒理学资料	大鼠腹腔半数致死剂量（LD_{50}）：21 mg/kg； 对眼睛、黏膜、呼吸道及皮肤有刺激作用。吸收后导致形成高铁血红蛋白而发生紫绀。吸入、摄入或经皮肤吸收可能致死。				
应急措施	急救措施	皮肤接触：立即脱去污染的衣着，用大量流动清水冲洗。就医。 眼睛接触：提起眼睑，用流动清水或生理盐水冲洗。就医。 吸入：迅速脱离现场至空气新鲜处。保持呼吸道通畅。如呼吸困难，给输氧。如呼吸停止，立即进行人工呼吸。就医。 食入：饮足量温水，催吐。洗胃，导泻，就医。			
	泄漏处置	隔离泄漏污染区，限制出入。切断火源。建议应急处理人员戴防尘面具（全面罩），穿防毒服。用洁净的铲子收集于干燥、洁净、有盖的容器中，转移至安全场所。若大量泄漏，收集回收或运至废物处理场所处置。			
	消防方法	消防人员须佩戴防毒面具、穿全身消防服，在上风向灭火。 灭火剂：雾状水、泡沫、干粉、二氧化碳、沙土。			
主要用途	用于有机合成。				
事件信息	2006 年 8 月 21 日，吉林省吉林市牤牛河发生人为倾倒废液引起的污染事故，导致牤牛河部分河段水质呈红色，并伴有少量泡沫。主要污染物为 N,N-二甲基苯胺和 4-氨基-N,N-二甲基苯胺，肇事企业为吉林市长白山精细化工公司。 　　处置措施：一是启动突发环境事件应急预案，在牤牛河构筑两道活性炭吸附坝，把污染物吸附阻截在牤牛河内，避免对松花江造成污染；二是及时向黑龙江省通报情况；三是立即开展应急监测，确保松花江沿岸群众饮水安全。				

130. 敌克松：CAS 140-56-7

品名	敌克松	别名	对二甲基氨基苯重氮磺酸钠	英文名	sodium p（dimethylamino）benzenediazo sulfonate
理化性质	分子式	$C_8H_{10}N_3O_3SNa$	分子量	251.24	熔点	200℃（分解）
	沸点		相对密度		蒸气压	
	外观性状	纯品为淡黄色结晶，工业品为黄棕色无味粉末				
	溶解性	不溶于多数有机溶剂，溶于水，易溶于乙醇				

稳定性和危险性	稳定性：对光敏感，碱性介质中稳定。
	危险性：遇明火、高热可燃。受热分解，放出氮、硫的氧化物等毒性气体。

环境标准	我国暂无相关标准。

毒理学资料	健康危害：动物中毒表现为委靡、嗜睡，严重者有抽搐或昏迷。对人的致死量估计为 2 g。
	急性毒性：大鼠经口半数致死剂量（LD_{50}）：60 mg/kg； 大鼠经皮半数致死剂量（LD_{50}）：>100 mg/kg。
	LC_{50}：无资料。

应急措施	急救措施	皮肤接触：脱去污染的衣着，用流动清水冲洗。 眼睛接触：提起眼睑，用流动清水或生理盐水冲洗。就医。 吸入：脱离现场至空气新鲜处。如呼吸困难，给输氧。就医。 食入：饮足量温水，催吐。洗胃，导泻。就医。
	泄漏处置	隔离泄漏污染区，限制出入。切断火源。建议应急处理人员戴防尘面具（全面罩），穿防毒服。避免扬尘，小心扫起，置于袋中转移至安全场所。 大量泄漏：用塑料布、帆布覆盖。收集回收或运至废物处理场所处置。
	消防方法	消防人员须戴好防毒面具，在安全距离以外，在上风向灭火。 灭火剂：雾状水、泡沫、干粉、二氧化碳、沙土。

主要用途	用作农用杀菌剂。

事件信息	2006 年 8 月 10 日 20 时 40 分，位于宁波市江东区福明街道余隘村一农资仓库发生火灾，仓库内储存的部分农药（敌克松、敌敌畏等十几种农药）因火灾消防用水泄漏。火灾产生的消防废水对仓库边上中央江等 3 条小河道产生污染，形成了 200 m 左右的污染带，受污染水体出现了死鱼现象。 　　应急处置措施：一是通知附近村民禁止从受污染水体取水；二是对受污染的 3 条河道进行筑坝封堵；三是调用活性炭对受污染河道进行抛洒吸附；四是用空桶收集事发地的农药残液和消防废水后运往固废专业处理单位进行处置，并对剩余的农药进行整理转移；五是对事发地固废进行收集处置；六是对受污染河道以每 50 m 一个点位的密度进行布点连续监测。

131. 4-羟基苯硫酚：CAS 637-89-8

品名	4-羟基苯硫酚	别名		英文名	4-Mercaptophenol
分子式	C_6H_6OS	分子量	126.17	沸点	149～150℃（25 mmHg）
熔点	33～35℃	闪点	110℃		
简介	用作医药、染料中间体				
事件信息	2009 年 4 月 20 日，浙江寿尔福化学有限公司将残留有苯酚、4-羟基苯硫酚、三溴苯胺等危险废物的 100 只废铁桶出售给一村民，该村民在丽水市缙云县东渡镇雅村附近对铁桶进行拆解。在拆解处置过程中，因残留物的挥发导致约 38 名村民出现疑似中毒症状并入院治疗。初步估计，向环境排放苯酚、四羟基苯硫酚、三溴苯胺等危险废物约 1 500 g。21 日 9 时 40 分，现场总挥发性有机物没有检出。				

132. 粗苯

品名	粗苯	别名		英文名	Crude benzol
简介	粗苯是煤热解生成的粗煤气中的产物之一，经脱氨后的焦炉煤气中含有苯系化合物，其中以苯含量为主，称为粗苯。 粗苯为淡黄色透明液体，比水轻，不溶于水，储存时由于不饱和化合物氧化和聚合形成树脂物质溶于粗苯中，色泽变暗。 性质：遇热、明火易燃烧、爆炸。 危险性：人和动物吸入或皮肤接触，会引起急性或慢性中毒。 粗苯可用作动力油、溶剂油，主要用于深加工制苯、甲苯、二甲苯等产品。				
监测方法	气相色谱法				
事件信息	2006 年 9 月 2 日凌晨 1 时，一辆装运 26 t 危险化学品槽车在安徽省怀宁至潜山高速公路山岭段翻车，侧翻到路边 3 m 多深的干枯池塘中，致使 22 t 左右粗苯泄漏。 处置措施：一是设置警戒，防止人员中毒；二是设置围坝封堵干枯河沟，防止污染物下泄扩散；三是起吊槽车，减少粗苯外泄；四是在事故现场采取明火焚烧方式处置泄漏的粗苯。事故隐患得到有效处置，隐患消除，此次事故没造成水、气污染，没成人员伤害。				

133. 粗酚：CAS 65996-83-0

品名	粗酚	别名		英文名	
简介	苯酚、甲酚、二甲酚的混合物，浅黄色至粉红色液体，有酚臭味。溶于水、乙醇、乙醚。粗酚还是一种易燃易爆中毒物质，致癌，易挥发，能与空气形成爆炸性混合物。用于进一步提取苯酚、甲酚和二甲酚，也可直接制取酚醛树脂、涂料、医药消毒剂、木材防腐剂、农药乳化剂、香料和炸药等。				
事件信息	2008年7月早晨6：20在云南文山州富宁县罗富高速公路者桑段发生一起交通事故，造成装载的30 t粗酚全部流出进入路边者桑河的一条小支流。事故地点距离广西百色水利枢纽水路15 km，百色水利枢纽库容20亿m³，下游20～30 km处是百色市的一个饮用水水源取水口，供20万人饮水。 　事发后，云南省文山州环保局、富宁县政府及广西百色市环保局及时启动突发环境事故应急预案。富宁县政府通知下游有4 000多人饮水的剥隘镇停止取水，并积极采取措施，翻车事故现场用石灰覆盖，从事故现场到者宁（距事发地点18 km处），挖坑拦河设置了7道石灰坝体，1道活性炭坝，1道木炭坝。百色市政府要求自来水厂密切关注水库水质动态，一旦监测数据显示水体超标，立即停止供水，通知达江大桥沿水库上游以上群众、单位停止取用沿河的水，做好群众日常生活用水的供应工作。同时做好以下工作：一是加强措施，防止人员中毒，做好下游群众饮水安全的保障工作，避免人体接触、灌溉和食用死鱼；二是云南省方面加强污染控制，加大采取投放漂白粉、活性炭等方式和截流措施，最大限度地控制污染物下泄；三是加密监测，云南方面1 h一次采样分析并上报；四是广西要加大对百色水库监测频次，制定应对水质污染预案，一旦发现异常，立即启动预案停止周围群众从百色水库取水，并及时请示广西自治区政府停止百色水库泄水发电；五是要做好吸附物质的后处理方案，切实防止二次污染。				

134. 硝基氯苯：CAS 25167-93-5

品名	硝基氯苯	别名		英文名	Altitran
分子式	$C_6H_4ClNO_2$	分子量	157.55		
简介	可燃，燃烧时分解有毒氯化物、氮氧化物气体。 硝基氯苯是一种重要的有机合成中间体，主要用于医药、农药、染料、香料等行业，也是一种基础的化工原料，由它可以生产硝基苯酚、氨基苯酚。				
事件信息	2009年7月15日2时左右，位于偃师市顾县镇的洛染股份有限公司一氯苯中转罐发生爆炸，并起火燃烧，事故造成7人死亡，无人员中毒。19日8时、14时两批次采样监测（伊河310国道桥、伊洛河七里铺入黄河口断面两个监测点位）结果显示，爆炸事故产生的3种特征污染物中，2,4二硝基氯苯未检出，氯苯、硝基氯苯浓度均低于标准限值或未检出。该事件未对周边环境造成明显影响。				

135. 2-硝基甲苯：CAS 88-72-2

品名	2-硝基甲苯	别名		邻硝基甲苯	英文名	2-nitrotoluene
理化性质	分子式	$CH_3C_6H_4NO_2$	分子量	137.14	熔点	–4.1℃
	沸点	222.3℃	相对密度	（水=1）：1.16； （空气=1）：4.72	蒸气压	0.13 kPa/50℃
	外观性状	微黄色液体			闪点	106℃
	溶解性	不溶于水，可混溶于醇、醚				

稳定性和危险性	稳定性：稳定。 危险特性：易燃，遇明火、高热或与氧化剂接触，有引起燃烧爆炸的危险。受高热分解放出有毒的气体。 燃烧（分解）产物：一氧化碳、二氧化碳、氧化氮。
环境标准	中国车间空气最高容许浓度（mg/m³） 5； 前苏联车间空气最高允许浓度（mg/m³） 3； 前苏联（1975） 水体中有害物质最高允许浓度 0.05 mg/L； 　　　　　　 水中嗅觉阈浓度 0.13 mg/kg（觉察阈）。
毒理学资料	侵入途径：吸入、食入、经皮吸收。 健康危害：对眼睛、呼吸道和皮肤有刺激作用。吸收进入体内可引起高铁血红蛋白血症，出现紫绀。严重中毒者可致死。 毒性：属低毒类。 急性毒性：大鼠经口半数致死剂量（LD_{50}）：891 mg/kg； 人吸入 $200×10^{-6}×60$ min，明显毒性；人吸入 $40×10^{-6}$，出现症状；人吸入 >$1×10^{-6}$，不悦感。

应急措施	急救措施	皮肤接触：立即脱去被污染的衣着，用肥皂水和清水彻底冲洗皮肤。就医。 眼睛接触：提起眼睑，用流动清水或生理盐水冲洗。就医。 吸入：迅速脱离现场至空气新鲜处。保持呼吸道通畅。如呼吸困难，给输氧。如呼吸停止，立即进行人工呼吸。就医。 食入：饮足量温水，催吐，就医。
	泄漏处置	迅速撤离泄漏污染区人员至安全区，并进行隔离，严格限制出入。切断火源。建议应急处理人员戴自给正压式呼吸器，穿防毒服。不要直接接触泄漏物。尽可能切断泄漏源。防止进入下水道、排洪沟等限制性空间。 小量泄漏：用沙土或其他不燃材料吸附或吸收。 大量泄漏：构筑围堤或挖坑收容；用泵转移至槽车或专用收集器内，回收或运至废物处理场所处置。 废弃物处置方法：建议用控制焚烧法处置。要保证完全燃烧。焚烧大量物料时，焚烧炉排出的氮氧化物通过洗涤器除去。
	消防方法	消防人员须佩戴防毒面具、穿全身消防服。 灭火剂：泡沫、干粉、二氧化碳

主要用途	用于各种染料合成。
实验室监测方法	气相色谱法（GB/T 13194—91，水质） 对二甲氨基苯甲醛比色法 《空气中有害物质的测定方法》（第二版），杭士平编。
事件信息	2009 年 12 月 8 日凌晨，一辆从四川省开往湖北省潜江市的罐车在沪蓉高速椰坪互通出口（宜昌市长阳县境内）下高速时，在高架桥上发生侧翻，车载 22 t 邻硝基甲苯约有一半发生泄漏，流到桥下一个山坡上，距离邻近的椰坪河（小溪）大概 50～100 m，椰坪河先汇入清江，最后汇入隔河沿水库（长阳县饮用水源地）库尾。 　　处置措施：一是封堵事故现场，控制污染物进入河道，减少损失，确保下游水环境安全；二是组织可能受泄漏邻硝基甲苯影响的居民安全撤离；三是环保部门开展应急监测；四是对已泄漏公路路面的污染物用泥土、砂石进行覆盖搅拌，清理附着废液；五是沿山体修建拦截沟拦截泄漏的邻硝基甲苯并按照处理规范进行妥善处置。

136．硫酸二甲酯：CAS 77-78-1

品名	硫酸二甲酯		别名		硫酸甲酯		英文名	Dimethyl sulfate
理化性质	分子式	$C_2H_6O_4S$	分子量		126.13	熔点		$-31.8℃$
	沸点	188℃	相对密度		（水=1）：1.33 （空气=1）：4.35	蒸气压		2.00 kPa（76℃）
	外观性状	无色或浅黄色透明液体，微带洋葱臭味						
	溶解性	微溶于水，溶于醇						
稳定性和危险性	稳定性：稳定。 危险性：遇热源、明火、氧化剂有燃烧爆炸的危险。若遇高热可发生剧烈分解，引起容器破裂或爆炸事故。与氢氧化铵反应强烈。 有害燃烧产物：一氧化碳、二氧化碳、氧化硫。							
环境标准	中国　工作场所时间加权平均容许浓度　0.5 mg/m³							
毒理学资料	侵入途径：吸入、食入、经皮吸收 健康危害：本品对黏膜和皮肤有强烈的刺激作用。急性中毒：短期内大量吸入，初始仅有眼和上呼吸道刺激症状。经数小时至 24 h，刺激症状加重，可有畏光，流泪，结膜充血，眼睑水肿或痉挛，咳嗽，胸闷，气急，紫绀；可发生喉头水肿或支气管黏膜脱落致窒息，肺水肿，成人呼吸窘迫征；并可并发皮下气肿、气胸、纵隔气肿。误服灼伤消化道：可致眼、皮肤灼伤。慢性影响：长期接触低浓度，可有眼和上呼吸道刺激。 急性毒性：大鼠经口半数致死剂量（LD$_{50}$）：205 mg/kg； 　　　　　　大鼠吸入半数致死浓度（LC$_{50}$）：45 mg/m³，4 h。							

应急措施	急救措施	皮肤接触：立即脱去污染的衣着，用大量流动清水冲洗至少 15 min。就医。 眼睛接触：立即提起眼睑，用大量流动清水或生理盐水彻底冲洗至少 15 min。就医。 吸入：迅速脱离现场至空气新鲜处。保持呼吸道通畅。如呼吸困难，给输氧。如呼吸停止，立即进行人工呼吸。就医。 食入：用水漱口，给饮牛奶或蛋清。就医。
	泄漏处置	迅速撤离泄漏污染区人员至安全区，并立即隔离 150 m，严格限制出入。切断火源。建议应急处理人员戴自给正压式呼吸器，穿防毒服。不要直接接触泄漏物。尽可能切断泄漏源。防止流入下水道、排洪沟等限制性空间。 小量泄漏：用沙土、蛭石或其他惰性材料吸收。 大量泄漏：构筑围堤或挖坑收容。用泡沫覆盖，降低蒸气灾害。用泵转移至槽车或专用收集器内，回收或运至废物处理场所处置。
	消防方法	消防人员须佩戴防毒面具、穿全身消防服，在上风向灭火。 灭火剂：雾状水、二氧化碳、泡沫、沙土。
主要用途		用于制造染料及作为胺类和醇类的甲基化剂。
事件信息		2006 年 5 月 18 日凌晨 4 时，汉宜高速公路 245 km 处发生 8 车连环相撞的交通事故，一辆装载 24 t 硫酸二甲酯（液体、属高毒类化学物品）的罐车，因强烈撞击导致液体全部泄漏，导致事发区域环境空气和地表水体污染。共有 43 人出现中毒症状，其中较重 18 人。 　　处置措施：事故发生后，湖北省环保局迅速派人赶到现场，与宜昌市、枝江市政府及安监、卫生、消防、公安交警、驻宜防化部队等一起开展工作，迅速启动了应急预案，并对现场进行了封锁。一是防化部队用 400 kg 部队专用消毒剂对事故现场路面、车辆进行了清消处理，用石灰 2 t、烧碱 1.5 t 对事故附近涵洞、沼泽地、农田和堰塘进行处理；二是划定隔离区。划定污染带周围 300 m 范围为隔离区，隔离区内人员全部疏散撤离，禁止人畜进入，隔离区安排专人 24 h 值守；三是开展应急监测；四是对施救人员和附近群众宣传硫酸二甲酯为高毒类危险化学品，并告知应采取的防护措施。

137. 氯乙酸：CAS 79-11-8

品名	氯乙酸		别名		一氯醋酸		英文名	Monochloroacetic acid
理化性质	分子式	$C_2H_3ClO_2$	分子量		94.49		熔点	63℃
	沸点	189℃	相对密度		（水=1） 1.58；（空气=1） 3.26		蒸气压	0.67 kPa.（71.5℃）
	外观性状	无色结晶，有潮解性						
	溶解性	溶于水、乙醇、乙醚、氯仿、二硫化碳						

稳定性和危险性	稳定性：稳定。 危险性：遇明火、高热可燃。受高热分解产生有毒的腐蚀性烟气。与强氧化剂接触可发生化学反应。遇潮时对大多数金属有强腐蚀性。

环境标准	中国　工作场所空气中有害物质最高容许浓度　$2mg/m^3$； 前苏联（1975）　污水排放标准　100 mg/L。

毒理学资料	侵入途径：吸入、食入、经皮吸收。 健康危害：吸入高浓度本品蒸气或皮肤接触其溶液后，可迅速大量吸收，造成急性中毒。吸入初期为上呼吸道刺激症状。中毒后数小时即可出现心、肺、肝、肾及中枢神经损害，重者呈现严重酸中毒。患者可有抽搐、昏迷、休克、血尿和肾功能衰竭。酸雾可致眼部刺激症状和角膜灼伤。皮肤灼伤可出现水疱，1～2周后水疱吸收。慢性影响：经常接触低浓度本品酸雾，可有头痛、头晕现象。 急性毒性：大鼠经口半数致死剂量（LD_{50}）：76 mg/kg； 　　　　　　小鼠经口半数致死剂量（LD_{50}）：255 mg/kg 　　　　　　大鼠吸入半数致死浓度（LC_{50}）：180 mg/m^3

应急措施	急救措施	皮肤接触：立即脱去污染的衣着，用大量流动清水冲洗至少 15 min。就医。 眼睛接触：立即提起眼睑，用大量流动清水或生理盐水彻底冲洗至少 15 min。就医。 吸入：迅速脱离现场至空气新鲜处。保持呼吸道通畅。如呼吸困难，给输氧。如呼吸停止，立即进行人工呼吸。就医。 食入：用水漱口，洗胃。给饮牛奶或蛋清。就医。
	泄漏处置	隔离泄漏污染区，限制出入。切断火源。建议应急处理人员戴防尘面具（全面罩），穿防酸碱工作服。不要直接接触泄漏物。 小量泄漏：避免扬尘，用洁净的铲子收集于干燥、洁净、有盖的容器中。也可以用大量水冲洗，洗水稀释后放入废水系统。 大量泄漏：用塑料布、帆布覆盖。然后收集回收或运至废物处理场所处置。
	消防方法	采用雾状水、泡沫、二氧化碳灭火。
主要用途		用于制农药和作有机合成中间体。
事件信息		2007 年 4 月 3 日河南省洛阳市偃师市佃庄镇大东郊村 7 家化工企业将未经处理的氯乙酸塑料包装袋丢弃，导致附近不明情况的村民接触塑料包装袋后，有两位村民先后出现中毒症状，其中 1 人死亡。

138. 氯甲酸三氯甲酯：CAS 503-38-8

品名	氯甲酸三氯甲酯	别名	双光气	英文名	Diphosgene
分子式	$C_2Cl_4O_2$	分子量	197.83	熔点	−57℃
沸点	128℃	相对密度	1.653（14℃）		
简介	化学特性：无色液体。遇热、遇碱或接触活性炭分解放出光气。溶于醇、乙醚等，难溶于水，但能为热水所分解。极易氧化。有窒息性。300℃时分解为 2 个分子光气。毒性较强，空气中浓度在 0.16 mg/L 时，经 1～2 min 即有致命危险。 剧毒，特别是遇热、碱类、活性炭有产生光气的危险。遇水、水蒸气产生有毒和腐蚀性的气体。				
事件信息	2008 年 2 月 22 日 15 时 04 分，一辆运载氯甲酸三氯甲酯的货车途经 104 国道临海市二桥江南开发区小龙物流公司附近，因货物挤压导致车上装有的 1 桶净重 270 kg 的氯甲酸三氯甲酯发生泄漏事故，造成 1 人死亡，3 人中毒。临海市政府及有关部门立即采取应急措施，采用石灰等处置物品进行中和处置。22 日天 19 时 55 分，现场处置基本完毕，事故未对环境造成影响。				

139. 6-氯-2,4-二硝基苯胺：CAS 3531-19-9

品名	6-氯-2,4-二硝基苯胺	别名		英文名	
分子式	$C_6H_4ClN_3O_4$	熔点	155～160℃	分子量	217.57
简介	黄色粉末，可燃，火场分解有毒氯化氢，氮氧化物气体，属于爆炸物质。				
事件信息	2006 年 1 月 6 日上午，绍兴市上虞市杭州湾精细化工园区长征化工有限公司六氯车间一个 6 300 L 反应釜发生爆炸，造成 2 人死亡、5 人受伤，并有氯化氢等气体外泄。反应釜中共有六氯（6-氯-2,4-二硝基苯胺）800 kg，由于爆炸未产生明火，事故处理只产生了 10 t 左右污水，该厂已有完备的雨水回收系统和 3 000 m³ 的废水预处理池，事故所产生的污水全部纳入污水处理设施，进行预处理后送入上虞市城市污水处理厂。当地环保部门对大气和水体污染状况进行监测，采取有效措施防止污染扩散。				

140. 焦油：CAS 8001-58-9

品名	焦油		别名		煤膏	英文名	Coal tar
理化性质	沸　点	200～220℃	相对密度	（水=1）：1.18～1.23			
	外观性状	黑色黏稠液体，具有特殊臭味					
	溶解性	微溶于水，溶于苯、乙醇、乙醚、氯仿、丙酮等多数有机溶剂					
稳定性和危险性	稳定性：稳定。 危险性：本品易燃。						
环境标准	我国暂无相关标准。						
监测方法	气相色谱法						
毒理学资料	侵入途径：吸入、经皮吸收。 健康危害：煤焦油作用于皮肤，引起皮炎、痤疮、毛囊炎、光毒性皮炎、中毒性黑皮病及肿瘤，可引起鼻中膈损伤。烟焦油含多种致癌物质和苯酚类、富马酸等促癌物质。国际癌症研究中心（IARC）已确认为致癌。						
安全防护措施	工程控制：生产过程密闭，全面通风。提供安全淋浴和洗眼设备。 呼吸系统防护：空气中浓度超标时，必须佩戴自吸过滤式防毒面具（全面罩）。紧急事态抢救或撤离时，应该佩戴空气呼吸器。 眼睛防护：呼吸系统防护中已做防护。 身体防护：穿胶布防毒衣。 手防护：戴橡胶耐油手套。 其他防护：工作现场严禁吸烟。工作完毕，淋浴更衣。注意个人清洁卫生。						
应急措施	急救措施	皮肤接触：脱去污染的衣着，用肥皂水和清水彻底冲洗皮肤。 眼睛接触：提起眼睑，用流动清水或生理盐水冲洗。就医。 吸入：脱离现场至空气新鲜处。如呼吸困难，给输氧。就医。 食入：尽快彻底洗胃。就医。					
	泄漏处置	迅速撤离泄漏污染区人员至安全区，并进行隔离，严格限制出入。切断火源。建议应急处理人员戴自给正压式呼吸器，穿防毒服。尽可能切断泄漏源。防止流入下水道、排洪沟等限制性空间。 小量泄漏：用沙土或其他不燃材料吸附或吸收。 大量泄漏：构筑围堤或挖坑收容。用泡沫覆盖，降低蒸气灾害。用泵转移至槽车或专用收集器内，回收或运至废物处理场所处置。					

应急措施	消防方法	消防人员必须佩戴过滤式防毒面具（全面罩）或隔离式呼吸器、穿全身防火防毒服，在上风向灭火。尽可能将容器从火场移至空旷处。喷水保持火场容器冷却，直至灭火结束。处在火场中的容器若已变色或从安全泄压装置中产生声音，必须马上撤离。灭火剂：雾状水、泡沫、干粉、二氧化碳、沙土。
主要用途		可分馏出各种芳香烃、烷烃、酚类等，也可制取油毡、燃料和炭黑。
事件信息		2007 年 4 月 9 日，位于浙江常山县生态工业园区内富盛化工有限公司一车间发生废焦油爆炸事故，当地消防接到报警迅速赶到现场扑救，事后环保部门监测，该事故没有对周边环境造成影响。

141. 蒽：CAS 120-12-7

品名	蒽		别名	绿油脑	英文名	Anthracene
理化性质	分子式	$C_{14}H_{10}$	分子量	178.22	熔点	216℃
	沸点	340℃	相对密度	（水=1）：1.283	蒸气压	0.13 kPa/145℃
	外观性状	带有淡蓝色荧光的白色片状晶体或浅黄色针状结晶				
	溶解性	不溶于水、难溶于乙醇和乙醚，较易溶于热苯				
稳定性和危险性	稳定性：稳定。危险性：遇明火、高热可燃。与氧化剂能发生强烈反应。					
环境标准	我国暂无相关标准。					
监测方法	高压液相色谱法					
毒理学资料	毒性：微毒。急性毒性：小鼠静注半数致死剂量（LD_{50}）：430 mg/kg 亚急性和慢性毒性：小鼠腹腔 500 mg/kg/d×7d，1/10 死亡，体质增长减慢；大鼠经口 6 mg/d×33 个月，9/31 死亡，未见肿瘤；大鼠皮下 5 mg/周×4 个月，1/5 死亡。刺激性：家兔经眼：250 μg，重度刺激。家兔经皮：10 mg（24 h），轻度刺激。致癌性：大鼠经口最低中毒剂量（TD_{Lo}）：18 g/kg（78 周，间断），致癌阳性。					

安全防护措施	呼吸系统防护：可能接触毒物时，应戴口罩。
	眼睛防护：一般不需要特殊防护。
	防护服：穿工作服。尽可能减少直接接触。
	手防护：戴防护手套。
	其他：工作后，淋浴更衣。保持良好的卫生习惯。

应急措施	急救措施	皮肤接触：脱去污染的衣着，用大量流动清水彻底冲洗。
		眼睛接触：立即提起眼睑，用流动清水冲洗。
		吸入：脱离现场至空气新鲜处。必要时进行人工呼吸。就医。
		食入：误服者给充分漱口、饮水，就医。
	泄漏处置	隔离泄漏污染区，周围设警告标志，建议应急处理人员戴好面罩，穿相应的工作服。不要直接接触泄漏物，避免扬尘，小心扫起，置于袋中转移至安全场所。
		大量泄漏：收集回收或无害处理后废弃。
	消防方法	灭火剂：雾状水、二氧化碳、沙土、泡沫。

主要用途	用作发光材料（如在闪烁计数器中），特别是用于涂层（如用于吸收紫外光）。用于制造蒽醌和染料等。也用作杀虫剂、杀菌剂、汽油阻凝剂等。
事件信息	2007 年 8 月 29 日傍晚，两声巨响过后，一辆装有 20 t 蒽（音同：ēn）油的罐车翻倒在沈大高速公路鞍山段上，蒽油出现泄漏。蒽油，易燃，有一定毒性。事发现场的高速路上车流量极大，事发现场千米外，便是海城市腾鳌镇一个村庄，村民们正在忙着晚饭……事发后，沈大高速公路鞍山段大连方向紧急封闭。经处置后，蒽油泄漏止住，所有未泄漏的蒽油得到转移。

142. 煤油、燃料油：CAS 8008-20-6

品名	煤油、燃料油	别名		煤油		英文名	Kerosene
理化性质	分子式			分子量		熔　点	24～25℃
	沸　点	175～325℃	相对密度	（空气=1）：4.5	蒸气压	0.23 mmHg（20℃）
	外观性状	无色透明液体，含有杂质时呈淡黄色，略带臭味					
	溶解性	可与石油系溶剂混溶					

稳定性和危险性	稳定性：稳定。 危险性：其蒸气与空气可形成爆炸性混合物，遇明火、高热能引起燃烧爆炸。与氧化剂可发生反应。流速过快，容易产生和积聚静电。其蒸气比空气重，能在较低处扩散到相当远的地方，遇火源会着火回燃。若遇高热，容器内压增大，有开裂和爆炸的危险。	
环境标准	苏联车间空气最高容许浓度（mg/m^3）：300[上限值]。	
毒理学资料	急性毒性：大鼠口服半数致死剂量（LD_{50}）：5 000 mg/kg。 急性中毒表现：吸入高浓度煤油蒸气，常先有兴奋，后转入抑制，表现为乏力、头痛、酩酊感、神志恍惚、肌肉震颤、共济运动失调；严重者出现定向力障碍、谵妄、意识模糊等；蒸气可引起眼及呼吸道刺激症状，重者出现化学性肺炎。吸入液态煤油可引起吸入性肺炎，严重时可发生肺水肿。摄入引起口腔、咽喉和胃肠道刺激症状，可出现与吸入中毒相同的中枢神经系统症状。	
安全防护措施	工程防护：密闭操作，提供良好的自然通风条件。 呼吸系统防护：建议操作人员佩戴过滤式防毒面具（半面罩）。 眼睛防护：戴化学安全防护眼镜。 身体防护：穿防毒物渗透工作服。 手防护：戴橡胶手套。 其他：工作现场禁止吸烟，远离热源、火源。	
应急措施	急救措施	皮肤接触：脱去污染的衣着，用肥皂水和清水彻底冲洗皮肤。 眼睛接触：提起眼睑，用流动清水或生理盐水冲洗。就医。 吸入：迅速脱离现场至空气新鲜处。保持呼吸道通畅。如呼吸困难，给输氧。如呼吸停止，立即进行人工呼吸。就医。 食入：尽快彻底洗胃。就医。
	泄漏处置	迅速撤离泄漏污染区人员至安全区，并进行隔离，严格限制出入。切断火源。建议应急处理人员戴自给正压式呼吸器，穿防静电工作服。尽可能切断泄漏源。防止流入下水道、排洪沟等限制性空间。 小量泄漏：用沙土或其他不燃材料吸附或吸收。也可以在保证安全情况下，就地焚烧。 大量泄漏：构筑围堤或挖坑收容。用泵转移至槽车或专用收集器内，回收或运至废物处理场所处置。
	消防方法	消防人员须佩戴防毒面具、穿全身消防服，在上风向灭火。尽可能将容器从火场移至空旷处。喷水保持火场容器冷却，直至灭火结束。处在火场中的容器若已变色或从安全泄压装置中产生声音，必须马上撤离。 灭火剂：雾状水、泡沫、干粉、二氧化碳、沙土。

主要用途	适用于点灯照明和各种煤油燃烧器作燃料，也可作为清洗机件的溶剂。可广泛用作气雾杀虫剂的溶剂、无味煤油、上光剂、液体蚊香、印染用油、金属清洗剂、洗手液、无味油漆调和油。
事件信息	1. 2012 年 3 月 9 日，哈尔滨环城高速公路 47 km 路段，一辆拉运航空煤油的罐车由于雪天路滑侧翻在路边，罐体内部分煤油发生泄漏，消防官兵在赶到现场后用衣物将罐体漏点堵上，并对翻倒罐车内尚未泄漏的煤油导入空罐车内，为防止罐体内残留的煤油发生爆炸，用水枪对罐体打水降温。 2. 2011 年 11 月 17 日下午，南京绕城公路马群立交附近，由于违规挖路一处航空煤油管道被挖破引发爆炸，在接到报警后，民警迅速在距离事发现场以外几百米处拉起了警戒线，为了防止煤油泄漏污染附近河沟，消防人员关闭附近的两处闸门，同时迅速用泡沫喷射稀释"煤油河"。 3. 2010 年 9 月 8 日，三亚市海棠湾镇一在建工地的一条煤油输油管道被挖破，造成大量煤油泄漏，三亚市消防指挥中心会同当地政府、公安、安监、环保等相关部门人员赶往事故现场进行处置。为防止意外事故发生，在第一时间疏散了周围围观的群众，拉好警戒线，并要求管线所属单位立即关闭油阀，并用两支水枪对空气中的油气进行稀释，组织现场施工人员在泄漏点附近挖出一个大坑"收集"漏油，防止煤油继续流散。

143. 溴敌隆：CAS 28772-56-7

品名	溴敌隆	别名		英文名	Bromadiolone
分子式	$C_3OH_{23}BrO_4$	分子量	527.41	蒸气压	$1.78×10^{-5}$ Pa（70℃）
简介	是一种适口性好、毒性大、靶谱广的高效杀鼠剂，对鱼类、水生昆虫等水生生物有中等毒性。				
危险特性	危险特性：遇明火、高热可燃。其粉体与空气可形成爆炸性混合物，当达到一定浓度时，遇火星会发生爆炸。受高热分解放出有毒的气体。 有害燃烧产物：一氧化碳、二氧化碳、溴化氢。				
毒理性资料	急性毒性：大鼠经口半数致死剂量（LD_{50}）：1.75 mg/kg； 　　　　　兔经皮半数致死剂量（LD_{50}）：9.4 mg/kg； 　　　　　大鼠吸入半数致死浓度（LC_{50}）：200 mg/m³				

灭火方法	消防人员须戴好防毒面具，在安全距离以外，在上风向灭火。切勿将水流直接射至熔融物，以免引起严重的流淌火灾或引起剧烈的沸溅。 灭火剂：雾状水、泡沫、干粉、二氧化碳、沙土。
事件信息	2007年4月15日6时55分，一辆装载400箱（每箱10 kg，纸箱包装，内用塑料袋分装）灭鼠药（主要成分为溴敌隆毒饵，对老鼠剧毒，对家禽鱼类毒性中等、对人体有一定危害）的货运车在宁波市境内杭甬高速公路鄞州邱隘段发生侧翻事故，其中20箱掉入高速公路边的河道内。事发地下游有部分河道养殖场，500 m处有邱隘镇自来水厂取水口。 　　处置措施：一是组织人员打捞进入河道的灭鼠药，并收集侧翻在河边的灭鼠药，由专业处置车辆运送至有资质的单位进行安全处置；二是在事发点河道内（河道宽度为15 m）上游20 m、下游30 m处分别筑坝进行截流，防止污染扩大；三是邱隘镇自来水厂由河道取水改为水库取水，确保群众的饮用水安全；四是通知下游群众禁止饮用和使用受污染水，并通知下游养殖户注意防范，严禁出售、食用受污染的鱼、鸭；五是环保部门对事发地及周围水体进行连续跟踪采样监测，通报水体监测结果等有关情况。 　　由于灭鼠药中只含有微量的溴敌隆，溴敌隆又难溶于水，监测结果显示，事故点下游20 m、100 m、邱隘水厂取水口等监测断面的溴敌隆含量均未检出，此次事故并未对河道和周边环境造成污染。

144. 溴氰菊酯：CAS 52918-63-5

品名	溴氰菊酯	别名		敌杀死		英文名	Decamethrim；Decis
理化性质	分子式	$C_{22}H_{19}Br_2NO_3$		分子量	505.24	熔点	98～101℃
	蒸气压	$2×10^{-9}$ kPa（25℃）					
	外观性状	纯品为白色晶体，原药为白色无气味的粉末					
	溶解性	难溶于水，溶于多数有机溶剂					
稳定性和危险性	稳定性：稳定。 危险性：遇明火、高热可燃。受高热分解，放出有毒的烟气。 燃烧（分解）产物：一氧化碳、二氧化碳、氮氧化物、溴化氢、氰化氢。						
环境标准	中国食品中农药最高残留量标准　0.5 mg/kg（原粮、叶类菜）；0.2 mg/kg（果类菜）；0.1 mg/kg（水果）						

毒理学资料	侵入途径：吸入、食入、经皮吸收。 健康危害：本品属中等毒类。皮肤接触可引起刺激症状，出现红色丘疹。急性中毒时，轻者有头痛、头晕、恶心、呕吐、食欲不振、乏力，重者还可出现肌束颤动和抽搐。 急性毒性：大鼠经口半数致死剂量（LD_{50}）：138.7 mg/kg； 　　　　　大鼠经皮半数致死剂量（LD_{50}）：4 640 mg/kg。	
应急措施	急救措施	皮肤接触：用肥皂水及清水彻底冲洗。就医。 眼睛接触：拉开眼睑，用流动清水冲洗 15 min。就医。 吸入：脱离现场至空气新鲜处。就医。 食入：误服者，饮适量温水，催吐。就医。用葛根素治疗。
	泄漏处置	隔离泄漏污染区，周围设警告标志，建议应急处理人员戴自给式呼吸器，穿化学防护服。不要直接接触泄漏物，用洁净的铲子收集于干燥、洁净、有盖的容器中，运至废物处理场所。用水刷洗泄漏污染区，经稀释的洗水放入废水系统。 大量泄漏：收集回收或无害处理后废弃。
	消防方法	灭火剂：泡沫、干粉、沙土。
主要用途	用于防治水稻、棉花的害虫及卫生用杀虫剂。	
事件信息	2010 年 3 月 11 日 20 时左右，广东高州水库有人投饵捕鱼虾，投饵物为敌杀死（主要成分为溴氰菊酯）和粒状阿托品，投放量分别约为 80 mL 和 100 g。为了确保饮用水安全，做到万无一失，广东省茂名市鉴江流域水利工程管理局于 12 日凌晨约 1 时，关闭水闸，停止向高州自来水厂供水，并从出水口抽取水样，分别送环保、农业等部门检测。由于投药量甚微，水库水面均没有出现鱼虾死亡等异常现象，经监测水库水质正常，未造成环境污染事故。	

145. 聚乙烯：CAS 9002-88-4

品名	聚乙烯	别名	PE		英文名	Polyethylene
理化性质	分子式	$(C_2H_4)_n$	分子量		熔点	92℃
	软化点	120～125℃	相对密度	0.95（25℃）	脆化温度	−70℃
	外观性状	低分子量的一般是无色、无臭、无味、无毒的液体；高分子量的纯品是乳白色蜡状固体粉末				
	溶解性	在常温下不溶于已知溶剂中，但在脂肪烃、芳香烃和卤代烃中长时间接触时能溶胀。在 70℃ 以上时可稍溶于甲苯、乙酸戊酯等中				
稳定性和危险性	稳定性：未有已知危险反应。					

环境标准	我国暂无相关标准。	
监测方法		
毒理学资料	可安全用于食品（FDA，172.615，1994）。	
安全防护措施	工程控制：密闭操作，提供良好的通风条件。 呼吸系统防护：空气中浓度超标时，必须佩戴自吸过滤式防尘口罩。 眼睛防护：必要时，戴化学安全防护眼镜。 身体防护：穿一般作业防护衣。 手防护：戴一般作业防护手套。 其他防护：工作现场严禁吸烟。注意个人清洁卫生。	
应急措施	急救措施	皮肤接触：脱去污染的衣着，用流动清水冲洗。 眼睛接触：提起眼睑，用流动清水或生理盐水冲洗。就医。 吸入：脱离现场至空气新鲜处。如呼吸困难，给输氧。就医。 食入：饮足量温水，催吐。就医。
	泄漏处置	隔离泄漏污染区，限制出入。切断火源。建议应急处理人员戴防尘面具（全面罩），穿防毒服。避免扬尘，小心扫起，置于袋中转移至安全场所。 大量泄漏：用塑料布、帆布覆盖。收集回收或运至废物处理场所处置。
	消防方法	尽可能将容器从火场移至空旷处。 灭火剂：雾状水、泡沫、干粉、二氧化碳、沙土。
主要用途	主要用于制造塑料制品。如包装薄膜、容器、管道、日用品、电视和雷达的高频电绝缘材料，也用于抽丝成纤维，以及用作金属、木材和织物的涂层等。	
事件信息	2002年2月23日辽阳石化分公司聚乙烯装置发生爆炸事故。	

146. 聚乙烯醇：CAS 9002-89-5

品名	聚乙烯醇	别名				英文名	Polyvinyl alcohol
理化性质	分子式	$(C_2H_4O)n$	分子量	44.052 6		熔点	230～240℃
	沸点		相对密度	1.31（25℃）		蒸气压	
	外观性状	乳白色粉末					
	溶解性	不溶于石油醚，溶于水					
稳定性和危险性	稳定性：常温常压下稳定。						
	危险性：本品可燃，具刺激性。						
环境标准	中国车间空气最高容许浓度（mg/m³）：10； 前苏联车间空气最高容许浓度（mg/m³）：10。						
监测方法	变色分光光度法						
毒理学资料	急性毒性：大鼠经口半数致死浓度（LC_{50}）：14 270 mg/kg， 大鼠经口半数致死剂量（LD_{50}）：23 854 mg/kg。						
	急性中毒表现：吸入、摄入或经皮肤吸收后对身体有害，对眼睛和皮肤有刺激作用。						
安全防护措施	工程控制：密闭操作，提供良好的通风条件。						
	呼吸系统防护：空气中浓度超标时，必须佩戴自吸过滤式防尘口罩。						
	眼睛防护：必要时，戴化学安全防护眼镜。						
	身体防护：穿一般作业防护衣。						
	手防护：戴一般作业防护手套。						
	其他防护：工作现场严禁吸烟。注意个人清洁卫生。						
应急措施	急救措施	皮肤接触：脱去污染的衣着，用流动清水冲洗。					
		眼睛接触：提起眼睑，用流动清水或生理盐水冲洗。就医。					
		吸入：脱离现场至空气新鲜处。如呼吸困难，给输氧。就医。					
		食入：饮足量温水，催吐。就医。					
	泄漏处置	隔离泄漏污染区，限制出入。切断火源。建议应急处理人员戴防尘面具（全面罩），穿防毒服。避免扬尘，小心扫起，置于袋中转移至安全场所。也可以用大量水冲洗，洗水稀释后放入废水系统。					
		大量泄漏：用塑料布、帆布覆盖。收集回收或运至废物处理场所处置。					
	消防方法	消防人员须佩戴防毒面具、穿全身消防服，在上风向灭火。					
		灭火剂：雾状水、泡沫、干粉、二氧化碳、沙土。					

主要用途	用于制造聚乙烯醇缩醛、耐汽油管道和维尼纶合成纤维、织物处理剂、乳化剂、纸张涂层、黏合剂等。
事件信息	2008 年 10 月 12 日中午，在云南省红河州弥勒县境内国道 326 线上，一辆载有 30 余吨粉状聚乙烯醇在行驶过程中发生火灾，造成国道 326 线 4 个多小时的道路交通中断。事故发生后，弥勒县人民政府迅速启动道路交通事故应急救援预案，迅速调集公安、消防、交警、安监、环保、路政等部门成立现场救援指挥部，对现场 200 m 范围内进行警戒，严格控制出入现场的人员和车辆。同时组织人员对现场情况进行灾情侦察，经研究决定，在灭火的同时并对事故车的油箱进行冷却，防止发生爆炸，为了加快灭火速度，调运两辆装载车对事故车辆上的聚乙烯醇进行翻转，把事故车辆上的聚乙烯醇翻转到路上，对还在着火的聚乙烯醇进行扑火，最后再用车把路上的聚乙烯醇拉到偏僻的地方进行处理。到下午 4 时，事故处置完毕。

147. 聚苯乙烯：CAS 9003-53-6

品名	聚苯乙烯	别名			英文名	Polystyrene
理化性质	分子式	C_8H_8	分子量	104.149 1	熔点	212℃
	沸点	212℃	相对密度	1.06（25℃）	蒸气压	
	外观性状	无色、无臭、无味而有光泽的透明固体				
	溶解性	溶于芳香烃、氯代烃、脂肪族酮和酯等				
稳定性和危险性	稳定性：常温、常压下稳定。 危险性：可燃，具刺激性。					
环境标准	前苏联车间空气最高容许浓度（mg/m³）：6。					
监测方法	气相色谱法。					
毒理学资料	大鼠注射最小致死剂量（TD_{Lo}）：200 mg/kg； 急性中毒表现：毒性与聚合物中未聚合的单体即苯乙烯的量有关，主要对呼吸道有较强刺激作用。					

应急措施	急救措施	皮肤接触：脱去污染的衣着，用流动清水冲洗。 眼睛接触：提起眼睑，用流动清水或生理盐水冲洗。就医。 吸入：脱离现场至空气新鲜处。如呼吸困难，给输氧。就医。 食入：饮足量温水，催吐。就医。
	泄漏处置	隔离泄漏污染区，限制出入。切断火源。建议应急处理人员戴防尘面具（全面罩），穿防毒服。用洁净的铲子收集于干燥、洁净、有盖的容器中，转移至安全场所。 大量泄漏：收集回收或运至废物处理场所处置。
	消防方法	消防人员须佩戴防毒面具、穿全身消防服，在上风向灭火。 灭火剂：雾状水、泡沫、干粉、二氧化碳、沙土。
主要用途		经常被用来制作泡沫塑料制品。发泡聚苯乙烯用于建筑材料。
事件信息		2008 年 6 月 23 日上午 8 时 30 分，西夏区工业园恒傲建筑节能工程公司发生火灾，企业库存的 30 t 聚苯乙烯全部烧光，过火面积达 800 m²，接到报警后，消防官兵迅速到达现场进行灭火，与此同时，西夏区环保分局工作人员赶到现场，对火灾造成的环境污染进行应急监测，并疏散附近围观群众，避免发生中毒事件。8 时 50 分许，专门应对突发环境事故的环境应急监测车赶到，对现场被污染的大气和水进行采样。除滚滚的黑烟造成大气污染外，灭火过程中使用的水被污染后又下渗土壤，产生了二次污染。数据显示，现场大气中总挥发性有机物超标，水中化学需氧量超标，但总体污染并不严重。

148．醋酸乙烯：CAS 108-05-4

品名	醋酸乙烯	别名		乙酸乙烯酯	英文名	Vinyl acetate
理化性质	分子式	$C_4H_6O_2$	分子量	86.09	熔　点	−93.2℃
	沸　点	71.8～73℃	相对密度	（水=1）：0.93	蒸气压	13.3 kPa/21.5℃
	外观性状	无色液体，具有甜的醚味				
	溶解性	微溶于水，溶于醇、醇、丙酮、苯、氯仿				
稳定性和危险性	稳定性：稳定。 危险性：易燃，其蒸气与空气可形成爆炸性混合物。遇明火、高热能引起燃烧爆炸。与氧化剂能发生强烈反应。极易受热、光或微量的过氧化物作用而聚合，含有抑制剂的商品与过氧化物接触也能猛烈聚合。其蒸气比空气重，能在较低处扩散到相当远的地方，遇明火会引着回燃。					

环境标准	前苏联车间空气最高容许浓度（mg/m³）：10。	
监测方法	色谱/质谱法《水和有害废物的监测分析方法》，周文敏等，编译。 色谱/质谱法《固体废弃物试验分析评价手册》，中国环境监测总站等，译。 空气中：样品用红色硅藻土载体 107 吸附，经热脱附，再用火焰离子化检测器的气相色谱分析。	
毒理学资料	毒性：属低毒类。 急性毒性：大鼠经口半数致死剂量（LD$_{50}$）：2 900 mg/kg； 　　　　　兔经皮半数致死剂量（LD$_{50}$）：2 500 mg/kg； 　　　　　大鼠吸入半数致死浓度（LC$_{50}$）：14 080 mg/m³，4 h 亚急性和慢性毒性：大鼠吸入 2.4 mg/m³，24 h，轻度肝脏酶变化。 致癌性：IARC 致癌性评论：动物为不肯定性反应。	
安全防护措施	工程控制：密闭操作，注意通风。 呼吸系统防护：可能接触其蒸气时，应该佩戴自吸过滤式防毒面具（半面罩）。紧急事态抢救或撤离时，建议佩戴空气呼吸器。 眼睛防护：戴化学安全防护眼镜。 身体防护：穿防静电工作服。 手防护：戴乳胶手套。 其他：工作现场严禁吸烟。工作完毕，淋浴更衣。特别注意眼和呼吸道的防护。	
应急措施	急救措施	皮肤接触：脱去被污染的衣着，用肥皂水和清水彻底冲洗皮肤。 眼睛接触：提起眼睑，用流动清水或生理盐水冲洗。就医。 吸入：迅速脱离现场至空气新鲜处。保持呼吸道通畅。如呼吸困难，给输氧。如呼吸停止，立即进行人工呼吸。就医。 食入：饮足量温水，催吐。就医。
	泄漏处置	迅速撤离泄漏污染区人员至安全区，并进行隔离，严格限制出入。切断火源。建议应急处理人员戴自给正压式呼吸器，穿消防防护服。尽可能切断泄漏源，防止进入下水道、排洪沟等限制性空间。 小量泄漏：用沙土或其他不燃材料吸附或吸收。也可以用不燃性分散剂制成的乳液刷洗，洗液稀释后放入废水系统。 大量泄漏：构筑围堤或挖坑收容。喷雾状水冷却和稀释蒸气、保护现场人员、把泄漏物稀释成不燃物。用防爆泵转移至槽车或专用收集器内，回收或运至废物处理场所处置。
	消防方法	遇大火，消防人员须在有防护掩蔽处操作。用水灭火无效，但须用水保持火场中容器冷却。 灭火剂：泡沫、二氧化碳、干粉、沙土。

主要用途	用于有机合成，主要用于合成维尼纶，也用于黏结剂和涂料工业等。
事件信息	1999年5月，河南省偃师市一家有机化工厂因醋酸乙烯泄漏，遇电火花爆炸，顷刻间化工厂变成废墟，造成一死两伤。 　2004年5月，加拿大蒙特利尔一辆正在灌装醋酸乙烯的槽车突然发生爆炸，一名操作工人当场被炸死。 　2008年8月26日，位于广西宜州市郊的广西维尼纶集团有限责任公司有机车间发生特大爆炸事故，酿成20死60伤的人间惨剧。经调查，事故的罪魁祸首之一就是醋酸乙烯。

149．醋酸酐：CAS 108-24-7

品名	醋酸酐		别名		乙酸酐	英文名	Acetic anhydride
理化性质	分子式	$C_4H_6O_3$	分子量		102.09	熔点	−73℃
	沸点	139℃	相对密度		（水=1）：1.080	蒸气压	1.33 kPa（36℃）
	外观性状	无色透明液体，有刺激气味，其蒸气为催泪毒气					
	溶解性	溶于乙醇、乙醚、苯					
稳定性和危险性	稳定性：稳定。 危险性：该品易燃，具腐蚀性、刺激性，可致人体灼伤。对环境有危害，对水体可造成污染。						
环境标准	我国暂无相关标准。						
监测方法	气相色谱法（《空气中有害物质的测定方法》（第二版），杭士平主编） 羟肟酸比色法（《化工企业空气中有害物质测定方法》，化学工业出版社）						
毒理学资料	急性毒性：大鼠经口半数致死剂量（LD_{50}）：1 780 mg/kg； 　　　　　兔经皮半数致死剂量（LD_{50}）：4 000 mg/kg 　　　　　大鼠吸入半数致死浓度（LC_{50}）：4 170 mg/m^3，4 h						

安全防护措施		工程防控：生产过程密闭，加强通风。提供安全淋浴和洗眼设备。 呼吸系统防护：可能接触其蒸气时，必须佩戴自吸过滤式防毒面具（全面罩）。紧急事态抢救或撤离时，建议佩戴空气呼吸器。 眼睛防护：呼吸系统防护中已做防护。 身体防护：穿防酸碱塑料工作服。 手防护：戴橡胶耐酸碱手套。 其他：工作场所禁止吸烟、进食和饮水，饭前要洗手。工作完毕，淋浴更衣。注意个人清洁卫生。
应急措施	急救措施	皮肤接触：立即脱去污染的衣着，用大量流动清水冲洗至少15 min。就医。 眼睛接触：立即提起眼睑，用大量流动清水或生理盐水彻底冲洗至少15 min。就医。 吸入：迅速脱离现场至空气新鲜处。保持呼吸道通畅。如呼吸困难，给输氧。如呼吸停止，立即进行人工呼吸。就医。 食入：用水漱口，给饮牛奶或蛋清。就医。
	泄漏处置	应急处理：迅速撤离泄漏污染区人员至安全区，并进行隔离，严格限制出入。切断火源。建议应急处理人员戴自给正压式呼吸器，穿防酸碱工作服。不要直接接触泄漏物。尽可能切断泄漏源。防止流入下水道、排洪沟等限制性空间。 小量泄漏：用沙土、干燥石灰或苏打灰混合。 大量泄漏：构筑围堤或挖坑收容。喷雾状水冷却和稀释蒸气、保护现场人员、把泄漏物稀释成不燃物。用防爆泵转移至槽车或专用收集器内，回收或运至废物处理场所处置。
	消防方法	用水喷射逸出液体，使其稀释成不燃性混合物，并用雾状水保护消防人员。 灭火剂：雾状水、抗溶性泡沫、干粉、二氧化碳。
主要用途		乙酸酐是重要的乙酰化试剂，乙酸酐用于制造纤维素乙酸酯；乙酸塑料；不燃性电影胶片；在医药工业中用于制造合霉素；痢特灵；地巴唑；咖啡因和阿斯匹林；磺胺药物等；在染料工业中主要用于生产分散深蓝 HCL；分散大红 S-SWEL；分散黄棕 S-2REL等；在香料工业中用于生产香豆素；乙酸龙脑酯；葵子麝香；乙酸柏木酯；乙酸松香酯；乙酸苯乙酯；乙酸香叶酯等；由乙酸酐制造的过氧化乙酰，是聚合反应的引发剂和漂白剂。
事件信息		2008 年 12 月 31 日 14 时许，浙江甬（宁波）金（金华）高速公路浙江省嵊州市境内，发生一起运载 15 t 醋酸酐化学品的槽罐车侧翻泄漏事故，交警、消防官兵和当地环保部门工作人员在事发后及时赶到事故现场，采用堵漏和水枪稀释的方法合力将危险化解。

三、其他化学物质应急防护与处置方法

150．乙二酸：CAS 144-62-7

品名	乙二酸	别名	草酸		英文名	Oxalic acid	
理化性质	分子式	$C_2H_2O_4$	分子量	90.04	熔　点	$101\sim102℃$	
	沸　点	50℃	相对密度	（水=1）：1.653	蒸气压	<0.01 mm Hg（20℃）	
	外观性状	无色单斜片状或棱柱体结晶或白色粉末，无气味					
	溶解性	1 g 溶于 7 mL 水、2 mL 沸水、2.5 mL 乙醇、1.8 mL 沸乙醇、100 mL 乙醚、5.5 mL 甘油，不溶于苯、氯仿和石油醚					
稳定性和危险性	稳定性：189.5℃分解。 危险性：对皮肤、黏膜有刺激及腐蚀作用。						
环境标准	我国暂无相关标准。						
监测方法	按 GB 1626—88 中规定的分析方法测试。草酸含量（以 $H_2C_2O_4 \cdot 2H_2O$ 计）以酚酞为指示剂，用氢氧化钠标准溶液滴定。						
毒理学资料	大鼠经口半数致死剂量（LD_{50}）：375 mg/kg; 兔经皮半数致死剂量（LD_{50}）：2 000 mg/kg。						
安全防护措施	工程控制：密闭操作，局部给风。提供安全淋浴和洗眼设备。 呼吸系统防护：可能接触其粉尘时，必须佩戴防尘面具（全面罩）。紧急事态抢救或撤离时，应该佩戴空气呼吸器。 眼睛防护：呼吸系统防护中已做防护。 身体防护：穿连衣式胶布防毒服。 手防护：戴橡胶手套。 其他：工作完毕，淋浴更衣。						

应急措施	急救措施	皮肤接触：立即脱去被污染的衣着，用大量流动清水冲洗至少15 min。就医。 眼睛接触：立即提起眼睑，用大量流动清水或生理盐水彻底冲洗至少15 min。就医。 吸入：迅速脱离现场至空气新鲜处。保持呼吸道通畅。如呼吸困难，给输氧。如呼吸停止，立即进行人工呼吸。就医。 食入：尽快用清水或清水加乳酸钙、葡萄糖酸钙或石灰水洗胃。再用葡萄糖 40 g 灌入胃中。
	泄漏处置	隔离泄漏污染区，限制出入。切断火源。建议应急处置人员戴防尘面具（全面罩），穿防毒衣。避免扬尘，小心扫起，置于袋中转移至安全处。也可用大量水清洗，废水排入废水系统。 大量泄漏：用塑料布、帆布覆盖，收集回收或运至废物处理场所处置。
	消防方法	消防人员需戴好防毒面具，在安全距离之外，在上风向灭火。 灭火剂：雾状水、泡沫、干粉、二氧化碳、沙土。
主要用途		制作草酸盐、季戊四醇、抗菌素，也用作化学试剂、漂白剂。

151. 乙烯/醋酸乙烯共聚物：CAS 24937-78-8

品名	乙烯/醋酸乙烯共聚物	别名			英文名	Ethylene-vinyl acetate copo lymer
理化性质	分子式	$(C_2H_4)_x \cdot (C_4H_6O_2)_y$	分子量	2 000（平均）	熔 点	75℃
	闪 点	260℃	相对密度		0.948（25℃）	
稳定性和危险性	稳定性：稳定。 危险性：粉体与空气可形成爆炸性混合物，当达到一定浓度时，遇火星会发生爆炸。加热分解产生易燃气体。					
环境标准	我国暂无相关标准。					

安全防护措施	工程控制：密闭操作。提供良好的自然通风条件。		
	呼吸系统防护：空气中粉尘浓度超标时，必须佩戴自吸过滤式防尘口罩。紧急事态抢救或撤离时，应该佩戴空气呼吸器。		
	眼睛防护：戴化学安全防护眼镜。		
	身体防护：穿防毒物渗透工作服。		
	手防护：戴橡胶手套。		
	其他防护：工作现场严禁吸烟。保持良好的卫生习惯。		
应急措施	**急救措施**	皮肤接触：脱去污染的衣着，用流动清水冲洗。	
		眼睛接触：提起眼睑，用流动清水或生理盐水冲洗。就医。	
		吸入：脱离现场至空气新鲜处。就医。	
		食入：饮足量温水，催吐。就医。	
	泄漏处置	隔离泄漏污染区，限制出入。切断火源。建议应急处理人员戴防尘面具（全面罩），穿防毒服。避免扬尘，小心扫起，置于袋中转移至安全场所。	
		大量泄漏：收集回收或运至废物处理场所处置。	
	消防方法	消防人员须佩戴防毒面具、穿全身消防服，在上风向灭火。	
		灭火剂：雾状水、泡沫、干粉、二氧化碳、沙土。	
主要用途	制作冰箱导管、煤气管、土建板材、容器和日用品等，也可制包装用薄膜、垫片、医用器材，还可用作热熔胶粘剂、电缆绝缘层等。		

152. 乙烷：CAS 74-84-0

品名	乙烷	别名			英文名	Ethane
理化性质	分子式	C_2H_6	分子量	30.07	熔点	−183.3℃
	沸点	−88.6℃	相对密度	（水=1）：0.45	蒸气压	53.32 kPa（−99.7℃）
	外观性状	无色无臭气体				
	溶解性	不溶于水，微溶于乙醇、丙酮，溶于苯、乙烷跟四氯化碳互溶（相似相溶原理）				
稳定性和危险性	稳定性：稳定。					
	危险性：本品易燃，具窒息性。					

环境标准	前苏联车间空气最高容许浓度（mg/m³）：300。	
监测方法	气相色谱法。	
毒理学资料	高浓度时，有单纯性窒息作用。空气中浓度大于 6%时，出现眩晕、轻度恶心、麻醉症状；达 40%以上时，可引起惊厥，甚至窒息死亡。	
安全防护措施	工程控制：生产过程密闭，全面通风。 呼吸系统防护：一般不需要特殊防护，但建议特殊情况下，佩戴自吸过滤式防毒面具（半面罩）。 眼睛防护：一般不需特殊防护。 身体防护：穿防静电工作服。 手防护：戴一般作业防护手套。 其他防护：工作现场严禁吸烟。避免长期反复接触。进入罐、限制性空间或其他高浓度区作业，须有人监护。	
应急措施	急救措施	吸入：迅速脱离现场至空气新鲜处。保持呼吸道通畅。如呼吸困难，给输氧。如呼吸停止，立即进行人工呼吸。就医。
	泄漏处置	应急处理：迅速撤离泄漏污染区人员至上风处，并进行隔离，严格限制出入。切断火源。建议应急处理人员戴自给正压式呼吸器，穿防静电工作服。尽可能切断泄漏源。合理通风，加速扩散。如有可能，将漏出气用排风机送至空旷地方或装设适当喷头烧掉。也可以将漏气的容器移至空旷处，注意通风。漏气容器要妥善处理，修复、检验后再用。
	消防方法	切断气源。若不能切断气源，则不允许熄灭泄漏处的火焰。喷水冷却容器，可能的话将容器从火场移至空旷处。 灭火剂：雾状水、泡沫、二氧化碳、干粉。
主要用途		用于制乙烯、氯乙烯、氯乙烷、冷冻剂等。

153. 乙酸丁酯：CAS 123-86-4

品名	乙酸丁酯	别名		乙酸正丁酯	英文名	Acetic acid butyl ester
理化性质	分子式	$C_6H_{12}O_2$	分子量	116.16	熔点	$-73.5℃$
	沸点	126.11℃	相对密度（水=1）	0.882 5	蒸气压	2.0 kPa（25℃）
	外观性状	无色透明液体，有果香				
	溶解性	能与乙醇和乙醚混溶，溶于大多数烃类化合物，25℃时溶于约120份水				
稳定性和危险性	稳定性：稳定。 危险性：易燃，蒸气能与空气形成爆炸性混合物，爆炸极限1.4%～8.0%（体积）。					
环境标准	中国 PC-TWA（mg/m³）：200； 中国 PC-STEL（mg/m³）：300； 前苏联车间空气最高容许浓度（mg/m³）：200。					
监测方法	气相色谱法；羟胺–氯化铁分光光度法。					
毒理学资料	大鼠经口半数致死剂量（LD₅₀）：13 100 mg/kg； 大鼠经口半数致死浓度（LC₅₀）：9 480 mg/kg。					
安全防护措施	工程控制：生产过程密闭，全面通风。提供安全淋浴和洗眼设备。 呼吸系统防护：可能接触其蒸气时，应该佩戴自吸过滤式防毒面具（半面罩）。紧急事态抢救或撤离时，建议佩戴空气呼吸器。 眼睛防护：戴化学安全防护眼镜。 身体防护：穿防静电工作服。 手防护：戴橡胶耐油手套。 其他：工作现场严禁吸烟。工作完毕，淋浴更衣。注意个人清洁卫生。					
应急措施	急救措施	皮肤接触：脱去被污染的衣着，用肥皂水和清水彻底冲洗皮肤。 眼睛接触：立即提起眼睑，用大量流动清水或生理盐水冲洗至少15 min。就医。 吸入：迅速脱离现场至空气新鲜处。保持呼吸道通畅。如呼吸困难，给输氧。如呼吸停止，立即进行人工呼吸。就医。 食入：饮足量温水，催吐。				
	泄漏处置	迅速撤离泄漏污染区人员至安全区，并进行隔离，严格限制出入。切断火源。建议应急处理人员戴自给正压式呼吸器，穿防静电工作服。尽可能切断泄漏源。防止流入下水道、排洪沟等限制性空间。 小量泄漏：用活性炭或其他惰性材料吸收。也可以用大量水冲洗，洗水稀释后放入废水系统。 大量泄漏：构筑围堤或挖坑收容。用泡沫覆盖，降低蒸气灾害。用防爆泵转移至槽车或专用收集器内，回收或运至废物处理场所处置。				
	消防方法	灭火剂：抗溶性泡沫、二氧化碳、干粉、沙土。用水灭火无效，但可用水保持火场中容器冷却。				
主要用途		常用有机溶剂。检定铊、锡和钨。测定钼和铼。抗生素萃取剂。				

154. 二甲基乙酰胺：CAS 127-19-5

品名	二甲基乙酰胺	别名		乙酰二甲胺		英文名	*N,N*-Dimethylacetamide
理化性质	分子式	C₄H₉NO	分子量		87.12	熔点	−20℃
	沸点	166.1℃	相对密度		（水=1）：0.9366	蒸气压	0.17 kPa（25℃）
	外观性状	无色液体					
	溶解性	对多种有机、无机物质都有良好的溶解能力。能与水、醚、酯、酮、芳香族化合物混溶。可溶解不饱和脂肪烃，对饱和脂肪烃难溶。能溶解丙烯腈共聚物、乙烯系树脂、纤维素衍生物、苯乙烯树脂、线型聚酯树脂等					

稳定性和危险性	稳定性：化学性质与 *N,N*-二甲基甲酰胺非常相似，是一种有代表性的酰胺类溶剂。在无酸、碱存在时，常压下加热至沸腾不分解，因此可以在常压下蒸馏。水解速度很慢，含有 5% 水的 *N,N*-二甲基乙酰胺在 95℃ 加热 140 h，只有 0.02% 发生水解。 危险性：有酸碱存在时，水解速度增加。强碱存在时加热发生皂化；在 H⁺ 存在下加热时，与醇发生醇解反应。

环境标准	美国 TWA：35 mg/m³，ACGIH； 美国 IDLH：400×10⁻⁶，ACGIH； 英国 TWA：35 mg/m³； 英国 STEL：50 mg/m³； 德国 MAK：35 mg/m³。

监测方法	用硅吸附，甲醇解吸，气相层析法分析； 气相色谱法《作业环境空气中有毒物质检测方法》陈安之主编； 色谱/质谱法《水和有害废物的监测分析方法》周文敏等编译。

毒理学资料	毒性：低毒类。 急性毒性：大鼠经口半数致死剂量（LD₅₀）：400 mg/kg； 　　　　　兔经皮半数致死剂量（LD₅₀）：4 720 mg/kg； 　　　　　小鼠吸入半数致死浓度（LC₅₀）：9 400 mg/m³，2 h； 人吸入 30～60×10⁻⁶，消化道症状，肝功异常，有黄疸，尿胆原增加，蛋白尿； 人吸入 10～20×10⁻⁶（有时 30×10⁻⁶），头痛，食欲不振，恶心，肝功和心电图正常。 亚急性和慢性毒性：大鼠吸入 2 500 mg/m³，6 h/d，5 d，80% 死亡，肝肺有病变；人吸入 5.1～49 mg/m³×3 a，神经衰弱征候群，血压偏低，肝功能变化。

安全防护措施	工程控制：严禁烟火。 呼吸系统防护：NIOSH/OSHA 100×10⁻⁶：供气式呼吸器。250×10⁻⁶：连续供气式呼吸器。400×10⁻⁶：自携式呼吸器、全面罩呼吸器。应急或有计划进入浓度未知区域，或处于立即危及生命或健康的状况：自携式正压全面罩呼吸器、供气式正压全面罩呼吸器辅以辅助自携式正压呼吸器。逃生：装有机蒸气滤毒盒的空气净化式全面罩呼吸器（防毒面具）、自携式逃生呼吸器。 眼睛防护：护目镜。 身体防护：穿防护服，每天洗澡并更换工作服。 手防护：戴防化学品手套。

应急措施	**急救措施**	皮肤接触：立刻冲洗。脱去并隔离被污染的衣服和鞋。注意患者保暖并且保持安静。确保医务人员了解该物质相关的个体防护知识，注意自身防护。 眼睛接触：立刻冲洗。 吸入：移患者至空气新鲜处；就医。如果患者呼吸停止，给予人工呼吸。如果呼吸困难，给予吸氧。 食入：就医；给饮大量水，催吐（昏迷患者除外）。
	泄漏处置	须穿戴防护用具进入泄漏现场；排除一切火情隐患；保持现场通风；用蛭石、干沙、泥土或类似吸附剂吸附泄漏物，并置于密闭容器内。
	消防方法	灭火剂：雾状水、抗溶性泡沫、干粉、二氧化碳、沙土。 尽可能将容器从火场移至空旷处。喷水保持火场容器冷却，直至灭火结束。
主要用途		二甲基甲酰胺（DMF）作为重要的化工原料以及性能优良的溶剂，主要应用于聚氨酯、腈纶、医药、农药、染料、电子等行业。

155. 二甲基亚砜：CAS 67-68-5

品名	二甲基亚砜	别名	二甲亚砜		英文名	Dimethyl sulfoxide
理化性质	分子式	C_2H_6OS	分子量	78.12	熔点	18.45℃
	沸点	189℃	相对密度	（水=1）：1.100	蒸气压	0.049 kPa（20℃）
	外观性状	无色黏稠透明油状液体或结晶体。具弱碱性，几乎无臭，稍带苦味				
	溶解性	可与水以任意比例混合，除石油醚外，可溶解一般有机溶剂				
稳定性和危险性	稳定性：稳定。 危险性：在高温下有分解现象，遇氯能发生激烈反应，在空气中燃烧发出淡蓝色火焰。					
环境标准	前苏联 MAC（mg/m^3）：20。					
毒理学资料	大鼠经口半数致死剂量（LD_{50}）：18 g/kg。 对人体皮肤有渗透性，对眼有刺激作用。					
安全防护措施	工程控制：密闭操作，全面排风。 呼吸系统防护：空气中浓度超标时，必须佩戴自吸过滤式防毒面具（半面罩）。紧急事态抢救或撤离时，应该佩戴空气呼吸器。 眼睛防护：戴化学安全防护眼镜。 身体防护：穿防毒物渗透工作服。 手防护：戴橡胶耐油手套。 其他防护：工作现场禁止吸烟、进食和饮水。工作完毕，淋浴更衣。					

应急措施	急救措施	皮肤接触：脱去污染的衣着，用大量流动清水冲洗。 眼睛接触：提起眼睑，用流动清水或生理盐水冲洗。就医。 吸入：脱离现场至空气新鲜处。如呼吸困难，给输氧。就医。 食入：饮足量温水，催吐。就医。
	泄漏处置	迅速撤离泄漏污染区人员至安全区，并进行隔离，严格限制出入。 切断火源。建议应急处理人员戴自给正压式呼吸器，穿防毒服。 尽可能切断泄漏源。防止流入下水道、排洪沟等限制性空间。 小量泄漏：用沙土、蛭石或其他惰性材料吸收。也可以用大量水 冲洗，洗水稀释后放入废水系统。 大量泄漏：构筑围堤或挖坑收容。用泵转移至槽车或专用收集器 内，回收或运至废物处理场所处置。
主要用途		用作乙炔、芳烃、二氧化硫及其他气体的溶剂及腈纶纤维纺丝溶 剂，在石油化学工业上用作芳烃的萃取剂。

156. 二苯基甲烷二异氰酸酯：CAS 101-68-8

品名	二苯基甲烷 二异氰酸酯		别名		纯 MDI	英文名	4,4′-diphenylmethane diisocyanate
理化性质	分子式		$C_{15}H_{10}N_2O_2$	分子量	250.26	熔点	36～39℃
	沸点		190℃ (667 Pa)	相对 密度	(水=1)：1.19 (50℃)	闪点	196℃
	外观性状		白色或浅黄色固体				
	溶解性		溶于苯、甲苯、氯苯、硝基苯、丙酮、乙醚、乙酸乙酯、二噁 烷等				
稳定性和危险性	稳定性：稳定。 危险性：遇高热或明火可燃。分解后可引起容器破裂或爆炸。热的物料能与 水发生强烈反应，放出有害气体。						
环境标准	TLV-TWA（mg/m^3）：0.055（ACGIH，美国）； IDLH：$10×10^{-6}$（ACGIH，美国）。						
监测方法	用碰撞器或多孔气泡器取样，重氮化且耦合生成着色化合物，分光光度法 分析。						
毒理学资料	兔经皮半数致死剂量（LD_{50}）：1 000 mg/kg； 大鼠吸入半数致死浓度（LC_{50}）：369～490 mg/m^3，4 h； 眼睛刺激：100 mg，中度刺激（家兔）； 致癌性：可能有致癌性。						

安全防护措施		工程控制：严加密闭，提供充分的局部排风。提供安全淋浴和洗眼设备。
		呼吸系统防护：空气浓度超标时应佩戴送气式呼吸器或自给式呼吸器。
		眼睛防护：戴化学安全防护眼镜。
		身体防护：穿透气型防毒服。
		手防护：戴防化学品手套。
		其他防护：工作现场禁止吸烟、进食和饮水。工作完毕，彻底清洗。单独存放被污染的衣物，洗后备用。实行就业前和定期的体检。
应急措施	急救措施	皮肤接触：脱去污染的衣着，用肥皂水冲洗。如有不适感，就医。
		眼睛接触：立即提起眼睑，用流动清水或生理盐水冲洗 15 min 以上。如有不适感，就医。
		吸入：脱离现场至空气新鲜处。保持呼吸道通畅。如呼吸困难，给输氧。呼吸、心跳停止，立即进行心肺复苏术。就医。
		食入：饮温水，禁止催吐。如果患者神志不清或痉挛，禁止饮用任何液态物质。立即就医。
	泄漏处置	隔离泄漏污染区，限制进入。消除所有点火源。建议应急处理人员戴防毒面具、橡皮手套，穿防护服。穿上适当的防护服前严禁接触破裂的容器和泄漏物。尽可能切断污染源。若少量液体泄漏，用蛭石、干沙、泥土吸附泄漏液体。若固体泄漏，小心扫起，逐次少量加入大量水中，静置，稀释后放入废水处理系统。若大量泄漏，收容并回收。污染地面用含 3%~8%的氨水和 2%~7%的清洁剂清洗。
	消防方法	消防人员必须佩戴空气呼吸器、穿全身防火防毒服，在上风向灭火。
		灭火剂：泡沫、干粉、二氧化碳。
主要用途		本品的初级品广泛用于聚氨酯涂料，此外，还用于防水材料、密封材料、陶器材料等；用本品制成的聚氨酯泡沫塑料，用作保暖（冷）、建材、车辆、船舶的部件；精制品可制成汽车车挡、缓冲器、合成革、非塑料聚氨酯、聚氨酯弹性纤维、无塑性弹性纤维、薄膜、黏合剂等。

157. 二氯异氰尿酸：CAS 2782-57-2

品名	二氯异氰尿酸		别名			英文名	Dichloroisocyanuric acid
理化性质	分子式	C₃HCl₂N₃O₃	分子量	197.96	熔点		225℃
	相对密度		（水=1）：1.10～1.20				
	溶解性	25℃时在水中的溶解度为 0.8%					
稳定性和危险性	具有强氧化性，遇易燃物、有机物及氯化物能着火燃烧，与含氮化合物反应生成易爆炸的三氯化氮。受热或遇潮易分解释放出剧毒的烟气。 燃烧分解产物：一氧化碳、二氧化碳、氮氧化物、氯化物。 灭火方法：不燃，火场周围可用的灭火介质。						
毒理学资料	侵入途径：吸入、食入、经皮吸收； 毒性：大鼠经口半数致死剂量（LD₅₀）：1 173 mg/kg。						
安全防护措施	工程控制：密闭操作，局部排风。 呼吸系统防护：佩戴防毒口罩。空气中浓度较高时，应该佩戴防毒面具。 眼睛防护：戴化学安全防护眼睛。 防护服：穿相应的防护服。 手防护：戴防化学品的手套。						
应急措施	急救措施	皮肤接触：用肥皂水及清水彻底冲洗。就医。 眼睛接触：拉开眼睑，用流动清水冲洗 15 min。就医。 吸入：脱离现场至空气新鲜处。呼吸困难时给输氧。就医。 食入：误服者，口服牛奶、豆浆或蛋清，就医。					
	泄漏处置	隔离泄漏污染区，周围设警告标志，建议应急处理人员戴好防毒面具，穿化学防护服。避免与可燃物或易燃物接触。用大量水冲洗，经稀释的洗水放入废水系统，如大量泄漏，收集回收或无害处理后废弃。					
主要用途		用作强氧化剂，强氯化剂。					

158. OS-二甲基胺基硫代磷酸酯：CAS 17321-47-0

品名	OS-二甲基胺基硫代磷酸酯	别名		精胺		英文名	Spermine
理化性质	分子式	$(CH_3O)_2SPNH_2$		分子量	141.12		
	沸 点	105～108℃/10 mmHg		相对密度	（水=1）：1.264 9		
	外观性状	淡黄色或无色透明油状液体，有机溶剂，有臭味					
	溶解性	在水中溶解度较小，易溶于苯、甲苯、卤代烷烃及醇类等有机溶剂					
主要用途	用于合成甲胺磷和乙酰甲胺磷等有机磷农药的中间体。						

159. 1,3-二氯丙烯：CAS 542-75-6

品名	1,3-二氯丙烯	别名	3-氯丙烯基氯	英文名	1,3-dichloropropene
理化性质	分子式	$C_3H_4Cl_2$	分子量	111	熔 点	−84℃
	沸 点	108℃	相对密度	1.16（水=1）	蒸气压	3.73 kPa（25℃）
	外观性状	无色液体，有类似氯仿的气味				
	溶解性	不溶于水，溶于乙醇、乙醚、苯等多数有机溶剂				
稳定性和危险性	稳定性：稳定。					
	危险性：对环境有危害，对水体可造成污染；易燃，具强刺激性。其蒸气与空气可形成爆炸性混合物。遇明火、高热能引起燃烧爆炸。与氧化剂能发生强烈反应。					
环境标准	工作场所时间加权平均容许浓度 4 mg/m³;					
	前苏联车间空气最高容许浓度 5 mg/m³;					
	前苏联 车间空气中有害物质的最高容许浓度 5 mg/m³;					
	前苏联（1975）水体中有害物质最高允许浓度 0.4 mg/L。					
监测方法	吹扫捕集-气相色谱法，中国环境监测总站，水质;					
	气相色谱法，《固体废弃物试验与分析评价手册》中国环境监测总站等译，固体废弃物;					
	色谱-质谱法，《水和废水标准检验法》第20版（美），水质;					
	色谱/质谱法，美国EPA524.2方法，水质。					

毒理学资料		吸入、口服或经皮肤吸收对身体有害。对眼睛、皮肤、黏膜和呼吸道有强烈的刺激作用；吸入后可因喉、支气管的痉挛、水肿、炎症，化学性肺炎、肺水肿而致死；中毒症状有烧灼感、咳嗽、喘息、喉炎、气短、头痛、恶心和呕吐。 急性毒性：大鼠经口半数致死剂量（LD$_{50}$）：470～710 mg/kg； 　　　　　兔经皮半数致死剂量（LD$_{50}$）：504 mg/kg； 　　　　　小鼠吸入半数致死浓度（LC$_{50}$）：4 650 mg/m^3，2 h 亚急性和慢性毒性：大鼠吸入 50×10^{-6}，6 h/d，12 周，肝肾肿大，动物存活。 致突变性：微生物致突变：鼠伤寒沙门氏菌 100 μg/皿。姐妹染色单体交换：仓鼠卵巢 900 nmol/L。
安全防护措施		呼吸系统防护：可能接触其蒸气时，应该佩戴自吸过滤式防毒面具（全面罩）。紧急事态抢救或撤离时，建议佩戴自给式呼吸器。 眼睛防护：呼吸系统防护中已做防护。 身体防护：穿胶布防毒衣。 手防护：戴橡胶手套。 其他：工作现场禁止吸烟、进食和饮水。工作完毕，淋浴更衣。注意个人清洁卫生。
应急措施	急救措施	皮肤接触：立即脱去被污染的衣着，用大量流动清水冲洗，至少15 min。就医。 眼睛接触：立即提起眼睑，用大量流动清水或生理盐水彻底冲洗至少 15 min。就医。 吸入：迅速脱离现场至空气新鲜处。保持呼吸道通畅。如呼吸困难，给输氧。如呼吸停止，立即进行人工呼吸。就医。 食入：误服者用水漱口，给饮牛奶或蛋清。就医。
	泄漏处置	迅速撤离泄漏污染区人员至安全区，并进行隔离，严格限制出入。切断火源。建议应急处理人员戴自给正压式呼吸器，穿消防防护服。尽可能切断泄漏源，防止进入下水道、排洪沟等限制性空间。 小量泄漏：用沙土或其他不燃材料吸附或吸收。也可以用不燃性分散剂制成的乳液刷洗，洗液稀释后放入废水系统。 大量泄漏：构筑围堤或挖坑收容；用泡沫覆盖，降低蒸气灾害。用防爆泵转移至槽车或专用收集器内，回收或运至废物处理场所处置。
	消防方法	灭火方法：喷水冷却容器，可能的话将容器从火场移至空旷处。 灭火剂：泡沫、二氧化碳、干粉、沙土。
主要用途		用于有机合成和用作防霉剂。

160．2,3-二氯丙烯：CAS 78-88-6

品名	2,3-二氯丙烯	别名		2,3-二氯-1-丙烯	英文名	2,3-Dichloro-1-propene
理化性质	分子式	$C_3H_4Cl_2$	分子量	111	熔点	93～95℃
	沸点	93.5℃	相对密度	（水=1）：1.19	蒸气压	
	外观性状	淡黄色透明液体				
稳定性和危险性	稳定性：稳定。 危险性：易燃，其蒸气与空气可形成爆炸性混合物，遇明火、高热能引起燃烧爆炸。与氧化剂能发生强烈反应。					
环境标准	前苏联车间空气最高容许浓度（mg/m^3）：5					
毒理学资料	吸入、口服或经皮肤吸收对身体有害。对眼睛、皮肤、黏膜和呼吸道有强烈的刺激作用；吸入后可因喉、支气管的痉挛、水肿、炎症，化学性肺炎、肺水肿而致死。中毒症状有烧灼感、咳嗽、喘息、喉炎、气短、头痛、恶心和呕吐。 急性毒性：大鼠经口半数致死剂量（LD_{50}）：470～710 mg/kg； 兔经皮半数致死剂量（LD_{50}）：504 mg/kg； 小鼠吸入半数致死浓度（LC_{50}）：4 650 mg/m^3，2 h。					
安全防护措施	佩戴自吸过滤式防毒面具（全面罩），穿胶布防毒衣，戴橡胶耐油手套。远离火种、热源，工作场所严禁吸烟。使用防爆型的通风系统和设备。防止蒸气泄漏到工作场所空气中。避免与氧化剂、酸类接触。充装要控制流速，防止静电积聚。搬运时要轻装轻卸，防止包装及容器损坏。配备相应品种和数量的消防器材及泄漏应急处理设备。倒空的容器可能残留有害物。					
应急措施	急救措施	皮肤接触：立即脱去污染的衣着，用大量流动清水冲洗至少15 min。就医。 眼睛接触：立即提起眼睑，用大量流动清水或生理盐水彻底冲洗至少15 min。就医。 吸入：迅速脱离现场至空气新鲜处。保持呼吸道通畅。如呼吸困难，给输氧。如呼吸停止，立即进行人工呼吸。就医。 食入：用水漱口，给饮牛奶或蛋清。就医。				

应急措施		迅速撤离泄漏污染区人员至安全区,并进行隔离,严格限制出入。切断火源。建议应急处理人员戴自给正压式呼吸器,穿防毒服。从上风处进入现场。尽可能切断泄漏源。防止流入下水道、排洪沟等限制性空间。
	泄漏处置	小量泄漏:用沙土或其他不燃材料吸附或吸收。也可以用不燃性分散剂制成的乳液刷洗,洗液稀释后放入废水系统。 大量泄漏:构筑围堤或挖坑收容。用泡沫覆盖,降低蒸气灾害。用防爆泵转移至槽车或专用收集器内,回收或运至废物处理场所处置。
	消防方法	喷水冷却容器,可能的话将容器从火场移至空旷处。 灭火剂:泡沫、二氧化碳、干粉、沙土。
主要用途		主要用于医药、农药中间体为生产植物生长调节剂的中间体。

161. 丁烯-1:CAS 106-98-9

品名	丁烯-1	别名		1-丁烯	英文名	1-butylene
理化性质	分子式	C_4H_8	分子量	56.11	熔 点	−185.3℃
	沸 点	−6.3℃	相对密度	(水=1):0.67	蒸气压	189.48 kPa（10℃）
	外观性状	无色气体				
	溶解性	不溶于水,微溶于苯,易溶于乙醇、乙醚				
稳定性和危险性	稳定性:稳定。 危险性:易燃,与空气混合能形成爆炸性混合物。遇热源和明火有燃烧爆炸的危险。若遇高热,可发生聚合反应,放出大量热量而引起容器破裂和爆炸事故。与氧化剂接触猛烈反应。气体比空气重,能在较低处扩散到相当远的地方,遇火源会着火回燃。					
环境标准	工作场所时间加权平均容许浓度　100 mg/m³; 前苏联车间空气最高容许浓度　100 mg/m³。					
监测方法	气相色谱法。					

毒理学资料	急性毒性：半数致死剂量（LD$_{50}$）：无资料； 小鼠吸入半数致死浓度（LC$_{50}$）：420 000 mg/m^3，2 h； 丁烯各异构体毒性相似，均属低毒类。毒性基本上与其他烯烃相似，但低于戊烯，大于丙烯4.5倍，主要是单纯窒息、弱麻醉和弱刺激作用。液态丁烯可引起皮肤冻伤。
安全防护措施	工程控制：生产过程密闭，全面通风。 呼吸系统防护：一般不需要特殊防护，高浓度接触时可佩戴自吸过滤式防毒面具（半面罩）。 眼睛防护：戴化学安全防护眼镜。 身体防护：穿防静电工作服。 手防护：戴一般作业防护手套。 其他防护：工作现场严禁吸烟。避免长期反复接触。进入罐、限制性空间或其他高浓度区作业，须有人监护。

应急措施	急救措施	吸入：迅速脱离现场至空气新鲜处。保持呼吸道通畅。如呼吸困难，给输氧。如呼吸停止，立即进行人工呼吸。就医。
	泄漏处置	应急处理：迅速撤离泄漏污染区人员至上风处，并进行隔离，严格限制出入。切断火源。建议应急处理人员戴自给正压式呼吸器，穿防静电工作服。尽可能切断泄漏源。用工业覆盖层或吸附/吸收剂盖住泄漏点附近的下水道等地方，防止气体进入。合理通风，加速扩散。喷雾状水稀释。构筑围堤或挖坑收容产生的大量废水。如有可能，将漏出气用排风机送至空旷地方或装设适当喷头烧掉。漏气容器要妥善处理，修复、检验后再用。
	消防方法	切断气源。若不能切断气源，则不允许熄灭泄漏处的火焰。喷水冷却容器，可能的话将容器从火场移至空旷处。 灭火剂：雾状水、泡沫、二氧化碳、干粉。

主要用途	正丁烯主要用于制造丁二烯，其次用于制造甲基酮、乙基酮、仲丁醇、环氧丁烷及丁烯聚合物和共聚物。异丁烯主要用于制造丁基橡胶、聚异丁烯橡胶及各种塑料。

162. 2-丁烯：CAS 590-18-1

品名	2-丁烯	别名	丁烯-2		英文名	2-butylene
理化性质	分子式	C_4H_8	分子量	56.12	熔 点	−138.9℃
	沸 点	3.7℃	相对密度	0.621 3	蒸气压	87.9 kPa（0℃）
	外观性状	无色气体				
	溶解性	不溶于水，溶于乙醇				
稳定性和危险性	稳定性：稳定。 危险性：易燃，与空气混合能形成爆炸性混合物。遇热源和明火有燃烧爆炸的危险。受热可能发生剧烈的聚合反应。与氧化剂接触猛烈反应。气体比空气重，能在较低处扩散到相当远的地方，遇火源会着火回燃。					
环境标准	工作场所时间加权平均容许浓度　100 mg/m³； 前苏联车间空气最高容许浓度　100 mg/m³。					
监测方法	气象色谱法《空气中有害物质的测定方法》（第二版），杭士平编。					
毒理学资料	急性毒性：小鼠吸入半数致死浓度（LC_{50}）：420 000 mg/m³，2 h					
安全防护措施	工程控制：生产过程密闭，全面通风。 呼吸系统防护：一般不需要特殊防护，但建议特殊情况下，佩戴自吸过滤式防毒面具（半面罩）。 眼睛防护：一般不需要特殊防护，高浓度接触时可戴化学安全防护眼镜。 身体防护：穿防静电工作服。 手防护：戴一般作业防护手套。 其他防护：工作现场严禁吸烟。避免长期反复接触。进入罐、限制性空间或其他高浓度区作业，须有人监护。					
应急措施	急救措施	吸入：迅速脱离现场至空气新鲜处。保持呼吸道通畅。如呼吸困难，给输氧。如呼吸停止，立即进行人工呼吸。就医。				
	泄漏处置	迅速撤离泄漏污染区人员至上风处，并进行隔离，严格限制出入。切断火源。建议应急处理人员戴自给正压式呼吸器，穿防静电工作服。尽可能切断泄漏源。用工业覆盖层或吸附/吸收剂盖住泄漏点附近的下水道等地方，防止气体进入。合理通风，加速扩散。喷雾状水稀释。构筑围堤或挖坑收容产生的大量废水。如有可能，将漏出气用排风机送至空旷地方或装设适当喷头烧掉。漏气容器要妥善处理，修复、检验后再用。				
	消防方法	切断气源。若不能切断气源，则不允许熄灭泄漏处的火焰。喷水冷却容器，可能的话将容器从火场移至空旷处。 灭火剂：雾状水、泡沫、二氧化碳、干粉。				
主要用途	用于制备丁烯及合成碳四、碳五的衍生物等。					

163．2-丁烯醛：CAS 4170-30-3

品名	2-丁烯醛	别名		巴豆醛	英文名	2-butenal
理化性质	分子式	C₄H₆O	分子量	70.09	熔 点	−76℃
	沸 点	104℃	相对密度	（水=1）：0.85	蒸气压	4.00 kPa（20℃）
	外观性状	无色或淡黄色液体，有窒息性刺激臭味				
	溶解性	微溶于水，可混溶于乙醇、乙醚、苯、甲苯等多数有机溶剂				

稳定性和危险性	稳定性：稳定。 危险性：易燃，其蒸气与空气可形成爆炸性混合物，遇明火、高热或与氧化剂接触，有引起燃烧爆炸的危险。在空气中非常容易氧化生成过氧化物，受热或撞击、甚至轻微摩擦即发生爆炸。在火场高温下，能发生聚合放热，使容器破裂。其蒸气比空气重，能在较低处扩散到相当远的地方，遇火源会着火回燃。
环境标准	前苏联车间空气最高容许浓度（mg/m³）：0.5。
监测方法	空气中：样品用活性炭管收集，再用气相色谱法测定； 色谱/质谱法《水和有害废物的监测分析方法》周文敏等编译。

毒理学资料	急性毒性：小鼠经口半数致死剂量（LD₅₀）：240 mg/kg；
	    兔经皮半数致死剂量（LD₅₀）：380 mg/kg
	    大鼠吸入半数致死浓度（LC₅₀）：4 000 mg/m³，1/2 h
	刺激性：人经眼：45×10⁻⁶，引起刺激。家兔经皮开放性刺激试验：500 mg，轻度刺激。
	其他有害作用：该物质对环境有危害，应特别注意对水体的污染。

安全防护措施	操作注意事项：密闭操作，提供充分的局部排风。操作人员必须经过专门培训，严格遵守操作规程。建议操作人员佩戴自吸过滤式防毒面具（全面罩），穿防静电工作服，戴橡胶手套。远离火种、热源，工作场所严禁吸烟。使用防爆型的通风系统和设备。防止蒸气泄漏到工作场所空气中。避免与氧化剂、碱类接触。灌装时应控制流速，且有接地装置，防止静电积聚。配备相应品种和数量的消防器材及泄漏应急处理设备。倒空的容器可能残留有害物。

应急措施	急救措施	皮肤接触：脱去污染的衣着，用肥皂水和清水彻底冲洗皮肤。 眼睛接触：立即提起眼睑，用大量流动清水或生理盐水彻底冲洗至少 15 min。就医。 吸入：迅速脱离现场至空气新鲜处。保持呼吸道通畅。如呼吸困难，给输氧。如呼吸停止，立即进行人工呼吸。就医。 食入：饮足量温水，催吐。就医。
	泄漏处置	迅速撤离泄漏污染区人员至安全区，并立即隔离 150 m，严格限制出入。切断火源。建议应急处理人员戴自给正压式呼吸器，穿防静电工作服。不要直接接触泄漏物。尽可能切断泄漏源。防止流入下水道、排洪沟等限制性空间。 小量泄漏：用沙土或其他不燃材料吸附或吸收。也可以用大量清水冲洗，洗水稀释后放入废水系统。 大量泄漏：构筑围堤或挖坑收容。用泡沫覆盖，降低蒸气灾害。用防爆泵转移至槽车或专用收集器内，回收或运至废物处理场所处置。
	消防方法	尽可能将容器从火场移至空旷处。喷水保持火场容器冷却，直至灭火结束。处在火场中的容器若已变色或从安全泄压装置中产生声音，必须马上撤离。 灭火剂：抗溶性泡沫、干粉、二氧化碳、沙土。
主要用途		用于制正丁醇、正丁醛、硫化促进剂。

164．十二烷基苯磺酸钠：CAS 25155-30-0

品名	十二烷基苯磺酸钠	别名	异构十六烷；烷基苯磺酸钠；石油苯磺酸钠	英文名	Sodium dodecylbenzenesulphonate
理化性质	分子式	$C_{18}H_{29}NaO_3S$	分子量	348.48	
	外观性状	固体，白色或淡黄色粉末			
	溶解性	易溶于水，易吸潮结块			
稳定性和危险性	稳定性：烷基苯磺酸钠是中性的，对水硬度较敏感，不易氧化。 危险性：遇明火、高热可燃。与氧化剂可发生反应。受高热分解释放出有毒的气体。				
毒理学资料	大鼠经口半数致死剂量（LD_{50}）：1 260 mg/kg。				

安全防护措施	工程控制：生产过程密闭，加强通风。	
	呼吸系统防护：空气中粉尘浓度超标时，必须佩戴自吸过滤式防尘口罩。紧急事态抢救或撤离时，应该佩戴空气呼吸器。	
	眼睛防护：戴化学安全防护眼镜。	
	身体防护：穿防毒物渗透工作服。	
	手防护：戴橡胶手套。	
	其他防护：及时换洗工作服。保持良好的卫生习惯。	
应急措施	急救措施	皮肤接触：脱去污染的衣着，用大量流动清水冲洗。
		眼睛接触：提起眼睑，用流动清水或生理盐水冲洗。就医。
		吸入：脱离现场至空气新鲜处。如呼吸困难，给输氧。就医。
		食入：饮足量温水，催吐。就医。
	泄漏处置	隔离泄漏污染区，限制出入。切断火源。建议应急处理人员戴防尘面具（全面罩），穿防毒服。避免扬尘，小心扫起，置于袋中转移至安全场所。
		大量泄漏：用塑料布、帆布覆盖。收集回收或运至废物处理场所处置。
	消防方法	消防人员须佩戴防毒面具、穿全身消防服，在上风向灭火。
		灭火剂：雾状水、泡沫、干粉、二氧化碳、沙土
主要用途	用作丙烯酸酯乳液聚合的阴离子乳化剂，是一种阴离子表面活性剂。	

165. 七水硫酸镁：CAS 10034-99-8

品名	七水硫酸镁	别名		泻盐	英文名	Magnesium sulfate heptahydrate
理化性质	分子式	$MgSO_4 \cdot 7H_2O$	分子量	246.47	熔　点	1 124℃
	相对密度	1.67～1.71				
	外观性状	工业硫酸镁一般皆指七水物。为无色细小的针状或斜柱状结晶。无臭、味苦				
	溶解性	易溶于水，微溶于乙醇和甘油。不溶于丙酮				
稳定性和危险性	稳定性：常温常压下不稳定。					
环境标准	前苏联车间空气最高容许浓度（mg/m^3）：2。					
监测方法	火焰原子吸收光谱法；达旦黄比色法。					

毒理学资料	急性毒性：小鼠皮下半数致死剂量（LD$_{50}$）：645 mg/kg； 　　　　　小鼠腹腔注射半数致死剂量（LD$_{50}$）670～733 mg/kg。		
应急措施	急救措施	皮肤接触：脱去污染的衣着，用流动清水冲洗。 眼睛接触：提起眼睑，用流动清水或生理盐水冲洗。就医。 吸入：迅速脱离现场至空气新鲜处。保持呼吸道通畅。如呼吸困难，给输氧。如呼吸停止，立即进行人工呼吸。就医。 食入：饮足量温水，催吐。就医。		
	泄漏处置	应急处理：隔离泄漏污染区，限制出入。建议应急处理人员戴防尘口罩，穿一般作业工作服。不要直接接触泄漏物。 小量泄漏：避免扬尘，小心扫起，收集运至废物处理场所处置。 大量泄漏：收集回收或运至废物处理场所处置。		
	消防方法	消防人员必须穿全身防火防毒服，在上风向灭火。灭火时尽可能将容器从火场移至空旷处。然后根据着火原因选择适当灭火剂灭火。		
主要用途	用于制革、肥料、瓷器、火柴、炸药、印染、医药等行业。		

166. 三水合醋酸钠：CAS 6131-90-4

品名	三水合醋酸钠	别名		三水合乙酸钠	英文名	Acetic acid, sodium salt trihydrate
理化性质	分子式	C$_2$H$_3$O$_2$Na·3(H$_2$O)	分子量	136.08	熔点	58℃
	沸点	>400℃	相对密度		1.45	
	外观性状	无色无味的结晶体				
	溶解性	溶于水和乙醚，微溶于乙醇				
稳定性和危险性	稳定性：稳定，在空气中可被风化。 危险性：本品不燃，具强腐蚀性、强刺激性，可致人体灼伤。对环境有危害，对大气可造成污染。遇水产生高热爆炸，遇有机物可燃。					
环境标准	中国车间空气最高容许浓度（mg/m^3）：2； 前苏联车间空气最高容许浓度（mg/m^3）：1。					
毒理学资料	急性毒性：人吸入半数致死浓度（LC$_{50}$）：30 mg/m^3； 　　　　　豚鼠吸入半数致死浓度（LC$_{50}$）：50 mg/m^3。 急性中毒表现：其毒性表现与硫酸同。对皮肤、黏膜等组织有强烈的刺激和腐蚀作用。可引起结膜炎、水肿，角膜混浊，以致失明；引起呼吸道刺激症状，重者发生呼吸困难和肺水肿；高浓度引起喉痉挛或声门水肿而死亡。口服后引起消化道的烧伤以至溃疡形成。严重者可能有胃穿孔、腹膜炎、喉痉挛和声门水肿、肾损害、休克等。慢性影响有牙齿酸蚀症、慢性支气管炎、肺气肿和肝硬变等。					

应急措施	急救措施	皮肤接触：立即脱去污染的衣着，用大量流动清水冲洗至少15 min。就医。 眼睛接触：立即提起眼睑，用大量流动清水或生理盐水彻底冲洗至少15 min。就医。 吸入：迅速脱离现场至空气新鲜处。保持呼吸道通畅。如呼吸困难，给输氧。如呼吸停止，立即进行人工呼吸。就医。 食入：用水漱口，给饮牛奶或蛋清。就医。
	泄漏处置	迅速撤离泄漏污染区人员至安全区，并立即隔离150 m，严格限制出入。建议应急处理人员戴自给正压式呼吸器，穿防酸碱工作服。若是液体尽可能切断泄漏源。若是固体，用洁净的铲子收集于干燥、洁净、有盖的容器中。 小量泄漏：用沙土、蛭石或其他惰性材料吸收。 大量泄漏：构筑围堤或挖坑收容。用泵转移至槽车或专用收集器内，回收或运至废物处理场所处置。
	消防方法	本品不燃。消防人员必须佩戴过滤式防毒面具（全面罩）或隔离式呼吸器、穿全身防火防毒服，在上风向灭火。尽可能将容器从火场移至空旷处。喷水保持火场容器冷却，直至灭火结束。灭火时尽量切断泄漏源，然后根据着火原因选择适当灭火剂灭火。禁止用水和泡沫灭火。
主要用途		用于印染、制药、摄影、电镀等，也用作酯化剂、防腐剂。适用于制造医药、染料以及照相药剂等方面，同时也是制造双乙酸钠的一种主要原料。

167．三氧化钼：CAS 1313-27-5

品名	三氧化钼	别名	氧化钼		英文名	Molybdenum（Ⅵ）oxide
理化性质	分子式	MoO₃	分子量	143.938 2	熔点	795℃
	沸点	1 155℃	相对密度	4.692（20℃）	蒸气压	
	外观性状		无色或黄白色粉末，斜方晶系结晶；受热变黄，冷后复原			
	溶解性		微溶于水，易溶于过量的碱而成钼酸盐，溶于浓硝酸、浓盐酸或浓硝酸和浓硫酸的混合物，可溶于氨水，氢氟酸，不溶于一般酸			
稳定性和危险性	稳定性：在空气中很稳定，通入干燥氯化氢，加热升华成淡黄色针状结晶。与卤素化合物如五氟化溴、三氟化氯发生剧烈反应。受高热分解，放出有毒的烟气。 危险性：未有特殊的燃烧爆炸特性。本品不燃，具刺激性。对眼睛、皮肤、黏膜和上呼吸道有刺激作用。					

环境标准	中国 PC-TWA（mg/m³）：6[Mo]； 前苏联车间空气最高容许浓度（mg/m³）：6。
监测方法	硫氰酸盐分光光度法。
毒理学资料	急性毒性：大鼠经口半数致死剂量（LD_{50}）：125 mg/kg 急性中毒表现：氮氧化物主要损害深部呼吸道，吸入气体当时，可无明显症状或有眼及上呼吸道刺激症状，如咽部不适、干咳，常经 6～72 h 潜伏期后出现迟发性肺水肿，成人呼吸窘迫综合征，可并发气胸及纵膈气肿，肺水肿消退后两周左右，出现迟发性阻塞性细支气管炎，而发生咳嗽，进行性胸闷，可致缺铁性血红蛋白症。
安全防护措施	工程控制：密闭操作，局部排风。 呼吸系统防护：空气中粉尘浓度超标时，必须佩戴自吸过滤式防尘口罩。紧急事态抢救或撤离时，应该佩戴空气呼吸器。 眼睛防护：戴化学安全防护眼镜。 身体防护：穿防毒物渗透工作服。 手防护：戴橡胶手套。 其他防护：注意个人清洁卫生。

应急措施	急救措施	皮肤接触：脱去污染的衣着，用大量流动清水冲洗。 眼睛接触：提起眼睑，用流动清水或生理盐水冲洗。就医。 吸入：脱离现场至空气新鲜处。如呼吸困难，给输氧。就医。 食入：饮足量温水，催吐。就医。
	泄漏处置	隔离泄漏污染区，限制出入。建议应急处理人员戴防尘面具（全面罩），穿防毒服。避免扬尘，小心扫起，置于袋中转移至安全场所。大量泄漏：用塑料布、帆布覆盖。收集回收或运至废物处理场所处置。
	消防方法	消防人员必须穿全身防火防毒服，在上风向灭火。灭火时尽可能将容器从火场移至空旷处。
主要用途		用于制各种钼盐、钼金属，为酚及醇等的还原剂。

168. 三氯化铝：CAS 7446-70-0

品名	三氯化铝	别名			英文名	Aluminum chloride
理化性质	分子式	AlCl$_3$	分子量	133.342 2	熔 点	190℃
	沸 点	178℃	相对密度	2.44（25℃）	蒸气压	1 mm Hg（100℃）
	外观性状	白色颗粒或粉末，有强盐酸气味，工业品呈淡黄				
	溶解性	易溶于水、醇、氯仿、四氯化碳，微溶于苯				
稳定性和危险性	稳定性：稳定。 危险性：遇水反应发热释放出有毒的腐蚀性气体。					
环境标准	生活饮用水标准（mg/L）：0.2[Al]； 中国车间空气最高容许浓度：未制定标准； 苏联车间空气最高容许浓度：2[Al]。					
毒理学资料	急性毒性：大鼠经口半数致死剂量（LD$_{50}$）：3 730 mg/kg；小鼠经口半数致死剂量（LD$_{50}$）：770 mg/kg。 急性中毒表现：吸入高浓度氯化铝可刺激上呼吸道产生支气管炎，并且对皮肤、黏膜有刺激作用，个别人可引起支气管哮喘。误服量大时，可引起口腔糜烂、胃炎、胃出血和黏膜坏死。慢性作用：长期接触可引起头痛、头晕、食欲减退、咳嗽、鼻塞、胸痛等症状。 IDLH：50×10^{-6}（以氯化氢计）嗅阈：6.31×10^{-6}（以氯化氢计）健康危害（蓝色）：3；易燃性（红色）：0；反应活性（黄色）：2。					
安全防护措施	工程控制：密闭操作，局部排风。提供安全淋雨和洗眼设备。 呼吸系统防护：可能接触其粉尘时，应该戴自吸过滤式口罩。 眼睛防护：戴化学安全防护眼镜。 身体防护：穿橡胶耐酸碱服。 手防护：戴橡胶耐酸碱手套。 其他防护：工作现场禁止吸烟、进食和饮水。					
应急措施	急救措施	皮肤接触：立即脱去污染的衣着，用大量流动清水彻底冲洗。对少量皮肤接触，避免将该物质播散面积扩大。在医生指导下擦去皮肤已凝固的熔融物。注意患者保暖并且保持安静。 眼睛接触：立即提起眼睑，用流动清水冲洗 10 min 或用 2%碳酸氢钠溶液冲洗。 吸入：迅速脱离现场至空气新鲜处。注意保暖，保持呼吸道通畅。必要时进行人工呼吸。就医。如果患者食入或吸入该物质，不要用口对口进行人工呼吸，可用单向阀小型呼吸器或其他适当的医疗呼吸器。脱去并隔离被污染的衣服和鞋。 食入：患者清醒时立即漱口，给饮牛奶或蛋清。就医				

应急措施	泄漏处置	隔离泄漏污染区，周围设警告标志，建议应急处理人员戴自给式呼吸器，穿化学防护服。不要直接接触泄漏物，勿使泄漏物与可燃物质（木材、纸、油等）接触，用清洁的铲子收集于密闭容器中做好标记，等待处理。 大量泄漏：最好不用水处理，在技术人员指导下清除。
	消防方法	灭火剂：沙土、干粉。 不燃。如果该物质或被污染的流体进入水路，通知有潜在水体污染的下游用户，通知地方卫生、消防官员和污染控制部门。严禁使用水（生成有毒、腐蚀性的盐酸）。
主要用途		用作有机合成中的催化剂，制备铝有机化合物以及金属的炼制。 UN：1 726（无水）；2 581（溶液）。

169. 三聚氰胺：CAS 108-78-1

品名	三聚氰胺	别名			英文名	Melamine
理化性质	分子式	$C_3H_6N_6$	分子量	126.135 8	熔　点	>300℃
			相对密度	1.573 g/mL（20℃）		
	外观性状	白色单斜晶体，不能燃烧				
	溶解性	不溶于冷水，溶于热水，微溶于乙二醇、甘油、乙醇，不溶于乙醚、苯、四氯化碳				
稳定性和危险性	稳定性：稳定。 危险性：受热分解释放出剧毒的氰化物气体。					
环境标准	前苏联车间空气最高容许浓度（mg/m³）：0.5。					
毒理学资料	小鼠经口半数致死剂量（LD$_{50}$）：4 550 mg/kg； 大鼠经口半数致死剂量（LD$_{50}$）：3 000 mg/kg。					
安全防护措施	工程控制：密闭操作，注意通风。 呼吸系统防护：建议操作人员佩戴自吸过滤式防尘口罩。 眼睛防护：戴化学安全防护眼镜。 身体防护：穿防毒物渗透工作服。 手防护：戴橡胶手套。 其他防护：工作现场严禁吸烟。避免长期反复接触。避免产生粉尘。避免与氧化剂、酸类接触。					

应急措施	急救措施	皮肤接触：脱去污染的衣着，用大量流动清水冲洗。 眼睛接触：提起眼睑，用流动清水或生理盐水冲洗。就医。 吸入：脱离现场至空气新鲜处。就医。 食入：饮足量温水，催吐。就医。
	泄漏处置	隔离泄漏污染区，限制出入。建议应急处理人员戴防尘面具（全面罩），穿防毒服。用洁净的铲子收集于干燥、洁净、有盖的容器中，转移至安全场所。 大量泄漏：收集回收或运至废物处理场所处置。
	消防方法	消防人员必须佩戴过滤式防毒面具（全面罩）或隔离式呼吸器、穿全身防火防毒服，在上风向灭火。尽可能将容器从火场移至空旷处。
主要用途		用于制备合成树脂和塑料等。

170. 三聚磷酸钠：CAS 7758-29-4

品名	三聚磷酸钠	别名	三聚磷酸五钠		英文名	Sodium Tripolyphosphate
理化性质	分子式	$Na_5P_3O_{10}$	分子量	367.864 13	熔　点	622℃
	相对密度		（水=1）：0.35～0.90			
	外观性状	白色粉末				
	溶解性	易溶于水，其水溶液呈碱性				
稳定性和危险性	稳定性：稳定。 危险性：受热分解释放出剧毒的氰化物气体。					
环境标准	前苏联车间空气最高容许浓度（mg/m³）：0.5。					
毒理学资料	急性毒性： 大鼠经口半数致死剂量（LD_{50}）：3 000 mg/kg； 小鼠经口半数致死剂量（LD_{50}）：4 550 mg/kg。					
应急措施	急救措施	皮肤接触：脱去污染的衣着，用大量流动清水冲洗。 眼睛接触：提起眼睑，用流动清水或生理盐水冲洗。就医。 吸入：脱离现场至空气新鲜处。就医。 食入：饮足量温水；催吐。就医。				
	泄漏处置	隔离泄漏污染区，限制出入。建议应急处理人员戴防尘面具（全面罩），穿防毒服。用洁净的铲子收集于干燥、洁净、有盖的容器中，转移至安全场所。 大量泄漏：收集回收或运至废物处理场所处置。				
	消防方法	消防人员必须佩戴过滤式防毒面具（全面罩）或隔离式呼吸器、穿全身防火防毒服，在上风向灭火。尽可能将容器从火场移至空旷处。				
主要用途		主要用作合成洗涤剂的添加剂、肥皂增效剂和防止条皂油脂析出和起霜。对润滑油和脂肪有强烈的乳化作用，可用于调节缓冲皂液的 pH 值。工业用水的软水剂。制革预鞣剂。染色助剂。涂料、高岭土、氧化镁及碳酸钙等工业中配制悬浮液时用作分散剂。钻井泥分散剂。造纸工业用作防油污剂。				

171. 山梨醇：CAS 50-70-4

品名	山梨醇	别名			英文名	Sorbitol
理化性质	分子式	$C_6H_{14}O_6$	分子量	182.171 8	熔点	98～100℃
	沸点	494.9℃	相对密度	1.28（25℃）	蒸气压	7.22×10^{-12} mmHg（25℃）
	外观性状	白色无臭结晶性粉末，有甜味，有吸湿性				
	溶解性	溶于水（235 g/100 g 水，25℃）、甘油、丙二醇，微溶于甲醇、乙醇、醋酸、苯酚和乙酰胺溶液。几乎不溶于多数其他有机溶剂				
稳定性和危险性	稳定性：高温下不稳定。能参与酰化、酯化、醚化、氧化、还原和异构化等反应，并能与多种金属形成络合物。					
	危险性：与强氧化剂接触发生反应。与硫酸、硝酸、腐蚀剂、脂肪胺、异氰酸酯不能配伍。易燃性（红色）：1；反应活性（黄色）：0。					
环境标准	中国暂无相关标准					
毒理学资料	急性毒性：女人经口半数致死剂量（LD_{50}）：1 700 mg/kg/d；大鼠经口半数致死剂量（LD_{50}）：15 900 mg/kg；大鼠皮下半数致死剂量（LD_{50}）：29 600 mg/kg；大鼠静脉半数致死浓度（LC_{50}）：7 100 mg/kg；小鼠经口半数致死浓度（LC_{50}）：17 800 mg/kg；小鼠腹腔半数致死浓度（LC_{50}）：15 mg/kg；小鼠皮下半数致死浓度（LC_{50}）：24 mg/kg；小鼠静脉半数致死浓度（LC_{50}）：9 480 mg/kg；大鼠经口半数致死剂量（LD_{50}）：山梨糖醇 17.5 mg/kg（bw）。					
	急性中毒表现：氮氧化物主要损害深部呼吸道，吸入气体当时，可无明显症状或有眼及上呼吸道刺激症状，如咽部不适、干咳，常经 6～72 h 潜伏期后出现迟发性肺水肿，成人呼吸窘迫综合征，可并发气胸及纵膈气肿，肺水肿消退后两周左右，出现迟发性阻塞性细支气管炎，而发生咳嗽，进行性胸闷，可致缺铁性血红蛋白症。					
应急措施	急救措施	皮肤接触：脱去并隔离被污染的衣服和鞋。用肥皂和清水清洗皮肤。注意患者保暖并且保持安静。				
		眼睛接触：应立即用清水冲洗至少 20 min。				
		吸入：移患者至空气新鲜处，就医。如果患者呼吸停止，给予人工呼吸。如果呼吸困难，给予吸氧。				
		食入：吸入、食入或皮肤接触该物质可引起迟发反应。确保医务人员了解该物质相关的个体防护知识，注意自身防护。				
	泄漏处置	迅速撤离泄漏污染区人员至上风处，并隔离直至气体散尽，应急处理人员戴正压自给式呼吸器。穿化学防护服（安全隔离）。合理通风，勿使泄漏物与可燃物质（木材、纸、油等）接触，切断电源，喷雾状水稀释、溶解，抽排（室内）或强力通风（室外）。				
	消防方法	切断气源。喷水冷却容器，如有可能，将容器从火场移至空旷处。				
主要用途		可用于生产维生素 C 的原料，营养性甜味剂、湿润剂、螯合剂和稳定剂，合成树脂和塑料，用作气相色谱固定液，用作牙膏、化妆品、烟草的调湿剂，利尿脱水剂。				

172. 天然气：CAS 1633-05-2

品名	天然气	别名		英文名	Natural gas
理化	沸　点	−160℃	相对密度	（水=1）：约 0.45（液化）	
性质	外观性状	无色、无臭气体			
稳定性和危险性	稳定性：稳定。				
	危险性：与空气混合能形成爆炸性混合物，遇明火、高热极易燃烧爆炸。与氟、氯等能发生剧烈的化学反应。其蒸气比空气重，能在较低处扩散到相当远的地方，遇明火会引着回燃。若遇高热，容器内压增大，有开裂和爆炸的危险。				
环境标准	我国暂无相关标准。				
毒理学资料	急性中毒时，可有头昏、头痛、呕吐、乏力甚至昏迷。病程中尚可出现精神症状，步态不稳，昏迷过程久者，醒后可有运动性失语及偏瘫。长期接触天然气者，可出现神经衰弱综合征。				
安全防护措施	工程控制：密闭操作。提供良好的自然通风条件。				
	呼吸系统防护：高浓度环境中，佩戴供气式呼吸器。				
	眼睛防护：一般不需要特殊防护，高浓度接触时可戴化学安全防护眼镜。				
	身体防护：穿防静电工作服。				
	手防护：必要时戴防护手套。				
	其他防护：工作现场严禁吸烟。避免高浓度吸入。进入罐或其他高浓度区作业，须有人监护。				
应急措施	急救措施	吸入：脱离有毒环境，至空气新鲜处，给氧，对症治疗。注意防治脑水肿。			
	泄漏处置	切断火源。戴自给式呼吸器，穿一般消防防护服。合理通风，禁止泄漏物进入受限制的空间（如下水道等），以避免发生爆炸。切断气源，喷洒雾状水稀释，抽排（室内）或强力通风（室外）。漏气容器不能再用，且要经过技术处理以清除可能剩下的气体。			
	消防方法	切断气源。若不能立即切断气源，则不允许熄灭正在燃烧的气体，喷水冷却容器，可能的话将容器从火场移至空旷处。灭火剂：雾状水、泡沫、二氧化碳。			
主要用途		是重要的有机化工原料，可用作制造炭黑、合成氨、甲醇以及其他有机化合物，亦是优良的燃料。			

173. 无水硫酸钠：CAS 7757-82-6

品名	无水硫酸钠	别名	无水芒硝	英文名	Sodium sulfate, anhydrous
理化性质	分子式	Na_2SO_4	分子量	142.04	熔 点	884℃
	沸 点	1 700℃	相对密度	2.68		
	外观性状	白色、无臭、有苦味的结晶或粉末，有吸湿性				
	溶解性	不溶于乙醇，溶于水、甘油				

稳定性和危险性	稳定性：稳定。 危险性：未有特殊的燃烧爆炸特性。受高热分解产生有毒的硫化物烟气。
环境标准	我国暂无相关标准。
毒理学资料	小鼠经口半数致死剂量（LD_{50}）：5 989 mg/kg。
安全防护措施	工程控制：生产过程密闭，加强通风。 呼吸系统防护：空气中粉尘浓度超标时，必须佩戴自吸过滤式防尘口罩。紧急事态抢救或撤离时，应该佩戴空气呼吸器。 眼睛防护：戴化学安全防护眼镜。 身体防护：穿防毒物渗透工作服。 手防护：戴橡胶手套。 其他防护：及时换洗工作服。保持良好的卫生习惯。

应急措施	急救措施	皮肤接触：脱去污染的衣着，用大量流动清水冲洗。 眼睛接触：提起眼睑，用流动清水或生理盐水冲洗。就医。 吸入：脱离现场至空气新鲜处。如呼吸困难，给输氧。就医。 食入：饮足量温水，催吐。就医。
	泄漏处置	隔离泄漏污染区，限制出入。建议应急处理人员戴防尘面具（全面罩），穿防毒服。避免扬尘，小心扫起，置于袋中转移至安全场所。大量泄漏：用塑料布、帆布覆盖。收集回收或运至废物处理场所处置。
	消防方法	消防人员必须穿全身防火防毒服，在上风向灭火。灭火时尽可能将容器从火场移至空旷处。

主要用途	用于制水玻璃、玻璃、瓷釉、纸浆、制冷混合剂、洗涤剂、干燥剂、染料稀释剂、分析化学试剂、医药品等。

174. 双戊烯：CAS 138-86-3

品名	双戊烯	别名		柠檬烯	英文名	Dipentene
理化性质	分子式	$C_{10}H_{16}$	分子量	136.24	熔点	−97℃
	沸点	178℃	相对密度	0.84	蒸气压	
	外观性状	纯品为白色结晶，工业品为深褐色黏稠性液体				
	溶解性	水溶性＜1 g/100 mL				
稳定性和危险性	稳定性：稳定。 危险性：遇高热、明火有引起燃烧的危险。与氧化剂接触猛烈反应。若遇高热，可发生聚合反应，释放出大量热量而引起容器破裂和爆炸事故。					
环境标准	我国暂无相关标准。					
毒理学资料	大鼠经口半数致死剂量（LD_{50}）：5 000 mg/kg					
安全防护措施	工程控制：生产过程密闭，全面通风。提供安全淋浴和洗眼设备。 呼吸系统防护：可能接触其蒸气时，应该佩戴过滤式防毒面具（半面罩）。 眼睛防护：戴化学安全防护眼镜。 身体防护：穿化学防护服。 手防护：戴橡胶耐油手套。 其他防护：工作现场严禁吸烟。避免长期反复接触。					
应急措施	急救措施	皮肤接触：脱去污染的衣着，用肥皂水和清水彻底冲洗皮肤。 眼睛接触：提起眼睑，用流动清水或生理盐水冲洗。就医。 吸入：迅速脱离现场至空气新鲜处。保持呼吸道通畅。如呼吸困难，给输氧。如呼吸停止，立即进行人工呼吸。就医。 食入：饮足量温水，催吐。就医。				
	泄漏处置	迅速撤离泄漏污染区人员至安全区，并进行隔离，严格限制出入。切断火源。建议应急处理人员戴自给正压式呼吸器，穿化学防护服。尽可能切断泄漏源。防止流入下水道、排洪沟等限制性空间。 小量泄漏：用活性炭或其他惰性材料吸收。也可以用不燃性分散剂制成的乳液刷洗，洗液稀释后放入废水系统。 大量泄漏：构筑围堤或挖坑收容。用泡沫覆盖，降低蒸气灾害。用防爆泵转移至槽车或专用收集器内，回收或运至废物处理场所处置。				
	消防方法	喷水冷却容器，可能的话将容器从火场移至空旷处。 灭火剂：泡沫、干粉、二氧化碳、沙土。用水灭火无效。				
主要用途		双戊烯用于驱避剂和紫苏糖的合成，可达到与使用松节油同样的效果，且成本较低。双戊烯还可用作橡胶再生剂和合成香料的基础原料。双戊烯也可用作合成橡胶、香料的原料，也用作溶剂。				

175. 双酚 A：CAS 80-05-7

品名	双酚 A	别名	聚碳酸酯，BPA	英文名	2,2-bis（4-hydroxyphenyl）propane；bisphenol A
理化性质	分子式		分子量	228	熔　点	156～158℃
	沸　点	250～252℃	相对密度	1.195（25/25℃）	蒸气压	
	外观性状	白色针状晶体				
	溶解性	不溶于水、脂肪烃，溶于丙酮、乙醇、甲醇、乙醚、醋酸及稀碱液，微溶于二氯甲烷、甲苯等				

稳定性和危险性	稳定性：受热到180℃时分解。
	危险性：具有高折射性和强烈的芒香味，易燃有毒，致癌。

环境标准	我国暂无相关标准。

毒理学资料	微毒，LD$_{50}$：4 200 mg/kg。 BPA 能导致内分泌失调，威胁着胎儿和儿童的健康。癌症和新陈代谢紊乱导致的肥胖也被认为与此有关。欧盟认为含双酚 A 奶瓶会诱发性早熟，从 2011 年 3 月 2 日起，禁止含生产化学物质双酚 A（BPA）的婴儿奶瓶。

应急措施	急救措施	皮肤接触：立即脱去污染的衣着，用肥皂水和清水彻底冲洗皮肤。如有不适感，就医。 眼睛接触：提起眼睑，用流动清水或生理盐水冲洗。如有不适感，就医。 吸入：脱离现场至空气新鲜处。如呼吸困难，给输氧。就医。 食入：饮足量温水，催吐。就医。
	泄漏处置	隔离泄漏污染区，限制出入。消除所有火源。建议应急处理人员戴防尘口罩，穿一般作业工作服。尽可能切断泄漏源。用塑料布覆盖泄漏物，减少飞散。勿使水进入包装容器内。用洁净的铲子收集泄漏物，置于干净、干燥、盖子较松的容器中，将容器移离泄漏区。
	消防方法	消防人员须佩戴防毒面具、穿全身消防服，在上风向灭火。尽可能将容器从火场移至空旷处。喷水保持火场容器冷却，直至灭火结束。 灭火剂：雾状水、泡沫、干粉、二氧化碳、沙土。

主要用途	主要用于制备环氧树脂（约占 65%）和聚碳酸酯（约占 35%），其钾盐或钠盐是生产聚砜的原料，少量用作橡胶防老剂。

176. 双硫磷：CAS 3383-96-8

品名	双硫磷	别名				英文名	Abate
理化性质	分子式	$C_{16}H_{20}O_6P_2S_3$		分子量	466.5	熔点	30~31℃
	相对密度						
	外观性状	纯品为白色结晶，工业品为深褐色黏稠性液体					
	溶解性	不溶于水、己烷，溶于四氯化碳、二氯乙烷、甲苯、丙酮、乙醚					
稳定性和危险性	稳定性：稳定。 危险性：遇明火、高热可燃。其粉体与空气可形成爆炸性混合物，当达到一定浓度时，遇火星会发生爆炸。受高热分解放出有毒的气体。						
环境标准	前苏联车间空气最高容许浓度（mg/m³）：0.5。						
毒理学资料	大鼠经口半数致死剂量（LD_{50}）：1 000 mg/kg； 小鼠经口半数致死剂量（LD_{50}）：223 mg/kg； 兔经皮半数致死剂量（LD_{50}）：970 mg/kg。						
安全防护措施	工程控制：生产过程密闭，全面通风。 呼吸系统防护：空气中粉尘浓度较高时，建议佩戴自吸过滤式防尘口罩。 眼睛防护：戴化学安全防护眼镜。 身体防护：穿透气型防毒服。 手防护：戴防化学品手套。 其他防护：工作时不得进食、饮水或吸烟。工作完毕，彻底清洗。保持良好的卫生习惯。						
应急措施	急救措施	皮肤接触：立即脱去污染的衣着，用肥皂水及流动清水彻底冲洗污染的皮肤、头发、指甲等。就医。 眼睛接触：提起眼睑，用流动清水或生理盐水冲洗。就医。 吸入：迅速脱离现场至空气新鲜处。保持呼吸道通畅。如呼吸困难，给输氧。如呼吸停止，立即进行人工呼吸。就医。 食入：饮足量温水，催吐。用清水或2%~5%碳酸氢钠溶液洗胃。就医。					
	泄漏处置	迅速撤离泄漏污染区人员至安全区，并进行隔离，严格限制出入。切断火源。建议应急处理人员戴自给式呼吸器，穿一般作业工作服。不要直接接触泄漏物。尽可能切断泄漏源。若是固体，用洁净的铲子收集于干燥、洁净、有盖的容器中。若是液体，防止流入下水道、排洪沟等限制性空间。用沙土吸收。 大量泄漏：构筑围堤或挖坑收容。用泵转移至槽车或专用收集器内，回收或运至废物处理场所处置。					
	消防方法	尽可能将容器从火场移至空旷处。 灭火剂：雾状水、泡沫、干粉、二氧化碳、沙土。					
主要用途		双硫磷可用于公共卫生，防治孑孓，摇蚊，蛾和毛蠓科幼虫；也能防治人体上的虱子，狗和猫身上的跳蚤；也可用来防治地老虎，柑橘上的蓟马和牧草上的盲蝽属害虫。					

177. 丙三醇：CAS 56-81-5

品名	丙三醇		别名		甘油	英文名	Glycerin
理化性质	分子式	$C_3H_8O_3$	分子量		92.09	熔点	17.8℃
	沸点	290.0℃	相对密度		（水=1）：1.263 31	蒸气压	0.4 kPa（20℃）
	外观性状		无色黏稠液体，无臭，有暖甜味，能吸潮				
	溶解性		可混溶于乙醇，与水混溶，不溶于氯仿、醚、二硫化碳，苯，油类。可溶解某些无机物				
稳定性和危险性	稳定性：稳定。危险性：遇明火、高热可燃。遇三氧化铬、氯酸钾、高锰酸钾等强氧化剂能引起燃烧和爆炸。						
环境标准	中国暂无相关标准。						
监测方法	液相色谱法。						
毒理学资料	食用对人体无毒。对眼睛、皮肤没刺激作用。小鼠口服半数致死剂量（LD_{50}）：31 500 mg/kg。静脉给药半数致死剂量（LD_{50}）：7 560 mg/kg。						
安全防护措施	工程控制：密闭操作，注意通风。呼吸系统防护：空气中浓度超标时，必须佩戴自吸过滤式防毒面具（半面罩）。紧急事态抢救或撤离时，应该佩戴空气呼吸器。眼睛防护：戴化学安全防护眼镜。身体防护：穿防毒物渗透工作服。手防护：戴橡胶手套。其他：工作完毕，淋浴更衣。保持良好的卫生习惯。						
应急措施	急救措施	皮肤接触：脱去污染的衣着，用大量流动清水冲洗。眼睛接触：提起眼睑，用流动清水或生理盐水冲洗。就医。吸入：脱离现场至空气新鲜处。如呼吸困难，给输氧。就医。食入：饮足量温水，催吐。就医。					
	泄漏处置	迅速撤离泄漏污染区人员至安全区，并进行隔离，严格限制出入。切断火源。建议应急处理人员戴自给正压式呼吸器，穿防毒服。尽可能切断泄漏源。防止流入下水道、排洪沟等限制性空间。小量泄漏：用沙土、蛭石或其他惰性材料吸收。也可以用大量水冲洗，洗水稀释后放入废水系统。大量泄漏：构筑围堤或挖坑收容。用泵转移至槽车或专用收集器内，回收或运至废物处理场所处置。					
	消防方法	消防人员须佩戴防毒面具、穿全身消防服，在上风向灭火。尽可能将容器从火场移至空旷处。喷水保持火场容器冷却，直至灭火结束。处在火场中的容器若已变色或从安全泄压装置中产生声音，必须马上撤离。用水喷射逸出液体，使其稀释成不燃性混合物，并用雾状水保护消防人员。灭火剂：水、雾状水、抗溶性泡沫、干粉、二氧化碳、沙土。					
主要用途		主要用途：用于气相色谱固定液及有机合成，也可用作溶剂、气量计及水压机减震剂、软化剂、防冻剂，抗生素发酵用营养剂、干燥剂等。					

178. 石蜡：CAS 8002-74-2

品名	石蜡		别名		晶形蜡		英文名	Paraffin
理化性质	分子式	C_nH_{2n+2} （n=20～40）		分子量	500～1 000	熔点		47～64℃
	沸点	322℃		相对密度		0.9 g/cm³		
	外观性状	白色或淡黄色半透明物，具有相当明显的晶体结构						
	溶解性	溶于汽油、二硫化碳、二甲苯、乙醚、苯、氯仿、四氯化碳、石脑油等一类非极性溶剂，不溶于如水和甲醇等极性溶剂。						
稳定性和危险性	稳定性：石蜡不与常见的化学试剂反应。							
	危险性：可以燃烧。应与氧化剂分开存放，切忌混储。							
环境标准	中国 PC-TWA（mg/m³）：2（烟）							
	中国 PC-STEL（mg/m³）：4（烟）							
毒理学资料	毒性分级：中毒；							
	急性毒性：大鼠口服半数致死剂量（LD_{50}）：＞5 000 mg/kg							
安全防护措施	工程控制：生产过程密闭，加强通风。							
	呼吸系统防护：空气中粉尘浓度较高时，建议佩戴自吸过滤式防尘口罩。							
	眼睛防护：戴化学安全防护眼镜。							
	身体防护：穿一般作业防护服。							
	手防护：戴防化学品手套。							
	其他防护：工作现场严禁吸烟。避免长期反复接触。							
应急措施	急救措施	皮肤接触：脱去污染的衣着，用大量流动清水冲洗。						
		眼睛接触：提起眼睑，用流动清水或生理盐水冲洗。就医。						
		吸入：脱离现场至空气新鲜处。如呼吸困难，给输氧。就医。						
		食入：饮足量温水，催吐。就医。						
	泄漏处置	隔离泄漏污染区，限制出入。切断火源。建议应急处理人员戴防尘面具（全面罩），穿一般作业工作服。用洁净的铲子收集于干燥、洁净、有盖的容器中。						
		大量泄漏：收集回收。						
	消防方法	尽可能将容器从火场移至空旷处。						
		灭火剂：雾状水、泡沫、干粉、二氧化碳、沙土。						
主要用途	用作食品及其他商品（如蜡纸、蜡笔、蜡烛、复写纸）的组分及包装材料、烘烤容器的涂敷料、化妆品原料，用于水果保鲜、提高橡胶抗老化性和增加柔韧性、电器元件绝缘、精密铸造等方面，也可用于氧化生成合成脂肪酸。							

179. 甲基三氯硅烷：CAS 75-79-6

品名	甲基三氯硅烷		别名		甲基硅仿	英文名	Methyltrichlorosilane
理化性质	分子式	CH_3Cl_3Si	分子量		149.46	熔点	−90℃
	沸点	66.5℃	相对密度（水=1）：1.28			蒸气压	20.0 kPa/25℃
	外观性状	无色液体，具有刺鼻恶臭，易潮解					
	溶解性	溶于苯、醚					
稳定性和危险性	稳定性：不稳定。 危险性：易燃，遇高热、明火或与氧化剂接触，有引起燃烧爆炸的危险。受热或遇水分解放热，放出有毒的腐蚀性烟气。具有腐蚀性。						
环境标准	我国暂无相关标准。						
监测方法	气相色谱法，参照《分析化学手册》（第四分册，色谱分析），化学工业出版社。						
毒理学资料	急性毒性：大鼠吸入半数致死浓度（LC_{50}）：2 740 mg/m³。						
安全防护措施	工程控制：密闭操作，局部排风。提供安全淋浴和洗眼设备。 呼吸系统防护：可能接触其蒸气时，应该佩戴自吸过滤式防毒面具（全面罩）。紧急事态抢救或撤离时，建议佩戴自给式呼吸器。 眼睛防护：呼吸系统防护中已作防护。 身体防护：穿胶布防毒衣。 手防护：戴橡胶手套。 其他：工作现场严禁吸烟。工作毕，淋浴更衣。注意个人清洁卫生。						
应急措施	急救措施	皮肤接触：立即脱去被污染的衣着，用大量流动清水冲洗至少15 min。就医。 眼睛接触：立即提起眼睑，用大量流动清水或生理盐水彻底冲洗至少15 min。就医。 吸入：迅速脱离现场至空气新鲜处。保持呼吸道通畅。如呼吸困难，给输氧。如呼吸停止时，立即进行人工呼吸。就医。 食入：误服者用水漱口，给饮牛奶或蛋清。就医。					
	泄漏处置	迅速撤离泄漏污染区人员至安全区，并进行隔离，严格限制出入。切断火源。建议应急处理人员戴自给正压式呼吸器，穿防毒服。不要直接接触泄漏物。尽可能切断泄漏源，防止进入下水道、排洪沟等限制性空间。 小量泄漏：用沙土或其他不燃材料吸附或吸收。 大量泄漏：构筑围堤或挖坑收容。喷雾状水冷却和稀释蒸气，保护现场人员，但不要对泄漏点直接喷水。用防爆泵转移至槽车或专用收集器内，回收或运至废物处理场所处置。					
	消防方法	喷水冷却容器，可能的话将容器从火场移至空旷处。 灭火剂：二氧化碳、干粉、沙土。禁止用水或泡沫灭火。					
主要用途	用于制造硅酮化合物。						

180. 甲基丙烯酸：CAS 79-41-4

品名	甲基丙烯酸	别名		异丁烯酸	英文名	Methacrylic acid
理化性质	分子式	$C_4H_6O_2$	分子量	86.09	熔点	15℃
	沸点	161℃	相对密度	（水=1）：1.01	蒸气压	1.33 kPa/60.6℃
	外观性状	无色结晶或透明液体，有刺激性气味				
	溶解性	溶于水、乙醇、乙醚等多数有机溶剂				
稳定性和危险性	稳定性：稳定。 危险性：酸性腐蚀品。遇明火、高热能引起燃烧爆炸。与氧化剂能发生强烈反应。若遇高热，可能发生聚合反应，出现大量放热现象，引起容器破裂和爆炸事故。					
环境标准	中国 PC-TWA（mg/m^3）：70； 前苏联车间空气最高容许浓度（mg/m^3）：10； 前苏联（1975）水体中有害物质最高允许浓度（mg/L） 1.0。					
监测方法	气相色谱法，参照《分析化学手册》（第四分册，色谱分析），化学工业出版社。					
毒理学资料	急性毒性：大鼠经口半数致死剂量（LD_{50}）：1 600 mg/kg； 　　　　　兔经皮半数致死剂量（LD_{50}）：500 mg/kg。 亚急性和慢性毒性：大鼠吸入 4.5 g/m^3，5 h，5 次，出现鼻眼刺激，体重减轻，血与尿检验正常，解剖内脏正常。 致突变性：DNA 损伤：大肠杆菌 50 μmol/L。					
安全防护措施	呼吸系统防护：空气中浓度超标时，佩戴防毒面具。 眼睛防护：戴化学安全防护眼镜。 防护服：穿工作服（防腐材料制作）。 手防护：戴橡皮手套。 其他：工作后，淋浴更衣。注意个人清洁卫生。					
应急措施	急救措施	皮肤接触：脱去污染的衣着，立即用清水冲洗至少 15 min。若有灼伤，就医治疗。 眼睛接触：立即提起眼睑，用流动清水或生理盐水冲洗至少 15 min。就医。 吸入：迅速脱离现场至空气新鲜处。保持呼吸道通畅。必要时进行人工呼吸。就医。 食入：误服者给饮大量温水，催吐，就医。				
	泄漏处置	疏散泄漏污染区人员至安全区，禁止无关人员进入污染区，建议应急处理人员戴自给式呼吸器，穿化学防护服。不要直接接触泄漏物，在确保安全情况下堵漏。用沙土或其他不燃性吸附剂混合吸收，然后收集运至废物处理场所处置。如大量泄漏，利用围堤收容，然后收集、转移、回收或无害处理后废弃。				
	消防方法	灭火剂：雾状水、二氧化碳、沙土、泡沫。				
主要用途		用于有机合成，及聚合物制备				

181. 甲酸甲酯：CAS 107-31-3

品名	甲酸甲酯	别名		蚁酸甲酯	英文名	Methyl formate
理化性质	分子式	$C_2H_4O_2$	分子量	60.05	熔　点	−99.8℃
	沸　点	32.0℃	相对密度	（水=1）：0.98	蒸气压	53.32 kPa（16℃）
	外观性状	无色液体，有芳香气味				
	溶解性	溶于乙醇、乙醚、甲醇				
稳定性和危险性	稳定性：稳定。 危险性：极易燃，其蒸气与空气可形成爆炸性混合物。遇明火、高热或与氧化剂接触，有引起燃烧爆炸的危险。在火场中，受热的容器有爆炸危险。其蒸气比空气重，能在较低处扩散到相当远的地方，遇明火会引着回燃。					
环境标准	美国 TWA：OSHA 100×10⁻⁶，246 mg/m³；ACGIH 100×10⁻⁶，246 mg/m³； 美国 STEL：ACGIH 150×10⁻⁶，369 mg/m³。					
监测方法	直接进样气相色谱法（WS/T 166—1999，作业场所空气）。 空气中：样品用活性炭管收集，再用气相色谱法分析。 气相色谱法，参照《分析化学手册》（第四分册，色谱分析），化学工业出版社。					
毒理学资料	急性毒性：兔经口半数致死剂量（LD₅₀）：1 622 mg/kg。 亚急性和慢性毒性：猫吸入 2 300 mg/m³，25 h，90 min 后运动失调，侧卧 2～3 h 内死亡（肺水肿）；豚鼠吸入 25 g/m³×3～4 h，致死；人经口最小致死剂量 500 mg/kg。					
安全防护措施	呼吸系统防护：空气中浓度超标时，应该佩戴自吸过滤式防毒面具（半面罩）。紧急事态抢救或撤离时，建议佩戴空气呼吸器。 眼睛防护：戴化学安全防护眼镜。 身体防护：穿防静电工作服。 手防护：戴乳胶手套。 其他：工作现场严禁吸烟。工作完毕，淋浴更衣。注意个人清洁卫生。					
应急措施	急救措施	皮肤接触：脱去被污染的衣着，用肥皂水和清水彻底冲洗皮肤。 眼睛接触：提起眼睑，用流动清水或生理盐水冲洗。就医。 吸入：迅速脱离现场至空气新鲜处。保持呼吸道通畅。如呼吸困难，给输氧。如呼吸停止，立即进行人工呼吸。就医。 食入：饮足量温水，催吐，就医。				

应急措施	泄漏处置	迅速撤离泄漏污染区人员至安全区，并进行隔离，严格限制出入。切断火源。建议应急处理人员戴自给正压式呼吸器，穿消防防护服。尽可能切断泄漏源。防止进入下水道、排洪沟等限制性空间。 小量泄漏：用沙土或其他不燃材料吸附或吸收。也可以用大量水冲洗，洗水稀释后放入废水系统。 大量泄漏：构筑围堤或挖坑收容；用泡沫覆盖，降低蒸气灾害。用防爆泵转移至槽车或专用收集器内，回收或运至废物处理场所处置。
	消防方法	尽可能将容器从火场移至空旷处。喷水保持火场容器冷却，直至灭火结束。处在火场中的容器若已变色或从安全泄压装置中产生声音，必须马上撤离。 灭火剂：抗溶性泡沫、干粉、二氧化碳、沙土。用水灭火无效。
主要用途		甲酸甲酯是碳一化学级重要的中间体，具有广泛的用途，可直接用作处理菸草、干水果、谷物等的烟薰剂和杀菌剂；也常用作硝化纤维素、醋酸纤维素的溶剂；在医药上，常用作磺酸甲基嘧啶、磺酸甲氧嘧啶、镇咳剂美沙芬等药物的合成原料。

182. 2-甲基-1-丁烯：CAS 563-46-2

品名	2-甲基-1-丁烯	别名		2-甲基-丁烯		英文名	2-methylbutene
理化性质	分子式	C_5H_{10}	分子量	70.14	熔 点		−137℃
	沸 点	38℃	相对密度	（水=1）：0.65	闪点		−45℃
	外观性状	无色易挥发的液体，有不愉快的气味					
	溶解性	不溶于水，溶于乙醇等多数有机溶剂					
稳定性和危险性	稳定性：稳定。 危险性：极易燃，其蒸气与空气可形成爆炸性混合物。遇明火、高热能引起燃烧爆炸。与氧化剂接触发生强烈反应。遇水分解产生有毒气体。若遇高热，可发生聚合反应，放出大量热量而引起容器破裂和爆炸事故。其蒸气比空气重，能在较低处扩散到相当远的地方，遇明火会引着回燃。						
环境标准	我国暂未制定相关标准。						
监测方法	气相色谱法，参照《分析化学手册》（第四分册，色谱分析），化学工业出版社。						

毒理学资料	侵入途径：吸入、食入、经皮吸收。
	健康危害：吸入、口服或经皮肤吸收对身体有害，有刺激作用。
安全防护措施	呼吸系统防护：空气中浓度超标时，佩戴过滤式防毒面具（半面罩）。
	眼睛防护：戴化学安全防护眼镜。
	身体防护：穿防静电工作服。
	手防护：戴橡胶手套。
	其他：工作现场严禁吸烟。避免长期反复接触。

应急措施	急救措施	皮肤接触：脱去被污染的衣着，用肥皂水和清水彻底冲洗皮肤。
		眼睛接触：提起眼睑，用流动清水或生理盐水冲洗。就医。
		吸入：迅速脱离现场至空气新鲜处。保持呼吸道通畅。如呼吸困难，给输氧。如呼吸停止，立即进行人工呼吸。就医。
		食入：饮足量温水，催吐，就医。
	泄漏处置	迅速撤离泄漏污染区人员至安全区，并进行隔离，严格限制出入。切断火源。建议应急处理人员戴自给正压式呼吸器，穿消防防护服。尽可能切断泄漏源。防止进入下水道、排洪沟等限制性空间。
		小量泄漏：用沙土或其他不燃材料吸附或吸收。也可以用大量水冲洗，洗水稀释后放入废水系统。
		大量泄漏：构筑围堤或挖坑收容；用泡沫覆盖，降低蒸气灾害。用防爆泵转移至槽车或专用收集器内，回收或运至废物处理场所处置。
	消防方法	尽可能将容器从火场移至空旷处。喷水保持火场容器冷却，直至灭火结束。处在火场中的容器若已变色或从安全泄压装置中产生声音，必须马上撤离。
		灭火剂：1211灭火剂、泡沫、干粉、二氧化碳、沙土。用水灭火无效。
主要用途		用于有机合成。

183. 2-甲基-1-丙醇: CAS 78-83-1

品名	2-甲基-1-丙醇	别名		异丁醇	英文名	Isobutyric acid
理化性质	分子式	$C_4H_{10}O$	分子量	74.12	熔点	−108℃
	沸点	107.9℃	相对密度	(水=1): 0.95	蒸气压	1.33 kPa (21.7℃)
	外观性状	无色透明液体,有特殊气味				
	溶解性	易溶于水、乙醇和乙醚				
稳定性和危险性	稳定性:稳定。 危险性:该品易燃,具刺激性。较高浓度蒸气对眼睛、皮肤、黏膜和上呼吸道有刺激作用。眼角膜表层形成空泡,还可引起食欲减退和体重减轻。涂于皮肤,引起局部轻度充血及红斑。					
环境标准	美国 车间卫生标准 150 mg/m³; 前苏联(1984)居民区空气中最大允许浓度 0.1 mg/m³; 前苏联(1983)地表水最大允许浓度 0.15 mg/L; 前苏联(1975)水体中有害物质最高允许浓度 1.0 mg/L; 嗅觉阈浓度 120 mg/m³。					
监测方法	气相色谱法《空气中有害物质的测定方法》(第二版),杭士平主编。					
毒理学资料	毒性:属低毒类。 急性毒性:大鼠经口半数致死剂量(LD_{50}):400~800 mg/kg; 　　　　　兔经皮半数致死剂量(LD_{50}):500 mg/kg。 致突变性:微生物致突变,鼠伤寒沙门氏菌阳性。 致癌性:大鼠经口,0.21 mL/次,2 次/周,总剂量 29 mL,观察 495 d,致肿瘤(3/19)。					
安全防护措施	操作注意事项:密闭操作,全面通风。操作人员必须经过专门培训,严格遵守操作规程。建议操作人员佩戴自吸过滤式防毒面具(半面罩),戴安全防护眼镜,穿防静电工作服。远离火种、热源,工作场所严禁吸烟。使用防爆型的通风系统和设备。防止蒸气泄漏到工作场所空气中。避免与氧化剂、酸类接触。充装要控制流速,防止静电积聚。搬运时要轻装轻卸,防止包装及容器损坏。配备相应品种和数量的消防器材及泄漏应急处理设备。倒空的容器可能残留有害物。					

	急救措施	皮肤接触：脱去污染的衣着，用肥皂水和清水彻底冲洗皮肤。 眼睛接触：立即提起眼睑，用大量流动清水或生理盐水彻底冲洗至少 15 min。就医。 吸入：迅速脱离现场至空气新鲜处。保持呼吸道通畅。如呼吸困难，给输氧。如呼吸停止，立即进行人工呼吸。就医。 食入：饮足量温水，催吐。就医。	
应急措施	泄漏处置	应急处理：迅速撤离泄漏污染区人员至安全区，并进行隔离，严格限制出入。切断火源。建议应急处理人员戴自给正压式呼吸器，穿防静电工作服。尽可能切断泄漏源。防止流入下水道、排洪沟等限制性空间。 小量泄漏：用活性炭或其他惰性材料吸收。也可以用大量清水冲洗，洗水稀释后放入废水系统。 大量泄漏：构筑围堤或挖坑收容。用泡沫覆盖，降低蒸气灾害。用防爆泵转移至槽车或专用收集器内，回收或运至废物处理场所处置。	
	消防方法	用水喷射逸出液体，使其稀释成不燃性混合物，并用雾状水保护消防人员。 灭火剂：抗溶性泡沫、干粉、二氧化碳、雾状水、1211 灭火剂、沙土。	
	主要用途	有机合成原料。用于制造石油添加剂、抗氧剂、2,6-二叔丁基对甲酚、乙酸异丁酯（涂料溶剂）、增塑剂、合成橡胶、人造麝香、果子精油和合成药物等；也可用来提纯锶、钡和锂等盐类化学试剂以及用作高级溶剂。	

184. 2-甲基丙烷：CAS 75-28-5

品名	2-甲基丙烷	别名	异丁烷		英文名	Isobutane
理 化 性 质	分子式	C_4H_{10}	分子量	58.12	熔 点	−159.6℃
	沸 点	−11.8℃	相对密度	（水=1）：0.56	蒸气压	160.09 kPa（0℃）
	外观性状	无色、稍有气味的气体				
	溶解性	微溶于水，溶于乙醚				
稳定 性和 危险 性	稳定性：稳定。 危险性：易燃气体。与空气混合能形成爆炸性混合物，遇热源和明火有燃烧爆炸的危险。与氧化剂接触猛烈反应。其蒸气比空气重，能在较低处扩散到相当远的地方，遇火源会着火回燃。					

环境标准	中国暂无相关标准。
监测方法	气相色谱法
毒理学资料	具有弱刺激和麻醉作用。 急性中毒：主要表现为头痛、头晕、嗜睡、恶心、酒醉状态，严重者可出现昏迷。 慢性影响：出现头痛、头晕、睡眠不佳、易疲倦。
安全防护措施	操作注意事项：密闭操作，全面通风。操作人员必须经过专门培训，严格遵守操作规程。建议操作人员穿防静电工作服。远离火种、热源，工作场所严禁吸烟。使用防爆型的通风系统和设备。防止气体泄漏到工作场所空气中。避免与氧化剂接触。在传送过程中，钢瓶和容器必须接地和跨接，防止产生静电。搬运时轻装轻卸，防止钢瓶及附件破损。配备相应品种和数量的消防器材及泄漏应急处理设备。

应急措施	急救措施	吸入：迅速脱离现场至空气新鲜处。保持呼吸道通畅。如呼吸困难，给输氧。如呼吸停止，立即进行人工呼吸。就医。
	泄漏处置	应急处理：迅速撤离泄漏污染区人员至上风处，并进行隔离，严格限制出入。切断火源。建议应急处理人员戴自给正压式呼吸器，穿防静电工作服。尽可能切断泄漏源。用工业覆盖层或吸附/吸收剂盖住泄漏点附近的下水道等地方，防止气体进入。合理通风，加速扩散。喷雾状水稀释、溶解。构筑围堤或挖坑收容产生的大量废水。如有可能，将漏出气用排风机送至空旷地方或装设适当喷头烧掉。也可以将漏气的容器移至空旷处，注意通风。漏气容器要妥善处理，修复、检验后再用。
	消防方法	切断气源。若不能切断气源，则不允许熄灭泄漏处的火焰。喷水冷却容器，可能的话将容器从火场移至空旷处。 灭火剂：雾状水、泡沫、二氧化碳、干粉。

主要用途	主要用于与异丁烯经烃化生产异辛烷，用作汽油辛烷值改进剂。经裂解可制异丁烯与丙烯。与异丁烯、丙烯进行烷基化可制烷基化汽油。可制备甲基丙烯酸、丙酮和甲醇等。还可作冷冻剂。

185．3-甲基吡啶：CAS 108-99-6

品名	3-甲基吡啶	别名		英文名	3-methylpyridine
理化性质	分子式	C_6H_7N	分子量	93.12	熔　点	−17.7℃
	沸　点	143.5℃	相对密度（水=1）：0.96	蒸气压	12.87 kPa（81.3℃）
	外观性状	无色液体，有不愉快的气味			
	溶解性	溶于水、醇、醚，溶于多数有机溶剂			
稳定性和危险性	稳定性：稳定。 危险性：易燃，遇明火、高热或与氧化剂接触，有引起燃烧爆炸的危险。受热分解放出有毒的氧化氮烟气。				
环境标准	前苏联 车间卫生标准 5 mg/m³（混合物）； 前苏联（1975）生活饮用水中有害物质最大允许浓度 0.3 mg/L。				
毒理学资料	属低毒类大鼠经口半数致死剂量（LD_{50}）：400 mg/kg； 小鼠静注半数致死剂量（LD_{50}）：596 mg/kg。 接触本品出现疲乏、全身无力、嗜睡等，重者出现神经系统症状，如步态不稳、短暂意识丧失等。				
安全防护措施	工程防控：生产过程密闭，全面通风。 呼吸系统防控：可能接触其蒸气时，应该佩戴防毒口罩。必要时佩戴自给式呼吸器。 眼睛防护：戴化学安全防护眼镜。 防护服：穿相应的防护服。 手防护：戴防化学品手套。 其他：工作现场严禁吸烟。工作后，淋浴更衣。注意个人清洁卫生。				

应急措施	急救措施	皮肤接触：脱去污染的衣着，立即用流动清水彻底冲洗。 眼睛接触：立即提起眼睑，用大量流动清水彻底冲洗。 吸入：迅速脱离现场至空气新鲜处。呼吸困难时给输氧。呼吸停止时，立即进行人工呼吸。就医。 食入：患者清醒时给饮大量温水，催吐，就医。
	泄漏处置	疏散泄漏污染区人员至安全区，禁止无关人员进入污染区，切断火源，建议应急处理人员戴好防毒面具，穿一般消防防护服。在确保安全情况下堵漏。喷水雾会减少蒸发，但不能降低泄漏物在受限制空间内的易燃性。用沙土或其他不燃性吸附剂混合吸收，然后收集运至废物处理场所处置。也可以用大量水冲洗，经稀释的洗水放入废水系统。如大量泄漏，利用围堤收容，然后收集、转移、回收或无害处理后废弃。
	消防方法	灭火剂：二氧化碳、泡沫、干粉、沙土。
主要用途		有机合成中用作溶剂，以及用于烟碱及烟酰胺制备。

186. 四氟乙烯：CAS 116-14-3

品名	四氟乙烯	别名	全氟乙烯		英文名	Tetrafluoroethylene
理化性质	分子式	C_2F_4	分子量	100.02	熔　点	−142.5℃
	沸　点	−76.3℃	相对密度	1.519	蒸气压	
	外观性状	无色无臭气体				
	溶解性	不溶于水				
稳定性和危险性	稳定性：稳定。危险性：本品易燃，对大气可造成污染。					
环境标准	前苏联车间空气最高容许浓度（mg/m³）：30。					
毒理学资料	大鼠吸入半数致死浓度（LC_{50}）：164 000 mg/m³，4 h。					
安全防护措施	工程控制：严加密闭，提供充分的局部排风和全面通风。呼吸系统防护：空气中浓度超标时，佩戴自吸过滤式防毒面具（半面罩）。眼睛防护：戴化学安全防护眼镜。身体防护：穿防静电工作服。手防护：戴一般作业防护手套。其他防护：工作现场严禁吸烟。进入罐、限制性空间或其他高浓度区作业，须有人监护。					
应急措施	急救措施	吸入：迅速脱离现场至空气新鲜处。保持呼吸道通畅。如呼吸困难，给输氧。如呼吸停止，立即进行人工呼吸。就医。				
	泄漏处置	迅速撤离泄漏污染区人员至上风处，并进行隔离，严格限制出入。切断火源。建议应急处理人员戴自给正压式呼吸器，穿防静电工作服。尽可能切断泄漏源。合理通风，加速扩散。喷雾状水稀释。漏气容器要妥善处理，修复、检验后再用。				
	消防方法	切断气源。若不能切断气源，则不允许熄灭泄漏处的火焰。喷水冷却容器，可能的话将容器从火场移至空旷处。灭火剂：雾状水、普通泡沫、干粉。				
主要用途	用作制造新型的热塑料、工程塑料、新型灭火剂和抑雾剂的原料。					

187. 四氢呋喃：CAS 109-99-9

品名	四氢呋喃	别名		1,4-环氧丁烷	英文名	Tetrahydrofuran
理化性质	分子式	C_4H_8O	分子量	72.11	熔点	−108.5℃
	沸点	65.4℃	相对密度	（水=1）：0.89（25℃）	蒸气压	15.2 kPa（25.9℃）
	外观性状	无色易挥发液体，有类似乙醚的气味				
	溶解性	溶于水、乙醇、乙醚、丙酮、苯等多数有机溶剂				
稳定性和危险性	稳定性：避免与空气接触，禁止与酸类、碱、强氧化剂接触。					
	危险性：极度易燃，具刺激性。					
环境标准	中国 PC-TWA（mg/m^3）：300。					
毒理学资料	急性毒性：大鼠经口半数致死剂量（LD_{50}）：2 816 mg/kg，大鼠吸入半数致死浓度（LC_{50}）：61 740 mg/m^3，3 h。					
	急性中毒表现：吸入后引起上呼吸道刺激、恶心、头晕、头痛和中枢神经系统抑制。能引起肝、肾损害。液体或高浓度蒸气对眼有刺激性。皮肤长期反复接触，可因脱脂作用而发生皮炎。					
安全防护措施	工程控制：密闭操作，提供良好的通风条件。					
	呼吸系统防护：空气中浓度超标时，必须佩戴自吸过滤式防尘口罩。					
	眼睛防护：必要时，戴化学安全防护眼镜。					
	身体防护：穿一般作业防护衣。					
	手防护：戴一般作业防护手套。					
	其他防护：工作现场严禁吸烟。注意个人清洁卫生。					
应急措施	急救措施	皮肤接触：脱去污染的衣着，用肥皂水和清水彻底冲洗皮肤。				
		眼睛接触：提起眼睑，用流动清水或生理盐水冲洗。就医。				
		吸入：迅速脱离现场至空气新鲜处。保持呼吸道通畅。如呼吸困难，给输氧。如呼吸停止，立即进行人工呼吸。就医。				
		食入：饮足量温水，催吐。就医。				
	泄漏处置	迅速撤离泄漏污染区人员至安全区，并进行隔离，严格限制出入。切断火源。建议应急处理人员戴自给正压式呼吸器，穿防静电工作服。从上风处进入现场。尽可能切断泄漏源。防止流入下水道、排洪沟等限制性空间。				
		小量泄漏：用沙土或其他不燃材料吸附或吸收。也可以用大量水冲洗，洗水稀释后放入废水系统。				
		大量泄漏：构筑围堤或挖坑收容。用泡沫覆盖，降低蒸气灾害。喷雾状水冷却和稀释蒸气、保护现场人员、把泄漏物稀释成不燃物。用防爆泵转移至槽车或专用收集器内，回收或运至废物处理场所处置。				
	消防方法	喷水冷却容器，可能的话将容器从火场移至空旷处。处在火场中的容器若已变色或从安全泄压装置中产生声音，必须马上撤离。				
		灭火剂：泡沫、二氧化碳、干粉、沙土。用水灭火无效。				
主要用途	用作溶剂、有机合成的原料。					

188. 对乙酰氨基苯磺酰氯：CAS 121-60-8

品名	对乙酰氨基苯磺酰氯	别名		N-乙酰基磺胺酰氯	英文名	p-acetamidobenzene sulfonyl chloride
理化性质	分子式	C₈H₈CLNO₃S	分子量	233.68	熔　点	149℃
	外观性状	白色至灰色晶体				
	溶解性	不溶于水，溶于苯、乙醚、丙酮、氯仿、二氯化乙烯				
毒理学资料	小鼠经口半数致死剂量（LD₅₀）：16 500 mg/kg。					
主要用途	主要用于制备磺胺药物。					

189. 对苯二酚：CAS 123-31-9

品名	对苯二酚	别名		氢醌	英文名	Hydroquinone
理化性质	分子式	C₆H₆O₂	分子量	110.11	熔　点	170～171℃
	沸　点	285～287℃	相对密度	（水=1）：1.332	蒸气压	0.13 kPa（132.4℃）
	外观性状	无色或白色结晶。在空气中露光易变色。其水溶液在空气中能氧化变成褐色，碱性介质中氧化更快				
	溶解性	溶于水，易溶于乙醇、乙醚				
稳定性和危险性	稳定性：在空气中露光易变色。其水溶液在空气中能氧化变成褐色，碱性介质中氧化更快。 危险性：遇明火、高热可燃。与强氧化剂接触可发生化学反应。受高热分解放出有毒的气体。					
环境标准	工作场所时间加权平均容许浓度　1 mg/m³； 前苏联（1975）作业环境空气中有害物质的允许浓度　2 mg/m³；污水排放标准　0.5 mg/L；水中嗅觉阈浓度　5 mg/L。 前苏联（1978）　地面水中最高容许浓度　0.2 mg/L。					
监测方法	液相色谱和液相色谱-质谱联用法。					
毒理学资料	急性毒性： 大鼠经口半数致死剂量（LD₅₀）：320 mg/kg； 半数致死浓度（LC₅₀）：无资料。 刺激性：人经皮：2%，轻度刺激；人经皮：5%，重度刺激。					

安全防护措施	工程控制：严加密闭，提供充分的局部排风。尽可能采取隔离操作。提供安全淋浴和洗眼设备。
	呼吸系统防护：空气中粉尘浓度超标时，佩戴自吸过滤式防尘口罩。紧急事态抢救或撤离时，应该佩戴空气呼吸器。
	眼睛防护：戴化学安全防护眼镜。
	身体防护：穿防毒物渗透工作服。
	手防护：戴橡胶手套。
	其他防护：工作现场禁止吸烟、进食和饮水。工作完毕，彻底清洗。单独存放被毒物污染的衣服，洗后备用。注意个人清洁卫生。

应急措施	急救措施	皮肤接触：立即脱去污染的衣着，用大量流动清水冲洗。就医。
		眼睛接触：立即提起眼睑，用大量流动清水或生理盐水彻底冲洗至少 15 min。就医。
		吸入：迅速脱离现场至空气新鲜处。保持呼吸道通畅。如呼吸困难，给输氧。如呼吸停止，立即进行人工呼吸。就医。
		食入：立即给饮植物油 15～30 mL。催吐。就医。
	泄漏处置	应急处理：隔离泄漏污染区，限制出入。切断火源。建议应急处理人员戴防尘面具（全面罩），穿防毒服。
		小量泄漏：用洁净的铲子收集于干燥、洁净、有盖的容器中。也可以用大量水冲洗，洗水稀释后放入废水系统。
		大量泄漏：收集回收或运至废物处理场所处置。
	消防方法	灭火剂：雾状水、抗溶性泡沫、干粉、二氧化碳、沙土。
主要用途		制取黑白显影剂、蒽醌染料、偶氮染料、橡胶防老剂、稳定剂和抗氧剂。在医学上可以用作黑斑病的外源性药物。

190. 亚硝酸钠：CAS 7632-00-0

品名	亚硝酸钠	别名	亚钠		英文名	SodiumNitrite
理化性质	分子式	$NaNO_2$	分子量	69.00	熔　点	271℃
	沸　点	320℃	相对密度	（水=1）：2.2		
	外观性状	白色或微带淡黄色斜方晶系结晶或粉末				
	溶解性	溶于 1.5 份冷水、0.6 份沸水，微溶于乙醇；水溶液呈碱性，pH 值约 9				
稳定性和危险性	稳定性：易潮解。					
	危险性：由于其具有咸味且价钱便宜，常在非法食品制作时用作食盐的不合理替代品，因为亚硝酸钠有毒，含有工业盐的食品对人体危害很大。本品助燃。					

环境标准	中国地下水质量标准（mg/L）I类0.001；II类0.01；III类0.02；IV类≤0.1；V类0.1（亚硝酸盐，以N计）； 中国地表水环境质量标准（mg/L）I类0.06；II类0.1；III类0.15；IV类1.0；V类1.0（亚硝酸盐，以N计）； 中国食品卫生标准（mg/kg，以$NaNO_2$计）20（香肠、香肚）；4（蔬菜）；3（粮食）。
监测方法	重氮化偶合分光光度法，《生活饮用水卫生规范》（2001）。
毒理学资料	亚硝酸钠是一种工业盐，虽然和食盐氯化钠很像，但有毒，不能食用。亚硝酸钠有较强毒性，人食用 0.2～0.5 g 就可能出现中毒症状，如果一次性误食 3 g，就可能造成死亡。亚硝酸钠中毒的特征表现为紫绀，症状体征有头痛、头晕、乏力、胸闷、气短、心悸、恶心、呕吐、腹痛、腹泻，口唇、指甲及全身皮肤、黏膜紫绀等，甚至抽搐、昏迷，严重时还会危及生命。 毒性：经口属剧毒类。 急性毒性：大鼠经口半数致死剂量（LD_{50}）：85 mg/kg； 　　　　　大鼠静脉半数致死剂量（LD_{50}）：65 mg/kg。
安全防护措施	呼吸系统防护：空气中浓度较高时，应该佩戴自吸过滤式防尘口罩。必要时，佩戴自给式呼吸器。 眼睛防护：戴化学安全防护眼镜。 身体防护：穿胶布防毒衣。 手防护：戴橡胶手套。 其他防护：工作完毕，淋浴更衣。保持良好的卫生习惯。

应急措施	急救措施	皮肤接触：脱去被污染的衣着，用肥皂水和清水彻底冲洗皮肤。 眼睛接触：提起眼睑，用流动清水或生理盐水冲洗。就医。 吸入：迅速脱离现场至空气新鲜处。保持呼吸道通畅。如呼吸困难，给输氧。如呼吸停止，立即进行人工呼吸。就医。 食入：饮足量温水，催吐。就医。
	泄漏处置	泄漏应急处理：隔离泄漏污染区，限制出入。建议应急处理人员戴自给式呼吸器，穿一般作业工作服。勿使泄漏物与还原剂、有机物、易燃物或金属粉末接触。不要直接接触泄漏物。 小量泄漏：用洁净的铲子收集于干燥、洁净、有盖的容器中。 大量泄漏：收集回收或运至废物处理场所处置。
	消防方法	消防人员必须戴好防毒面具，在安全距离以外，在上风向灭火。 灭火剂：雾状水、沙土。

主要用途	丝绸、亚麻的漂白剂，金属热处理剂；钢材缓蚀剂；氰化物中毒的解毒剂，实验室分析试剂，在肉类制品加工中用作发色剂、防微生物剂、防腐剂。在漂白、电镀和金属处理等方面有应用，被称为工业盐。

191. 亚硫酸氢钠：CAS 7631-90-5

品名	亚硫酸氢钠	别名		酸式亚硫酸钠	英文名	Sodiumhydrogensulfite
理化性质	分子式	NaHSO$_3$	分子量	104.06	熔　点	150℃
	相对密度			（水=1）：1.48		
	外观性状	白色结晶性粉末				
	溶解性	可溶于水，也微溶于醇				
稳定性和危险性	稳定性：稳定。 危险性：具有强还原性。接触酸或酸气能产生有毒气体。受高热分解放出有毒的气体。具有腐蚀性。					
环境标准	我国暂无相关标准。					
监测方法	亚硫酸氢钠甲萘醌原料药—亚硫酸氢钠的测定—氧化还原滴定法					
毒理学资料	急性毒性：大鼠经口半数致死剂量（LD$_{50}$）：2 000 mg/kg。					
安全防护措施	工程控制：密闭操作，局部排风。 呼吸系统防护：空气中粉尘浓度超标时，必须佩戴自吸过滤式防尘口罩。紧急事态抢救或撤离时，应该佩戴空气呼吸器。 眼睛防护：戴化学安全防护眼镜。 身体防护：穿橡胶耐酸碱服。 手防护：戴橡胶耐酸碱手套。 其他防护：工作场所禁止吸烟、进食和饮水，饭前要洗手。工作完毕，淋浴更衣。保持良好的卫生习惯。					
应急措施	急救措施	皮肤接触：立即脱去污染的衣着，用大量流动清水冲洗。就医。 眼睛接触：立即提起眼睑，用大量流动清水或生理盐水彻底冲洗至少 15 min。就医。 吸入：迅速脱离现场至空气新鲜处。保持呼吸道通畅。如呼吸困难，给输氧。如呼吸停止，立即进行人工呼吸。就医。 食入：饮足量温水，催吐。就医。				
	泄漏处置	应急处理：隔离泄漏污染区，限制出入。建议应急处理人员戴防尘口罩，穿防酸服。不要直接接触泄漏物。 小量泄漏：避免扬尘，小心扫起，收集于干燥、洁净、有盖的容器中。 大量泄漏：收集回收或运至废物处理场所处置。				
	消防方法	消防人员必须穿全身耐酸碱消防服。灭火时尽可能将容器从火场移至空旷处。然后根据着火原因选择适当灭火剂灭火。				
主要用途		还原剂、防腐剂、消毒剂、漂白剂。				

192. 亚硫酸铵 CAS 10196-04-0

品名	亚硫酸铵	别名		亚铵	英文名	Ammonium sulfite
理化性质	分子式	$(NH_4)_2SO_3$	分子量	116.14	相对密度	1.41
	外观性状	沙状或糖状无色晶体				
	溶解性	水溶液呈碱性，微溶于醇，不溶于丙酮和二氧化碳				
稳定性和危险性	稳定性：空气中易氧化，60～70℃分解。					
安全防护措施	呼吸系统防护：选用适当呼吸器。 眼睛防护：戴防尘镜和面罩。 身体防护：穿戴清洁完好的防护用具。					
应急措施	急救措施	皮肤接触：脱去被污染的衣物，用水冲洗。 眼睛接触：用大量清水冲洗至少 15 min。 吸入：将患者移至新鲜空气处；呼吸停止时，施行呼吸复苏术；心跳停止时，施行心肺复苏术；就医。				
	泄漏处置	须穿戴防护用具进入现场；用简便、安全的方法收集粉末泄漏物至密闭容器中。				
	消防方法	喷水或使用干粉、二氧化碳、泡沫灭火剂。				
主要用途	用于造纸工业，也用于感光材料及日用化工。					

193. 过氧化二叔丁基：CAS 110-05-4

品名	过氧化二叔丁基	别名		过氧化二特丁基	英文名	Tert-butyl peroxide
理化性质	分子式	$C_8H_{18}O_2$	分子量	146.26	熔点	−40℃
	沸点	111℃	相对密度	（水=1）0.794	闪点	18℃
	外观性状	水白色透明液体				
	溶解性	不溶于水，溶于酮、烃类				
稳定性和危险性	稳定性：稳定。 危险性：具爆炸性，本品易燃，为可疑致癌物，具强刺激性。					
环境标准	我国暂无相关标准。					
毒理学资料	大鼠经口半数致死剂量（LD_{50}）：6 750 mg/kg; 家兔经皮：500 mg，引起刺激。家兔经眼：500 mg/24 h，轻度刺激。					

安全防护措施	工程控制：严加密闭，提供充分的局部排风。 呼吸系统防护：空气中浓度超标时，必须佩戴自吸过滤式防毒面具（全面罩）。紧急事态抢救或撤离时，应该佩戴空气呼吸器。 眼睛防护：呼吸系统防护中已作防护。 身体防护：穿连衣式胶布防毒衣。 手防护：戴橡胶手套。 其他防护：工作现场禁止吸烟、进食和饮水。工作完毕，淋浴更衣。保持良好的卫生习惯。	
应急措施	急救措施	皮肤接触：脱去污染的衣着，用大量流动清水冲洗。 眼睛接触：提起眼睑，用流动清水或生理盐水冲洗。就医。 吸入：迅速脱离现场至空气新鲜处。保持呼吸道通畅。如呼吸困难，给输氧。如呼吸停止，立即进行人工呼吸。就医。 食入：饮足量温水，催吐。就医。
	泄漏处置	迅速撤离泄漏污染区人员至安全区，并进行隔离，严格限制出入。切断火源。建议应急处理人员戴自给式呼吸器，穿防静电工作服。不要直接接触泄漏物。尽可能切断泄漏源。防止流入下水道、排洪沟等限制性空间。 小量泄漏：用沙土、蛭石或其他惰性材料吸收。 大量泄漏：构筑围堤或挖坑收容。用泵转移至槽车或专用收集器内，回收或运至废物处理场所处置。
	消防方法	灭火剂：泡沫、二氧化碳、干粉。
主要用途		用作合成树脂引发剂、光聚合敏化剂、橡胶硫化剂、柴油点火促进剂，也用于有机合成。

194. 次氯酸钙：CAS 7778-54-3

品名	次氯酸钙	别名	漂白水		英文名	Calcium hypochlorite
理化性质	分子式	$Ca(ClO)_2$	分子量	142.99	熔点	100℃
	相对密度	（水=1）：2.35				
	外观性状	白色粉末，有极强的氯臭。其溶液为黄绿色半透明液体				
	溶解性	溶于水				
稳定性和危险性	稳定性：受热、遇酸或日光照射会分解放出剧毒的氯气。 危险性：该品助燃，具刺激性。强氧化剂。遇水或潮湿空气会引起燃烧爆炸。与碱性物质混合能引起爆炸。接触有机物有引起燃烧的危险。					

环境标准	中国暂无相关标准。	
毒理学资料	急性毒性：大鼠经口半数致死剂量（LD_{50}）：850 mg/kg； 半数致死浓度（LC_{50}）：无资料。	
安全防护措施	工程防控：生产过程密闭，加强通风。提供安全淋浴和洗眼设备。 呼吸系统防护：可能接触其粉尘时，建议佩戴头罩型电动送风过滤式防尘呼吸器。 眼睛防护：呼吸系统防护中已作防护。 身体防护：穿胶布防毒衣。 手防护：戴氯丁橡胶手套。 其他：工作现场禁止吸烟、进食和饮水。工作完毕，淋浴更衣。保持良好的卫生习惯。	
应急措施	急救措施	皮肤接触：立即脱去污染的衣着，用肥皂水和清水彻底冲洗皮肤。就医。 眼睛接触：提起眼睑，用流动清水或生理盐水冲洗。就医。 吸入：迅速脱离现场至空气新鲜处。保持呼吸道通畅。如呼吸困难，给输氧。如呼吸停止，立即进行人工呼吸。就医。 食入：饮足量温水，催吐。就医。
	泄漏处置	应急处理：隔离泄漏污染区，限制出入。建议应急处理人员戴防尘面具（全面罩），穿防毒服。不要直接接触泄漏物。勿使泄漏物与还原剂、有机物、易燃物或金属粉末接触。 小量泄漏：避免扬尘，用洁净的铲子收集于干燥、洁净、有盖的容器中，转移至安全场所。 大量泄漏：用塑料布、帆布覆盖。然后收集回收或运至废物处理场所处置。
	消防方法	消防人员须佩戴防毒面具、穿全身消防服，在上风向灭火。 灭火剂：直流水、雾状水、沙土。
主要用途	主要用于造纸工业纸浆的漂白和纺织工业棉、麻、丝纤维织物的漂白。也用于城乡饮用水、游泳池水等的杀菌消毒。化学工业用于乙炔的净化，氯仿和其他有机化工原料的制造。可作羊毛防缩剂、脱臭剂等。	

195. 异壬醇：CAS 108-82-7

品名	异壬醇	别名			英文名	Diisobutylcarbinol
理化性质	分子式	$C_9H_{20}O$	分子量	144.25	闪　点	66℃
	沸　点	178℃	相对密度	0.809 g/mL	蒸气压	
	外观性状	无色液体				
	溶解性	不溶于水，溶于乙醇和乙醚				
稳定性和危险性	稳定性：稳定。 危险性：遇明火、高热可燃。					
毒理学资料	毒性分级：中毒； 急性毒性：大鼠口服半数致死剂量（LD_{50}）：3 560 mg/kg；小鼠口服半数致死剂量（LD_{50}）：3 560 mg/kg。					
安全防护措施	工程控制：密闭操作，全面通风。 呼吸系统防护：建议操作人员佩戴自吸过滤式防毒面具（半面罩）。 眼睛防护：戴化学安全防护眼镜。 身体防护：穿防毒物渗透工作服。 手防护：戴橡胶手套。 其他远离火种、热源，工作场所严禁吸烟。					

应急措施	急救措施	皮肤接触：脱去污染的衣着，用大量流动清水冲洗。 眼睛接触：提起眼睑，用流动清水或生理盐水冲洗。就医。 吸入：脱离现场至空气新鲜处。如呼吸困难，给输氧。就医。 食入：饮足量温水，催吐。就医。
	泄漏处置	迅速撤离泄漏污染区人员至安全区，并进行隔离，严格限制出入。切断火源。建议应急处理人员戴自给正压式呼吸器，穿防毒服。尽可能切断泄漏源。防止流入下水道、排洪沟等限制性空间。 小量泄漏：用沙土或其他不燃材料附或吸收。也可以用不燃性分散剂制成的乳液刷洗，洗液稀释后放入废水系统。 大量泄漏：构筑围堤或挖坑收容。用泵转移至槽车或专用收集器内，回收或运至废物处理场所处置。
	消防方法	消防人员须佩戴防毒面具、穿全身消防服，在上风向灭火。尽可能将容器从火场移至空旷处。喷水保持火场容器冷却，直至灭火结束。处在火场中的容器若已变色或从安全泄压装置中产生声音，必须马上撤离。 灭火剂：雾状水、泡沫、干粉、二氧化碳、沙土。

主要用途	GB 2760—1997 规定为允许使用的食品用香料。

196．α-吡咯烷酮：CAS 616-45-5

品名	α-吡咯烷酮		别名	2-吡咯烷酮、丁内酰胺		英文名	2-pyrrolidone
理化性质	分子式	C_5H_7NO	分子量	85.11		熔点	24.6℃
	沸点	245℃	相对密度（水=1）：1.120			蒸气压	1.33 kPa（122℃）
	外观性状	无色晶体					
	溶解性	易溶于水、乙醇、乙醚					
稳定性和危险性	稳定性：稳定。 危险性：遇明火能燃烧。与氧化剂可发生反应。受热分解放出有毒的氧化氮烟气。						
毒理学资料	急性毒性：大鼠经口半数致死剂量（LD_{50}）：328 mg/kg。						
安全防护措施	工程控制：密闭操作，局部排风。提供安全淋浴和洗眼设备。 呼吸系统防护：空气中粉尘浓度超标时，必须佩戴自吸过滤式防尘口罩；可能接触其蒸气时，应该佩戴自吸过滤式防毒面具（半面罩）。 眼睛防护：戴化学安全防护眼镜。 身体防护：穿防毒物渗透工作服。 手防护：戴橡胶手套。 其他防护：工作现场禁止吸烟、进食和饮水。工作完毕，彻底清洗。单独存放被毒物污染的衣服，洗后备用。保持良好的卫生习惯。						
应急措施	急救措施	皮肤接触：脱去污染的衣着，用大量流动清水冲洗。 眼睛接触：提起眼睑，用流动清水或生理盐水冲洗。就医。 吸入：脱离现场至空气新鲜处。如呼吸困难，给输氧。就医。 食入：饮足量温水，催吐。就医。					
	泄漏处置	迅速撤离泄漏污染区人员至安全区，并进行隔离，严格限制出入。切断火源。建议应急处理人员戴自给正压式呼吸器，穿防毒服。尽可能切断泄漏源。若是液体，防止流入下水道、排洪沟等限制性空间。若是固体，用洁净的铲子收集于干燥、洁净、有盖的容器中。 小量泄漏：用大量水冲洗，洗水稀释后放入废水系统。 大量泄漏：构筑围堤或挖坑收容。用泵转移至槽车或专用收集器内，回收或运至废物处理场所处置。					
	消防方法	消防人员须佩戴防毒面具、穿全身消防服，在上风向灭火。尽可能将容器从火场移至空旷处。喷水保持火场容器冷却，直至灭火结束。处在火场中的容器若已变色或从安全泄压装置中产生声音，必须马上撤离。 灭火剂：雾状水、泡沫、干粉、二氧化碳、沙土。					
主要用途	用于有机合成（如 1-乙烯基-2-吡咯烷酮等），也用作溶剂等。α-吡咯烷酮是重要的化工原料，在医药、纺织、染料、涂料、化妆品等行业中应用广泛，如制造脑复康、尼龙 4、聚乙烯基吡咯烷酮、人造血浆等。						

197．邻苯二甲酸二壬酯：CAS 84-76-4

品名	邻苯二甲酸二壬酯	别名		酞酸二壬酯	英文名	Dinonyl-o-phthalate
理化性质	分子式	$C_{26}H_{42}O_4$	分子量	418.61	熔点	−52℃
	沸点	205~220℃	相对密度	（水=1）0.97（25℃）	蒸气压	0.13 kPa（205℃）
	外观性状	淡黄色液体				
	溶解性	不溶于水，可混溶于多数有机溶剂				
稳定性和危险性	危险性：可燃。					
环境标准	我国暂无相关标准。					
监测方法	邻苯二甲酸酯检测方法已非常成熟，国内外都发布了检测标准。一般是用有机溶剂萃取后使用气相色谱质谱联用仪（GM-MS）进行检测。					
毒理学资料	急性毒性：大鼠经口半数致死剂量（LD_{50}）：>2 000 mg/kg。					
应急措施	急救措施	皮肤接触：脱去污染的衣着，用大量流动清水冲洗。 眼睛接触：提起眼睑，用流动清水或生理盐水冲洗。就医。 吸入：脱离现场至空气新鲜处。就医。 食入：饮足量温水，催吐。就医。				
	泄漏处置	迅速撤离泄漏污染区人员至安全区，并进行隔离，严格限制出入。切断火源。建议应急处理人员戴自吸过滤式防毒面具（全面罩），穿防毒服。尽可能切断泄漏源，防止流入下水道、排洪沟等限制性空间。 小量泄漏：用不燃性分散剂制成的乳液刷洗，洗液稀释后放入废水系统。 大量泄漏：构筑围堤或挖坑收容。用泵转移至槽车或专用收集器内，回收或运至废物处理场所处置。				
	消防方法	尽可能将容器从火场移至空旷处。喷水保持火场容器冷却，直至灭火结束。处在火场中的容器若已变色或从安全泄压装置中产生声音，必须马上撤离。 灭火剂：雾状水、泡沫、干粉、二氧化碳、沙土。				
主要用途	用作塑料增塑剂、气相色谱固定液、溶剂、韧化剂。					

198. 邻苯二甲酸二异壬酯：CAS 28553-12-0

品名	邻苯二甲酸二异壬酯	别名	DINP	英文名	Di-isononyl phthalate
理化性质	分子式	$C_{26}H_{42}O_4$	分子量	418.61	闪点	235℃
	沸点	405.7℃	相对密度（水=1）	0.98（25℃）	蒸气压	8.61E-07 mmHg/25℃
	外观性状	无色或淡黄色油状液体				
	溶解性	不溶于水，溶于脂肪族和芳香族烃类				
稳定性和危险性	稳定性：常温常压下稳定，避免与强氧化剂接触。 危险性：遇高热、明火或与氧化剂接触，有引起燃烧的危险。遇强酸、硝酸盐和氧化剂发生反应。能腐蚀某些类型的塑料。蒸气比空气重，易在低处聚集。封闭区域内的蒸气遇火能爆炸。储存容器及其部件可能向四面八方飞射很远。				
环境标准	我国暂无相关标准。				
毒理学资料	无刺激作用，属低毒类。 大鼠经口半数致死剂量（LD_{50}）：＞2 000 mg/kg。				
安全防护措施	工程控制：提供良好的自然通风条件。 呼吸系统防护：一般不需要特殊防护，但建议特殊情况下，佩戴防毒面具。高于 NIOSH REL 浓度或尚未建立 REL，任何可检测浓度下：自携式正压全面罩呼吸器、供气式正压全面罩呼吸器辅之以辅助自携式正压呼吸器。逃生：装有机蒸气滤毒盒的空气净化式全面罩呼吸器（防毒面具）、自携式逃生呼吸器。 眼睛防护：一般不需特殊防护。 身体防护：穿防静电工作服。 手防护：防护要求不高。 其他防护：工作现场严禁吸烟。保持良好的卫生习惯。				
应急措施	急救措施	皮肤接触：脱去污染的衣着，用流动清水冲洗。注意患者保暖并且保持安静。确保医务人员了解该物质相关的个体防护知识，注意自身防护。 眼睛接触：立即翻开上下眼睑，用流动清水冲洗。 吸入：脱离现场至空气新鲜处。就医。如果患者呼吸停止，给予人工呼吸。如果呼吸困难，给予吸氧。 食入：误服者用水漱口，就医。			
	泄漏处置	切断火源。应急处理人员戴自给式呼吸器，穿一般消防防护服。在确保安全情况下堵漏。用不燃性分散剂制成的乳液刷洗，经稀释的洗液放入废水系统。如大量泄漏，利用围堤收容，然后收集、转移、回收或无害处理后废弃。			
主要用途	在玩具膜、电线、电缆中得到广泛应用。				

199. 邻苯二甲酸酐：CAS 85-44-9

品名	邻苯二甲酸酐	别名		苯酐	英文名	Phthalic anhydride
理化性质	分子式	$C_8H_4O_3$	分子量	148.12	熔点	129～132℃
	沸点	284℃	相对密度	（水=1）：1.52（25℃）	蒸气压	0.13 kPa（96.5℃）
	外观性状	白色针状晶体				
	溶解性	稍溶于冷水，易溶于热水并水解为邻苯二甲酸。溶于乙醇、苯和吡啶。微溶于乙醚				
稳定性和危险性	稳定性：稳定。 危险性：与空气混合可爆。					
环境标准	中国车间空气最高容许浓度（mg/m³）：1					
监测方法	溶剂洗脱–气相色谱法					
毒理学资料	急性毒性：大鼠口服半数致死剂量（LD_{50}）：4 020 mg/kg； 　　　　　小鼠口服半数致死剂量（LD_{50}）：1 500 mg/kg； 刺激性：家兔经眼：100 mg，重度刺激。家兔经皮：500 mg/24 h，轻度刺激。					
安全防护措施	工程控制：密闭操作，局部排风。提供安全淋浴和洗眼设备。 呼吸系统防护：空气中粉尘浓度超标时，建议佩戴自吸过滤式防尘口罩。 眼睛防护：戴安全防护眼镜。 身体防护：穿防酸碱塑料工作服。 手防护：戴橡胶耐酸碱手套。 其他防护：工作场所禁止吸烟、进食和饮水，饭前要洗手。工作完毕，淋浴更衣。注意个人清洁卫生。					
应急措施	急救措施	皮肤接触：脱去污染的衣着，用大量流动清水冲洗。 眼睛接触：提起眼睑，用流动清水或生理盐水冲洗。就医。 吸入：迅速脱离现场至空气新鲜处。保持呼吸道通畅。如呼吸困难，给输氧。如呼吸停止，立即进行人工呼吸。就医。 食入：饮足量温水，催吐。就医。				
	泄漏处置	迅速撤离泄漏污染区人员至安全区，并进行隔离，严格限制出入。切断火源。建议应急处理人员戴自给式呼吸器，穿一般作业工作服。不要直接接触泄漏物。尽可能切断泄漏源。防止流入下水道、排洪沟等限制性空间。 小量泄漏：用沙土、蛭石或其他惰性材料吸收。 大量泄漏：构筑围堤或挖坑收容。用泵转移至槽车或专用收集器内，回收或运至废物处理场所处置。				
	消防方法	消防人员须佩戴防毒面具、穿全身消防服，在上风向灭火。尽可能将容器从火场移至空旷处。喷水保持火场容器冷却，直至灭火结束。处在火场中的容器若已变色或从安全泄压装置中产生声音，必须马上撤离。 灭火剂：雾状水、泡沫、干粉、二氧化碳、沙土。不宜用水。				
主要用途	用于制染料、药物、聚酯树脂、醇酸树脂、塑料、增塑剂和涤纶等。					

200. 2-辛醇：CAS 123-96-6

品名	2-辛醇		别名		仲辛醇	英文名	DL-2-Octanol
理化性质	分子式	$C_8H_{18}O$	分子量	130.23		熔点	−38℃
	沸点	174～181℃	相对密度	（水=1）：0.821		蒸气压	32Pa（20℃）
	外观性状	无色有芳香气味的油状液体					
	溶解性	不溶于水，可溶于醇、醚及氯仿					
稳定性和危险性	稳定性：稳定。 危险性：易燃。可燃，燃烧分解生成二氧化碳。						
监测方法	气相色谱法						
毒理学资料	属于低毒类。大鼠和小鼠经口半数致死剂量（LD_{50}）分别为＞3.2 g/kg 和 4.0 g/kg。可经皮肤吸收引起中毒，具有轻度的局部刺激作用，对兔眼有明显的刺激，可致角膜混浊。 侵入途径：吸入、摄入或经皮肤吸收后对身体有害，对眼睛有强烈刺激作用，对皮肤有刺激作用。长时间接触可引起头痛、头晕、恶心。						
安全与劳动保护措施	工程防控：通风。 储运注意事项：沿地面通风。 个人防护措施：吸入防护：通风，局部排气或呼吸防护； 皮肤防护：佩戴防护服； 眼睛防护：佩戴安全护目镜； 摄食防护：工作时不得进食、饮水或吸烟，进食前洗手。						
消防及灭火方法	使用抗醇泡沫，干粉，二氧化碳。着火时，喷水保持料桶等冷却。						
主要用途	用作聚乙烯塑料增塑剂、合成纤维油剂、农药乳化剂的原料。						

201. 间甲苯二胺：CAS 108-45-2

品名	间甲苯二胺	别名	间苯二胺	英文名	m-Phenylenediamine
理化性质	分子式	$C_6H_8N_2$	分子量	108.14	熔点	63~64℃
	沸点	282~284℃	相对密度	（水=1）：1.139	蒸气压	0.065 kPa（135~140℃）
	外观性状	无色针状结晶				
	溶解性	溶于乙醇、水、氯仿、丙酮、二甲基酰胺，微溶于醚、四氯化碳，难溶于苯、甲苯、丁醇。				
稳定性和危险性	稳定性：在空气中不稳定，易变成淡红色。危险性：遇明火、高热可燃。受热分解放出有毒的氧化氮烟气。					
环境标准	前苏联车间空气最高容许浓度·（mg/m³）：0.1。					
毒理学资料	大鼠经口半数致死剂量（LD₅₀）：650 mg/kg。					
安全防护措施	工程控制：严加密闭，提供充分的局部排风。提供安全淋浴和洗眼设备。呼吸系统防护：空气中粉尘浓度超标时，佩戴自吸过滤式防尘口罩。紧急事态抢救或撤离时，应该佩戴自给式呼吸器。眼睛防护：戴安全防护眼镜。身体防护：穿防毒物渗透工作服。手防护：戴防护手套。其他：工作现场禁止吸烟、进食和饮水。及时换洗工作服。工作前后不饮酒，用温水洗澡。实行就业前和定期的体检。					
应急措施	急救措施	皮肤接触：立即脱去污染的衣着，用肥皂水和清水彻底冲洗皮肤。就医。眼睛接触：提起眼睑，用流动清水或生理盐水冲洗。就医。吸入：迅速脱离现场至空气新鲜处。保持呼吸道通畅。如呼吸困难，给输氧。如呼吸停止，立即进行人工呼吸。就医。食入：饮足量温水，催吐。就医。				
	泄漏处置	隔离泄漏污染区，限制出入。切断火源。建议应急处理人员戴防尘面具（全面罩），穿防毒服。不要直接接触泄漏物。小量泄漏：用洁净的铲子收集于干燥、洁净、有盖的容器中。大量泄漏：收集回收或运至废物处理场所处置。				
	消防方法	灭火剂：雾状水、二氧化碳、沙土。				
主要用途		用作染料中间体，环氧树脂的固化剂和水泥的促凝剂。				

202. 环氧树脂：CAS 6178-97-4

品名	环氧树脂	别名				英文名	Phenolic epoxy resin
理化性质	分子式	$(C_{11}H_{12}O_3)_n$	分子量	350～8 000	沸点		145～155℃
理化性质	外观性状	根据分子结构和分子量大小的不同，其物态可从无臭、无味的黄色透明液体至固体					
理化性质	溶解性	溶于丙酮、乙二醇、甲苯					
稳定性和危险性	稳定性：稳定。 危险性：易燃，遇明火、高热能燃烧。受高热分解释放出有毒的气体。粉体与空气可形成爆炸性混合物，当达到一定浓度时，遇火星会发生爆炸。						
环境标准	我国暂无相关标准。						
毒理学资料	大鼠经口半数致死剂量（LD_{50}）：11 400 mg/kg。						
安全防护措施	工程控制：密闭操作。提供良好的自然通风条件。 呼吸系统防护：空气中浓度超标时，佩戴自吸过滤式防尘口罩。 眼睛防护：一般不需要特殊防护，高浓度接触时可戴化学安全防护眼镜。 身体防护：穿一般作业防护服。 手防护：戴一般作业防护手套。 其他防护：工作现场严禁吸烟。保持良好的卫生习惯。						
应急措施	急救措施	皮肤接触：脱去污染的衣着，用肥皂水和清水彻底冲洗皮肤。 眼睛接触：提起眼睑，用流动清水或生理盐水冲洗。就医。 吸入：脱离现场至空气新鲜处。就医。 食入：饮足量温水，催吐。就医。					
应急措施	泄漏处置	应急处理：迅速撤离泄漏污染区人员至安全区，并进行隔离，严格限制出入。切断火源。建议应急处理人员戴自给正压式呼吸器，穿一般作业工作服。若是固体，收集于干燥、洁净、有盖的容器中。若是液体，尽可能切断泄漏源，防止流入下水道、排洪沟等限制性空间。 小量泄漏：用干燥的沙土或类似物质吸收。 大量泄漏：构筑围堤或挖坑收容。用泡沫覆盖，降低蒸气灾害。用防爆泵转移至槽车或专用收集器内，回收或运至废物处理场所处置。					
应急措施	消防方法	喷水冷却容器，可能的话将容器从火场移至空旷处。 灭火剂：雾状水、泡沫、二氧化碳、干粉、沙土。					
主要用途	用作金属涂料、金属黏合剂、玻璃纤维增强结构材料、防腐材料、金属加工用模具等，在电器工业中用作绝缘材料。						

203. 矿物油：CAS 8042-47-5

品名	矿物油	别名			英文名	Mineral oil
理化性质	分子量	23.997 9	沸点	250～360℃	相对密度	（水=1）：0.85（25℃）
	外观性状	外观为油状液体，遇水呈稳定的乳液				
稳定性和危险性	稳定性：按照规定使用和储存则不会分解。					
环境标准	美国 TWA：5 mg/m³，ACGIH； 英国 TWA：5 mg/m³； 前苏联车间空气最高容许浓度：5 mg/m³（工作场所）； 前苏联车间空气最高容许浓度：10 μg/L（饮用水）。					
监测方法	滤器收集，三氯甲烷解吸，萤火色谱法分析。					
毒理学资料	急性中毒表现：短期暴露：吸入后，刺激鼻、喉、肺，引起咳嗽、肺组织肿胀、头痛、恶心、耳鸣、虚弱、昏昏欲睡、昏迷，甚至死亡；暴露刺激皮肤，会引起红肿，严重刺激眼睛；食入后，可灼伤口腔、咽喉和胃部，随后则呕吐、腹泻和打嗝。					
安全防护措施	工程控制：密闭操作，提供良好的通风条件。 呼吸系统防护：空气中浓度超标时，必须佩戴自吸过滤式防尘口罩。 眼睛防护：必要时，戴化学安全防护眼镜。 身体防护：穿一般作业防护衣。 手防护：戴一般作业防护手套。 其他防护：工作现场严禁吸烟。注意个人清洁卫生。					
应急措施	急救措施	皮肤接触：用肥皂、大量清水冲洗。 眼睛接触：用大量清水冲洗 15 min。 吸入：将患者移至新鲜空气处，若呼吸停止，施行呼吸复苏术，若心跳停止，施行心肺复苏术，立刻就医。 食入：饮足量温水，催吐。就医。				
	消防方法	灭火剂：干粉、二氧化碳、泡沫。				
主要用途	主要用于制造洗衣粉、合成洗涤剂等，亦可用于合成石油蛋白、塑料增塑剂、农药乳化剂等。					

204. 季戊四醇：CAS 115-77-5

品名	季戊四醇	别名			英文名	Pentaerythrite
理化性质	分子式	$C_5H_{12}O_4$	分子量	136.15	熔　点	261～262℃
	沸　点	276℃	相对密度	（水=1）：1.395	蒸气压	4.0 kPa（276℃）
	外观性状	白色结晶或粉末				
	溶解性	15℃时 1 g 溶于 18 mL 水。溶于乙醇、甘油、乙二醇、甲酰胺。不溶于丙酮、苯、四氯化碳、乙醚和石油醚等				
稳定性和危险性	稳定性：在空气中很稳定，不易吸水。危险性：遇明火、高热可燃。粉体与空气可形成爆炸性混合物，当达到一定浓度时，遇火星会发生爆炸。					
环境标准	前苏联车间空气最高容许浓度（mg/m³）：4。					
毒理学资料	小鼠经口半数致死剂量（LD_{50}）：25 500 mg/kg。					
安全防护措施	工程控制：生产过程密闭，加强通风。呼吸系统防护：空气中粉尘浓度较高时，建议佩戴自吸过滤式防尘口罩。眼睛防护：必要时，戴化学安全防护眼镜。身体防护：穿一般作业防护服。手防护：戴一般作业防护手套。其他防护：工作现场禁止吸烟、进食和饮水。注意个人清洁卫生。					
应急措施	急救措施	皮肤接触：脱去污染的衣着，用流动清水冲洗。眼睛接触：提起眼睑，用流动清水或生理盐水冲洗。就医。吸入：脱离现场至空气新鲜处。就医。食入：饮足量温水，催吐。就医。				
	泄漏处置	应急处理：隔离泄漏污染区，限制出入。切断火源。建议应急处理人员戴防毒面具（全面罩），穿一般作业工作服。用洁净的铲子收集于干燥、洁净、有盖的容器中，转移至安全场所。若大量泄漏，收集回收或运至废物处理场所处置。				
	消防方法	尽可能将容器从火场移至空旷处。灭火剂：雾状水、泡沫、干粉、二氧化碳、沙土。				
主要用途		用于制造季戊四醇四硝酸酯炸药，醇酸树脂，也用作热稳定剂、增塑剂等。				

205. 氟化钙：CAS 7789-75-5

品名	氟化钙	别名	萤石粉		英文名	Calciumfluoride
理化性质	分子式	CaF_2	分子量	78.07	熔点	1 423℃
	沸点	2 500℃	相对密度	（水=1）：3.18	闪点	2 500℃
	外观性状	白色粉末或立方结晶。加热时发光				
	溶解性	难溶于水，微溶于无机酸				
稳定性和危险性	稳定性：稳定。 危险性：具刺激性。					
环境标准	中国 PC-TWA（mg/m^3）：2[F]； 前苏联车间空气最高容许浓度（mg/m^3）：2.5[F]，0.5[班平均]； 中国生活饮用水标准（mg/L）：1.0。					
监测方法	离子选择电极法；氟试剂–镧盐比色法。					
毒理学资料	大鼠经口半数致死剂量（LD_{50}）：4 250 mg/kg					
安全防护措施	工程控制：密闭操作，局部排风。 呼吸系统防护：空气中粉尘浓度超标时，建议佩戴自吸过滤式防尘口罩。紧急事态抢救或撤离时，应该佩戴空气呼吸器。 眼睛防护：戴化学安全防护眼镜。 身体防护：穿防毒物渗透工作服。 手防护：戴乳胶手套。 其他防护：工作完毕，淋浴更衣。注意个人清洁卫生。					
应急措施	急救措施	皮肤接触：脱去污染的衣着，用大量流动清水冲洗。 眼睛接触：提起眼睑，用流动清水或生理盐水冲洗。就医。 吸入：脱离现场至空气新鲜处。如呼吸困难，给输氧。就医。 食入：用水漱口，给饮牛奶或蛋清。就医。				
	泄漏处置	隔离泄漏污染区，限制出入。建议应急处理人员戴防尘面具（全面罩），穿防毒服。避免扬尘，小心扫起，置于袋中转移至安全场所。若大量泄漏，用塑料布、帆布覆盖。收集回收或运至废物处理场所处置。				
	消防方法	消防人员必须穿全身防火防毒服，在上风向灭火。灭火时尽可能将容器从火场移至空旷处。				
主要用途		用于制氢氟酸、氟、氟化物，也用于制陶器、搪瓷，并用作冶金助熔剂等。				

206. 氟化铝：CAS 7784-18-1

品名	氟化铝		别名		三氟化铝	英文名	Aluminium fluoride
理化性质	分子式	AlF₃	分子量		83.98	熔点	1 040℃
	沸点	1 537℃	相对密度		（水=1）：1.91	蒸气压	0.13 kPa（1 238℃）
	外观性状	无色或白色结晶					
	溶解性	不溶于水、酸、碱					
稳定性和危险性	稳定性：性质很稳定，加热的情况下可水解。 危险性：该品不燃，有毒，具刺激性。分解产物氟化氢有刺激性，可引起眼睛、呼吸道黏膜刺激症状，严重者可发生支气管炎、肺炎，甚至产生反射性窒息。						
环境标准	中国 PC-TWA（mg/m³）：2[F]； 中国生活饮用水标准（mg/L）：1.0； 前苏联车间空气最高容许浓度（mg/m³）：1/0.2[F]。						
监测方法	离子选择性电极法；氟试剂–镧盐比色法。						
安全防护措施	工程控制：密闭操作，局部排风。提供安全淋浴和洗眼设备。 呼吸系统防护：可能接触其粉尘时，应该佩戴自吸过滤式防尘口罩。紧急事态抢救或撤离时，建议佩戴自给式呼吸器。 眼睛防护：戴化学安全防护眼镜。 身体防护：穿透气型防毒服。 手防护：戴乳胶手套。 其他防护：工作现场禁止吸烟、进食和饮水。工作完毕，淋浴更衣。单独存放被毒物污染的衣服，洗后备用。保持良好的卫生习惯。						
应急措施	急救措施	皮肤接触：脱去污染的衣着，用肥皂水和清水彻底冲洗皮肤。 眼睛接触：提起眼睑，用流动清水或生理盐水冲洗。就医。 吸入：迅速脱离现场至空气新鲜处。保持呼吸道通畅。如呼吸困难，给输氧。如呼吸停止，立即进行人工呼吸。就医。 食入：饮足量温水，催吐。就医。					
	泄漏处置	应急处理：隔离泄漏污染区，限制出入。建议应急处理人员戴防尘面具（全面罩），穿防毒服。不要直接接触泄漏物。 小量泄漏：避免扬尘，用洁净的铲子收集于干燥、洁净、有盖的容器中。 大量泄漏：收集回收或运至废物处理场所处置。					
	消防方法	用大量水灭火。用雾状水驱散烟雾与刺激性气体。					
主要用途	主要用于炼铝生产，以降低熔点和提高电解质的导电率。酒精生产中用作起副发酵作用的抑制剂。也用作陶瓷釉和搪瓷釉的助熔剂和釉药的组分。还可用作冶炼非铁金属的熔剂。						

207. 氟硅酸钠：CAS 16893-85-9

品名	氟硅酸钠	别名			英文名	Sodium fluosilicate
理化性质	分子式	Na$_2$SiF$_6$	分子量	188.06	相对密度	（水=1）：2.68
	外观性状	白色颗粒粉末，无臭无味，有吸湿性				
	溶解性	微溶于水，不溶于乙醇，溶于乙醚等				
稳定性和危险性	稳定性：稳定。 危险性：不燃。与酸类反应，散发出腐蚀性和刺激性的氟化氢和四氟化硅气体。					
环境标准	中国车间空气最高容许浓度（mg/m^3）：1[F]； 前苏联车间空气最高容许浓度（mg/m^3）：0.2[F]。					
安全防护措施	工程控制：密闭操作，局部排风。 呼吸系统防护：空气中粉尘浓度超标时，建议佩戴自吸过滤式防尘口罩。紧急事态抢救或撤离时，应该佩戴空气呼吸器。 眼睛防护：戴化学安全防护眼镜。 身体防护：穿防毒物渗透工作服。 手防护：戴乳胶手套。 其他防护：工作完毕，淋浴更衣。注意个人清洁卫生。					
应急措施	急救措施	皮肤接触：脱去污染的衣着，用流动清水冲洗。 眼睛接触：提起眼睑，用流动清水或生理盐水冲洗。就医。 吸入：脱离现场至空气新鲜处。如呼吸困难，给输氧。就医。 食入：饮足量温水，催吐。就医。				
	泄漏处置	隔离泄漏污染区，限制出入。建议应急处理人员戴防尘面具（全面罩），穿防毒服。避免扬尘，小心扫起，置于袋中转移至安全场所。若大量泄漏，用塑料布、帆布覆盖。收集回收或运至废物处理场所处置。				
	消防方法	消防人员必须穿全身防火防毒服，在上风向灭火。灭火时尽可能将容器从火场移至空旷处。				
主要用途	用作搪瓷乳白剂、农业杀虫剂、木材防腐剂等。					

208．氢化镁：CAS 7693-27-8

品名	氢化镁	别名	二氢化镁	英文名	Magnesium hydride
理化性质	分子式	H₂Mg	分子量	26.320 9	熔　点	＞250℃
	相对密度	1.45（20℃）				
	外观性状	四方晶系无色立方晶体，或灰白色粉末				
	溶解性	不溶于一般有机溶剂，溶于异丙胺				

稳定性和危险性	稳定性：稳定。 危险性：强还原剂。与氧化剂能发生强烈反应。化学反应活性较高，在潮湿空气中能自燃。遇水或酸发生反应放出氢气及热量，能引起燃烧。
环境标准	我国暂无相关标准。
监测方法	火焰原子吸收光谱法；达旦黄比色法。
安全防护措施	工程防护：密闭操作，提供充分的局部排风。 呼吸系统防护：建议操作人员佩戴防尘面具（全面罩）。 眼睛防护：戴化学安全防护眼镜。 身体防护：穿胶布防毒衣。 手防护：戴橡胶手套。 其他：远离火种、热源，工作场所严禁吸烟。

应急措施	急救措施	皮肤接触：立即脱去被污染的衣着，用大量流动清水冲洗。就医。 眼睛接触：立即提起眼睑，用大量流动清水或生量盐水彻底冲洗至少 15 min，就医。 吸入：迅速脱离现场至空气新鲜处。保持呼吸道通畅。如呼吸困难，给输氧。禁止口对口人工呼吸。就医。 食入：饮足量温水，催吐。就医。
	泄漏处置	隔离泄漏污染区，限制出入。切断火源。建议应急处理人员戴自给式呼吸器，穿全棉防毒服。不要直接接触泄漏物。 小量泄漏：用干燥的沙土或类似物质覆盖。使用无火花工具收集。 大量泄漏：收集回收或运至废物处理场所处置。
主要用途	用作强还原剂。	

209. 润滑油：CAS 28474-30-8

品名	润滑油		别名		机油	英文名	Lubricating oil
理化 性质	分子式			分子量	230～500	相对密度	<1
	外观性状	油状液体，淡黄色至褐色，无气味或略带异味。					
稳定 性和 危险 性	危险性：遇明火、高热可燃。						
环境 标准	我国暂无相关标准。						
安全 防护 措施	工程控制：密闭操作，注意通风。 呼吸系统防护：空气中浓度超标时，必须佩戴自吸过滤式防毒面具（半面罩）。紧急事态抢救或撤离时，应该佩戴空气呼吸器。 眼睛防护：戴化学安全防护眼镜。 身体防护：穿防毒物渗透工作服。 手防护：戴橡胶耐油手套。 其他防护：工作现场严禁吸烟。避免长期反复接触。						
应 急 措 施	急救措施	皮肤接触：脱去污染的衣着，用大量流动清水冲洗。就医。 眼睛接触：提起眼睑，用流动清水或生理盐水冲洗。就医。 吸入：迅速脱离现场至空气新鲜处。保持呼吸道通畅。如呼吸困难，给输氧。如呼吸停止，立即进行人工呼吸。就医。 食入：饮足量温水，催吐。就医。					
	泄漏处置	迅速撤离泄漏污染区人员至安全区，并进行隔离，严格限制出入。切断火源。建议应急处理人员戴自给正压式呼吸器，穿防毒服。尽可能切断泄漏源。防止流入下水道、排洪沟等限制性空间。 小量泄漏：用沙土或其他不燃材料吸附或吸收。 大量泄漏：构筑围堤或挖坑收容。用泵转移至槽车或专用收集器内，回收或运至废物处理场所处置。					
	消防方法	消防人员须佩戴防毒面具、穿全身消防服，在上风向灭火。尽可能将容器从火场移至空旷处。喷水保持火场容器冷却，直至灭火结束。处在火场中的容器若已变色或从安全泄压装置中产生声音，必须马上撤离。 灭火剂：雾状水、泡沫、干粉、二氧化碳、沙土。					
主要用途		用于机械的摩擦部分，起润滑、冷却和密封作用。					

210. 润滑油基础油：CAS 93572-43-1

品名	润滑油基础油	别名		英文名	Base oil for lubricating oil
理化性质	沸　点	30～60℃	相对密度		（水=1）：0.63～0.66
	外观性状	无色透明易流动液体，极易燃烧，有类似乙醚气味			
	溶解性	不溶于水，溶于大多数有机溶剂，可溶解油和脂肪等脂类化合物			
稳定性和危险性	危险性：遇明火、高温、氧化剂易燃；燃烧产生刺激烟雾，与空气混合可发生爆炸。				
毒理学资料	急性毒性：大鼠口服半数致死剂量（LD$_{50}$）：4 300 mg/kg；小鼠口服半数致死剂量（LD$_{50}$）：4 300 mg/kg。				
应急措施	泄漏处置	通风。			
	消防方法	灭火剂：干粉、干沙、二氧化碳、泡沫、1211灭火剂。			
主要用途		是调和成品润滑油的组分，可用于调配黏温性能较高的润滑油			

211. 酚醛树脂：CAS 9003-35-4

品名	酚醛树脂	别名	电木	英文名	Phenolic resin
理化性质	分子式	$C_7H_6O_2$	分子量	122.12	相对密度	（水=1）：1.25～1.30
	外观性状	根据化学结构和分子量大小的不同，有液体或固体之分。固体为黄色、透明、无定形块状物质，因含有游离酚而呈微红色			
	溶解性	易溶于醇，不溶于水			
稳定性和危险性	稳定性：稳定。危险性：易燃，遇明火、高热能燃烧。受高热分解放出有毒的气体。粉体与空气可形成爆炸性混合物，当达到一定浓度时，遇火星会发生爆炸。				
环境标准	中国PC-TWA（mg/m^3）：6（总尘）；前苏联车间空气最高容许浓度（mg/m^3）：0.1（按苯酚计），0.05（按甲醛计）。				
安全防护措施	工程控制：密闭操作，注意通风。尽可能机械化、自动化。提供安全淋浴和洗眼设备。呼吸系统防护：可能接触其烟雾时，佩戴自吸过滤式防毒面具（全面罩）或空气呼吸器。紧急事态抢救或撤离时，建议佩戴氧气呼吸器。眼睛防护：呼吸系统防护中已作防护。身体防护：穿橡胶耐酸碱服。手防护：戴橡胶耐酸碱手套。其他防护：工作完毕，淋浴更衣。单独存放被毒物污染的衣服，洗后备用。保持良好的卫生习惯。				

应急措施	急救措施	皮肤接触：脱去污染的衣着，用肥皂水和清水彻底冲洗皮肤。 眼睛接触：提起眼睑，用流动清水或生理盐水冲洗。就医。 吸入：迅速脱离现场至空气新鲜处。保持呼吸道通畅。如呼吸困难，给输氧。如呼吸停止，立即进行人工呼吸。就医。 食入：饮足量温水，催吐。就医。
	泄漏处置	迅速撤离泄漏污染区人员至安全区，并进行隔离，严格限制出入。切断火源。建议应急处理人员戴自给正压式呼吸器，穿防静电工作服。若是固体，收集于干燥、洁净、有盖的容器中，然后在专用废弃场所深层掩埋；若是液体，尽可能切断泄漏源，防止流入下水道、排洪沟等限制性空间。 小量泄漏：用干燥的沙土或类似物质吸收。 大量泄漏：构筑围堤或挖坑收容。用泡沫覆盖，降低蒸气灾害。用防爆泵转移至槽车或专用收集器内，回收或运至废物处理场所处置。
	消防方法	灭火剂：沙土、二氧化碳、泡沫、干粉。
主要用途		用作层压塑料、压塑粉、玻璃纤维增强塑料和胶合工业、涂料工业黏合剂等。

212. 羟基乙腈：CAS 107-16-4

品名	羟基乙腈	别名		乙醇腈		英文名	Hydroxyacetonitrile
理化性质	分子式	C_2H_3NO	分子量	57.0513		熔点	$-72℃$
	沸点	183°C	相对密度	1.100			
	外观状态	无色油状液体					
	溶解性	能溶于乙醇、乙醚					
稳定性和危险性	稳定性：稳定。 危险性：在微量酸或碱作用下，该物质可能激烈聚合，有着火或爆炸危险。加热时，该物质分解生成含氰化氢和氮氧化物的有毒烟雾。该物质可能对环境有危害，对水生生物应予以特别注意。						
毒理学资料	急性毒性：大鼠经口半数致死剂量（LD_{50}）：8 mg/kg；大鼠经吸入最低致死浓度（LC_{Lo}）：27 ppm/8H；小鼠经口半数致死剂量（LD_{50}）：10 mg/kg；小鼠经吸入最低致死浓度（LC_{Lo}）：27 ppm/8H；小鼠经腹腔半数致死剂量（LD_{50}）：3 mg/kg；小鼠经皮下最低致死剂量（LD_{Lo}）：15 mg/kg；兔子经皮肤接触半数致死剂量（LD_{50}）：5 mg/kg；兔子经眼睛最低致死剂量（LD_{Lo}）：13 mg/kg。						
安全防护措施	工程防护：密闭系统和通风。提供安全淋浴和洗眼设备。 呼吸系统防护：可能接触其蒸气或烟雾时，必须戴导管式防毒面具。 眼睛防护：戴化学安全防护眼镜。 身体防护：穿工作服。 手防护：戴防护手套。 其他：工作场所禁止吸烟、进食和饮水，饭前要洗手。工作毕，淋浴更衣。注意个人清洁卫生。						

应急措施	急救措施	皮肤接触：立即脱去被污染的衣着，用大量流动清水冲洗。就医。 眼睛接触：立即提起眼睑，用大量流动清水或生理盐水彻底冲洗。就医。 吸入：迅速脱离现场至空气新鲜处。保持呼吸道通畅。如呼吸困难，给输氧。禁止口对口人工呼吸。就医。 食入：误服者用水漱口，用水冲服活性炭浆，催吐。就医。
	泄漏处置	将泄漏物收集在可密闭的容器中。用沙土和惰性吸收液收集残液，并转移到安全场所。用大量水冲洗残余物不要让化学品进入环境。
	消防方法	灭火剂：干粉、雾状水、抗溶性泡沫、二氧化碳。
主要用途		有机合成原料。可作为生产甘氨酸、丙二腈、靛蓝染料的中间体。

213. 硬脂酸：CAS 1957-11-4

品名	硬脂酸		别名		十八烷酸		英文名	Stearic acid; Octadecanoic acid
理化性质	分子式	C$_{18}$H$_{36}$O$_2$	分子量	284.48		熔点		56～69.6℃
	沸点	232℃ (2.0 kPa)	相对密度	0.84		蒸气压		0.13 kPa（173.7℃）
	外观性状	纯品为白色略带光泽的蜡状小片结晶体						
	溶解性	不溶于水（20℃时，100 mL 水中只溶解 0.000 29 g）。稍溶于冷乙醇。溶于丙酮、苯、乙醚、氯仿、四氯化碳、二氧化硫、三氯甲烷、热乙醇、甲苯、醋酸戊酯等						
稳定性和危险性	稳定性：360℃分解。							
	危险性：遇高热、明火或与氧化剂接触，有引起燃烧的危险。							
安全防护措施	工程控制：密闭操作。 呼吸系统防护：建议操作人员佩戴自吸过滤式防尘口罩。 眼睛防护：戴化学安全防护眼镜。 身体防护：穿防毒物渗透工作服。 手防护：戴橡胶手套。 其他远离火种、热源，工作场所严禁吸烟。							
应急措施	急救措施	皮肤接触：脱去污染的衣着，用肥皂水及清水彻底冲洗。 眼睛接触：提起眼睑，用流动清水冲洗。就医。 吸入：脱离现场至空气新鲜处。 食入：误服者漱口，饮足量温水，催吐。就医。						
	泄漏处置	隔离泄漏污染区，限制进入。切断火源。建议应急人员佩戴防尘面具（全面罩），穿防毒服。						
	消防方法	消防人员需佩戴防毒面具，穿全身消防衣，在上风向灭火。 灭火剂：雾状水、泡沫、干粉、二氧化碳、沙土。						

214. 硝酸钠：CAS 7631-99-4

品名	硝酸钠		别名	智利硝		英文名	Sodium nitrate
理化性质	分子式	NaNO₃		分子量	85.01	熔点	306.8℃
	沸点	380℃分解		相对密度	（水=1）：2.26		
	外观性状	无色透明或白微带黄色的菱形结晶，味微苦，易潮解					
	溶解性	易溶于水、液氨，微溶于乙醇、甘油					

稳定性和危险性	稳定性：稳定。 危险性：强氧化剂。遇可燃物着火时，能助长火势。与易氧化物、硫黄、亚硫酸氢钠、还原剂、强酸接触能引起燃烧或爆炸。燃烧分解时，放出有毒的氮氧化物气体。受高热分解，产生有毒的氮氧化物。

环境标准	我国暂无相关标准。

毒理学资料	大鼠经口半数致死剂量（LD₅₀）：3 236 mg/kg。

安全防护措施	工程控制：生产过程密闭，加强通风。提供安全淋浴和洗眼设备。 呼吸系统防护：可能接触其粉尘时，建议佩戴自吸过滤式防尘口罩。 眼睛防护：戴化学安全防护眼镜。 身体防护：穿聚乙烯防毒服。 手防护：戴橡胶手套。 其他防护：工作现场禁止吸烟、进食和饮水。工作完毕，淋浴更衣。保持良好的卫生习惯。

应急措施	急救措施	皮肤接触：脱去污染的衣着，用大量流动清水冲洗。 眼睛接触：提起眼睑，用流动清水或生理盐水冲洗。就医。 吸入：迅速脱离现场至空气新鲜处。保持呼吸道通畅。如呼吸困难，给输氧。如呼吸停止，立即进行人工呼吸。就医。 食入：用水漱口，给饮牛奶或蛋清。就医。
	泄漏处置	隔离泄漏污染区，限制出入。建议应急处理人员戴防尘面具（全面罩），穿防毒服。不要直接接触泄漏物。勿使泄漏物与有机物、还原剂、易燃物接触。 小量泄漏：用大量水冲洗，洗水稀释后放入废水系统。 大量泄漏：收集回收或运至废物处理场所处置。
	消防方法	消防人员须佩戴防毒面具、穿全身消防服，在上风向灭火。 灭火剂：雾状水、沙土。切勿将水流直接射至熔融物，以免引起严重的流淌火灾或引起剧烈的沸溅。

主要用途	用于搪瓷、玻璃业、染料业、医药，农业上用作肥料。

215. 硫代尿素：CAS 62-56-6

品名	硫代尿素	别名		硫脲	英文名	Thiourea
理化性质	分子式	CH$_4$N$_2$S	分子量	140.118 5	熔点	171～175℃
	沸点	分解	相对密度	（水=1）：1.41（25℃）		
	外观性状	白色光亮苦味晶体				
	溶解性	溶于冷水、乙醇，微溶于乙醚				
稳定性和危险性	稳定性：避免与强氧化剂、强酸接触。 危险性：可燃，有毒，具刺激性。					
环境标准	前苏联车间空气最高容许浓度（mg/m^3）：0.3。					
毒理学资料	毒性：毒性很低。 刺激性：家兔经眼：2 mg，重度刺激。家兔经皮开放性刺激试验：10 mg，24 h，重度刺激。 致突变性：微生物致突变：鼠伤寒沙门氏菌 150 μg/皿；制酒酵母菌 52 600 μmol/L。 生殖毒性：大鼠经口最低中毒剂量（TD$_{Lo}$）：40 mg/kg（孕后用药 1 d），对胎鼠中枢神经系统，肌肉、骨骼系统有影响。 致癌性：IARC 致癌性评论：动物阳性反应。					
安全防护措施	工程防护：密闭操作，局部排风。提供安全淋浴和洗眼设备。 呼吸系统防护：空气中粉尘浓度较高时，应佩戴自吸过滤式防尘口罩。 眼睛防护：一般不需特殊防护。必要时，戴化学安全防护眼镜。 身体防护：穿一般作业防护服。 手防护：戴橡胶手套。 其他：工作完毕，淋浴更衣。单独存放被毒物污染的衣服，洗后备用。保持良好的卫生习惯。					
应急措施	急救措施	皮肤接触：脱去污染的衣着，用肥皂水和清水彻底冲洗皮肤。 眼睛接触：提起眼睑，用流动清水或生理盐水冲洗。就医。 吸入：迅速脱离现场至空气新鲜处。保持呼吸道通畅。如呼吸困难，给输氧。如呼吸停止，立即进行人工呼吸。就医。 食入：饮足量温水，催吐。就医。				
	泄漏处置	隔离泄漏污染区，限制出入。切断火源。建议应急处理人员戴防尘面具（全面罩），穿一般作业工作服。不要直接接触泄漏物。 小量泄漏：用洁净的铲子收集于干燥、洁净、有盖的容器中。 大量泄漏：收集回收或运至废物处理场所处置。				
	消防方法	采用水、泡沫、二氧化碳、沙土灭火。				
主要用途	用于有机合成，也用作药品、橡胶添加物、镀金材料等。					

216. 硫代硫酸钠：CAS 7772-98-7

品名	硫代硫酸钠		别名		大苏打	英文名	Ammonium sulfate
理化性质	分子式	$Na_2S_2O_3 \cdot 5H_2O$		分子量	248.18	熔点	48℃
	沸点	100℃		相对密度	1.729（25℃）	蒸气压	
	外观性状	无色单斜结晶或白色结晶粉末					
	溶解性	溶于水和松节油，难溶于乙醇					
稳定性和危险性	稳定性：在 33℃以上的干燥空气中风化，在 48℃分解，灼烧则分解为硫化钠和硫酸钠。 危险性：高温加热后产生的二氧化硫有毒，能够和水反应生成亚硫酸，呈中强酸性，具腐蚀性。对眼睛、皮肤、黏膜和呼吸道有强烈的刺激作用，吸入后可因喉、支气管的痉挛、水肿、炎症、化学性肺炎、肺水肿而致死。在纯氧中点燃生成的硫化钠呈强碱性，具强腐蚀性，可致人体灼伤。点燃时还有二氧化硫、硫化氢等剧毒气体。并且硫黄在空气中燃烧也将会产生二氧化硫气体。						
毒理学资料	急性毒性：小鼠腹腔半数致死剂量（LD_{50}）：5 600 mg/kg； 急性中毒表现：有烧灼感、咳嗽、喘息、喉炎、气短、头痛、恶心和呕吐。						
安全防护措施	工程防护：严加密闭，提供充分的局部排风和全面通风。提供安全淋浴和洗眼设备。 呼吸系统防护：当空气中粉尘浓度过高时，建议操作人员佩戴自吸过滤式防尘呼吸器。 眼睛防护：戴化学安全防护眼镜。 身体防护：穿工作服。 手防护：戴化学品防护手套。 其他：工作后尽快脱掉受污染的衣物。						
应急措施	急救措施	皮肤接触：脱去污染的衣着，用大量流动清水冲洗至少 20 min。 眼睛接触：提起眼睑，用流动清水冲洗 20 min。就医。 吸入：脱离现场至空气新鲜处。 食入：尽快就医。					
	泄漏处置	在污染区尚未完全清理前，限制人员进入污染区。					
	消防方法	用灭火器灭火。					
主要用途	有还原作用。用作照相定影剂、去氯剂和分析试剂，并用于革鞣皮革，由矿石中提取银等。尚有抗过敏作用。临床用于皮肤搔痒症、慢性荨麻疹、药疹、氰化物剂砷剂中毒等。						

217. 氰氨化钙：CAS156-62-7

品名	氰氨化钙	别名	石灰氮；碳氮化钙；	英文名	Calcium cyanamide
理化性质	分子式	$CCaN_2$	分子量	80.11	熔点	1 340℃
	外观性状	纯品是无色六方晶体。不纯品呈灰黑色，有特殊臭味			
	溶解性	不溶于水；能溶于盐酸，在水中生成氰胺			

稳定性和危险性	稳定性：在＞1 150℃时开始升华。不溶于水，有吸湿性，遇水分解为氨气，不宜久存。 危险性：遇水或潮气、酸类产生易燃气体和热量，有发生燃烧爆炸的危险。如含有杂质碳化钙或少量磷化钙时，则遇水易自燃。
环境标准	中国 PC-TWA（mg/m^3）：1； 中国 PC-STEL（mg/m^3）：3。
毒理学资料	急性毒性： 小鼠经口半数致死剂量（LD_{50}）：334 mg/kg； 大鼠经口半数致死剂量（LD_{50}）：158 mg/kg
安全防护措施	工程控制：密闭操作，局部排风。 呼吸系统防护：建议操作人员佩戴自吸过滤式防尘口罩。 眼睛防护：戴化学安全防护眼镜。 身体防护：穿防毒物渗透工作服。 手防护：戴橡胶手套。 其他防护：远离火种、热源，工作场所严禁吸烟。

应急措施	急救措施	皮肤接触：脱去污染的衣着，用大量流动清水冲洗。 眼睛接触：提起眼睑，用流动清水或生理盐水冲洗。就医。 吸入：迅速脱离现场至空气新鲜处。保持呼吸道通畅。如呼吸困难，给输氧。如呼吸停止，立即进行人工呼吸。就医。 食入：饮足量温水，催吐。就医。
	泄漏处置	隔离泄漏污染区，限制出入。切断火源。建议应急处理人员戴自给正压式呼吸器，穿防毒服。用洁净的铲子收集于干燥、洁净、有盖的容器中，转移至安全场所。若大量泄漏，用塑料布、帆布覆盖。与有关技术部门联系，确定清除方法。
	消防方法	消防人员须佩戴防毒面具、穿全身消防服，在上风向灭火。灭火剂：干粉、二氧化碳、沙土。禁止用水、泡沫和酸碱灭火剂灭火。
主要用途		用作肥料，以及用于氮气制造和钢铁淬火。

218. 氯化石蜡-42：CAS 106232-86-4

品名	氯化石蜡-42		别名			英文名	Chlorinated Paraffin-42
理化 性质	分子式	$C_{25}H_{46}Cl_7$	分子量	594.81	相对密度		（水=1）：1.16～1.18
	外观性状	淡黄至黄色、无臭、黏稠液体					
	溶解性	不溶于水，溶于苯等					
稳定 性和 危险 性	稳定性：稳定。 危险性：受高热分解产生有毒的腐蚀性烟气。						
环境 标准	我国暂无相关标准。						
安全 防护 措施	工程防护：提供良好的自然通风条件。 呼吸系统防护：一般不需要特殊防护，但当作业场所空气中氧气浓度低于18%时，必须佩戴空气呼吸器。 眼睛防护：一般不需特殊防护。 身体防护：穿一般作业防护服。 手防护：戴一般作业防护手套。 其他：工作完毕，彻底清洗。保持良好的卫生习惯。						
应 急 措 施	急救措施	皮肤接触：脱去污染的衣着，用流动清水冲洗。 眼睛接触：提起眼睑，用流动清水或生理盐水冲洗。就医。 吸入：脱离现场至空气新鲜处。 食入：饮足量温水，催吐。就医。					
	泄漏处置	迅速撤离泄漏污染区人员至安全区，并进行隔离，严格限制出入。建议应急处理人员戴自吸过滤式防毒面具（全面罩），穿一般作业工作服。尽可能切断泄漏源。 小量泄漏：用不燃性分散剂制成的乳液刷洗，洗液稀释后放入废水系统。 大量泄漏：构筑围堤或挖坑收容。用泵转移至槽车或专用收集器内，回收或运至废物处理场所处置。					
	消防方法	本品不燃。消防人员必须穿全身防火防毒服，在上风向灭火。尽可能将容器从火场移至空旷处。喷水保持火场容器冷却，直至灭火结束。灭火时尽量切断泄漏源，然后根据着火原因选择适当灭火剂灭火。					
主要用途		用作防火涂料、树脂增塑剂、树脂和橡胶的阻燃剂，涂料、油墨、润滑油的添加剂等。					

219. 焦亚硫酸钠：CAS 7681-57-4

品名	焦亚硫酸钠	别名	偏亚硫酸钠		英文名	Sodium Pyrosulfite
理化性质	分子式	Na$_2$S$_2$O$_5$	分子量	190.09	熔点	＞300（分解）
理化性质	相对密度		（水=1）：1.48			
理化性质	外观性状	无色棱柱状结晶或白色粉末；有二氧化硫臭味、酸、咸				
理化性质	溶解性	溶于水，水溶液呈酸性。溶于甘油，微溶于乙醇				
稳定性和危险性	稳定性：贮存日久色渐变黄。 危险性：本品不燃，有毒，具刺激性。					
环境标准	美国 TWA（mg/m^3）：5； 英国 TWA（mg/m^3）：5。					
毒理学资料	急性毒性：大鼠经口半数致死剂量（LD$_{50}$）：1 131 mg/kg。					
安全防护措施	工程控制：生产过程密闭，加强通风。 呼吸系统防护：空气中粉尘浓度超标时，必须佩戴自吸过滤式防尘口罩。紧急事态抢救或撤离时，应该佩戴空气呼吸器。 眼睛防护：戴化学安全防护眼镜。 身体防护：穿防毒物渗透工作服。 手防护：戴橡胶手套。 其他防护：及时换洗工作服。保持良好的卫生习惯。					
应急措施	急救措施	皮肤接触：立即脱去污染的衣着，用大量流动清水冲洗至少15 min。就医。 眼睛接触：立即提起眼睑，用大量流动清水或生理盐水彻底冲洗至少15 min。就医。 吸入：脱离现场至空气新鲜处。如呼吸困难，给输氧。就医。 食入：用水漱口，给饮牛奶或蛋清。就医。				
应急措施	泄漏处置	隔离泄漏污染区，限制出入。建议应急处理人员戴防尘面具（全面罩），穿防毒服。避免扬尘，小心扫起，置于袋中转移至安全场所。若大量泄漏，用塑料布、帆布覆盖。收集回收或运至废物处理场所处置。				
应急措施	消防方法	消防人员必须穿全身防火防毒服，在上风向灭火。灭火时尽可能将容器从火场移至空旷处。				
主要用途		用作漂白剂、媒染剂、还原剂、橡胶凝固剂，也用于有机合成、制药及香料等。				

220．溶剂油料：CAS 8030-30-6

品名	溶剂油料	别名		轻质油	英文名	Petroleum benzin
理化性质	分子式	C_nH_{2n+2} （n=5～8）	分子量		熔 点	<-73℃
	沸 点	20～160℃	相对密度	0.78～0.97	蒸气压	53.32 kPa（20℃）
	外观性状	无色或浅黄色液体				
	溶解性	不溶于水，溶于无水乙醇、苯、氯仿、油类等多数有机溶剂				
稳定性和危险性	稳定性：稳定。 危险性：其蒸气与空气可形成爆炸性混合物，遇明火、高热能引起燃烧爆炸。燃烧时产生大量烟雾。与氧化剂能发生强烈反应。高速冲击、流动、激荡后可因产生静电火花放电引起燃烧爆炸。其蒸气比空气重，能在较低处扩散到相当远的地方，遇火源会着火回燃。					
环境标准	我国暂无相关标准。					
毒理学资料	毒性分级：中毒； 急性毒性：大鼠口服半数致死剂量（LD_{50}）：>5 000 mg/kg；小鼠吸入最低致死浓度（LC_{Lo}）：10 600 mg/m³，6 h。					
应急措施	急救措施	皮肤接触：立即脱去污染的衣着，用肥皂水和清水彻底冲洗皮肤。就医。 眼睛接触：立即提起眼睑，用大量流动清水或生理盐水彻底冲洗至少 15 min。就医。 吸入：迅速脱离现场至空气新鲜处。保持呼吸道通畅。如呼吸困难，给输氧。如呼吸停止，立即进行人工呼吸。就医。 食入：用水漱口，给饮牛奶或蛋清。就医。				
	泄漏处置	迅速撤离泄漏污染区人员至安全区，并进行隔离，严格限制出入。切断火源。建议应急处理人员戴自给正压式呼吸器，穿防静电工作服。尽可能切断泄漏源。防止流入下水道、排洪沟等限制性空间。 小量泄漏：用活性炭或其他惰性材料吸收。也可以用不燃性分散剂制成的乳液刷洗，洗液稀释后放入废水系统。 大量泄漏：构筑围堤或挖坑收容。用泡沫覆盖，降低蒸气灾害。用防爆泵转移至槽车或专用收集器内，回收或运至废物处理场所处置。				
	消防方法	喷水冷却容器，可能的话将容器从火场移至空旷处。处在火场中的容器若已变色或从安全泄压装置中产生声音，必须马上撤离。 灭火剂：泡沫、二氧化碳、干粉、沙土。用水灭火无效。				
主要用途		主要用作溶剂及作为油脂的抽提。				

221. 溶剂精制轻环烷（石油）馏出物：CAS 64741-97-5

品名	溶剂精制轻环烷（石油）馏出物	别名		英文名	Distillates（petroleum）, solvent-refined light naphthenic
毒理学资料	有毒物质。				
应急措施	急救措施	皮肤接触：立即脱去污染的衣着，用肥皂水和清水彻底冲洗皮肤。就医。 眼睛接触：立即提起眼睑，用大量流动清水或生理盐水彻底冲洗至少 15 min。就医。 吸入：迅速脱离现场至空气新鲜处。保持呼吸道通畅。如呼吸困难，给输氧。如呼吸停止，立即进行人工呼吸。就医。 食入：用水漱口，给饮牛奶或蛋清。就医。			
	泄漏处置	迅速撤离泄漏污染区人员至安全区，并进行隔离，严格限制出入。切断火源。建议应急处理人员戴自给正压式呼吸器，穿防静电工作服。尽可能切断泄漏源。防止流入下水道、排洪沟等限制性空间。 小量泄漏：用活性炭或其他惰性材料吸收。也可以用不燃性分散剂制成的乳液刷洗，洗液稀释后放入废水系统。 大量泄漏：构筑围堤或挖坑收容。用泡沫覆盖，降低蒸气灾害。用防爆泵转移至槽车或专用收集器内，回收或运至废物处理场所处置。			
	消防方法	喷水冷却容器，可能的话将容器从火场移至空旷处。处在火场中的容器若已变色或从安全泄压装置中产生声音，必须马上撤离。 灭火剂：泡沫、二氧化碳、干粉、沙土。用水灭火无效。			
主要用途		主要用作溶剂及作为油脂的抽提。			

222. 聚己二酰己二胺：CAS 32131-17-2

品名	聚己二酰己二胺	别名		尼龙 66		英文名	Polyamide 66
理化性质	分子式	$C_{36}H_{66}N_6O_6X_2$	分子量		678.95	熔点	250～260℃
	沸点	452.1℃	相对密度		（水=1）：1.47（25℃）		
	外观性状	乳白色结晶体					
	溶解性	不溶于多数有机溶剂，可溶于乙酸和酚类化合物					
稳定性和危险性	稳定性：按照规定使用和储存则不会分解。 危险性：遇明火、高热可燃。粉体与空气可形成爆炸性混合物，当达到一定浓度时，遇火星会发生爆炸。						
毒理学资料	急性中毒表现：对眼睛、皮肤有一定的刺激作用。						
安全防护措施	工程控制：密闭操作，提供良好的通风条件。 呼吸系统防护：空气中浓度超标时，必须佩戴自吸过滤式防尘口罩。 眼睛防护：必要时，戴化学安全防护眼镜。 身体防护：穿一般作业防护衣。 手防护：戴一般作业防护手套。 其他防护：工作现场严禁吸烟。注意个人清洁卫生。						
应急措施	急救措施	皮肤接触：脱去污染的衣着，用流动清水冲洗。 眼睛接触：提起眼睑，用流动清水或生理盐水冲洗。就医。 吸入：脱离现场至空气新鲜处。如呼吸困难，给输氧。就医。 食入：饮足量温水，催吐。就医。					
	泄漏处置	隔离泄漏污染区，限制出入。切断火源。建议应急处理人员戴防尘面具（全面罩），穿防毒服。用洁净的铲子收集于干燥、洁净、有盖的容器中，转移至安全场所。若大量泄漏，收集回收或运至废物处理场所处置。					
	消防方法	消防人员须佩戴防毒面具、穿全身消防服，在上风向灭火。 灭火剂：雾状水、泡沫、干粉、二氧化碳、沙土。					
主要用途		用作工程塑料，如各种齿轮、轴承、阀座、支持架等，还可用于电缆护套和医疗器械，其薄膜可作包装材料。					

223. 聚丙烯：CAS 9003-07-0

品名	聚丙烯	别名		聚丙烯	英文名	Polypropylene
理化性质	分子式	$(C_3H_6)n$	分子量	42.080 4	熔点	189℃
	相对密度			（水=1）：0.9（25℃）		
	外观性状	白色粉末				
	溶解性	溶于二甲基甲酰胺或硫氰酸盐等溶剂				
稳定性和危险性	稳定性：常见的酸、碱有机溶剂对它几乎不起作用。 危险性：可燃。					
环境标准	中国 PC-TWA（mg/m^3）：5（总尘）； 前苏联车间空气最高容许浓度（mg/m^3）：10。					
毒理学资料	本身无毒，注意不同添加剂的毒性。热解产物酸、醛等对眼、上呼吸道有刺激作用。					
安全防护措施	工程控制：密闭操作，提供良好的通风条件。 呼吸系统防护：空气中浓度超标时，必须佩戴自吸过滤式防尘口罩。 眼睛防护：必要时，戴化学安全防护眼镜。 身体防护：穿一般作业防护衣。 手防护：戴一般作业防护手套。 其他防护：工作现场严禁吸烟，注意个人清洁卫生。					
应急措施	急救措施	吸入：脱离现场至空气新鲜处。如呼吸困难，给输氧。就医。				
	泄漏处置	隔离泄漏污染区，限制出入。切断火源。建议应急处理人员戴防尘面具（全面罩），穿一般作业工作服。用洁净的铲子收集于干燥、洁净、有盖的容器中，转移至安全场所。若大量泄漏，收集回收或运至废物处理场所处置。				
	消防方法	尽可能将容器从火场移至空旷处。灭火剂：雾状水、泡沫、干粉、二氧化碳、沙土。				
主要用途	用于生产挤压膜、复合膜塑料制品。					

224. 聚氯乙烯、聚氯乙烯树脂：CAS 9002-86-2

品名	聚氯乙烯、聚氯乙烯树脂	别名		PVC		英文名	Polyvinyl chloride
理化性质	分子式	$(C_2H_3Cl)n$		分子量	62.498 2	熔点	302℃
	相对密度	（水=1）：1.41（25℃）		蒸气压		4.51 kPa（25.9℃）	
	外观性状	白色或淡黄色粉末					
	溶解性	不溶于多数有机溶剂					
稳定性和危险性	稳定性：常温常压下稳定。 危险性：粉体与空气可形成爆炸性混合物，当达到一定浓度时，遇火星会发生爆炸。受高热分解产生有毒的腐蚀性烟气。						
环境标准	中国 PC-TWA（mg/m^3）：5						
毒理学资料	急性中毒表现：聚氯乙烯生产过程中可有粉尘和单体氯乙烯。吸入氯乙烯单体气体可发生麻醉症状，严重者可致死。长期吸入氯乙烯，可出现神经衰弱征候群，消化系统症状，肝脾肿大，皮肤出现硬皮样改变，肢端溶骨症。长期吸入高浓度氯乙烯，可发生肝脏血管肉瘤。长期吸入聚氯乙烯粉尘，可引起肺功能改变。						
安全防护措施	工程控制：密闭操作，提供良好的通风条件。 呼吸系统防护：空气中浓度超标时，必须佩戴自吸过滤式防尘口罩。 眼睛防护：必要时，戴化学安全防护眼镜。 身体防护：穿一般作业防护衣。 手防护：戴一般作业防护手套。 其他防护：工作现场严禁吸烟。注意个人清洁卫生。						
应急措施	急救措施		皮肤接触：脱去污染的衣着，用流动清水冲洗。 眼睛接触：提起眼睑，用流动清水或生理盐水冲洗。就医。 吸入：脱离现场至空气新鲜处。如呼吸困难，给输氧。就医。 食入：饮足量温水，催吐。就医。				
	泄漏处置		隔离泄漏污染区，限制出入。切断火源。建议应急处理人员戴防尘面具（全面罩），穿防毒服。避免扬尘，小心扫起，置于袋中转移至安全场所。若大量泄漏，用塑料布、帆布覆盖。收集回收或运至废物处理场所处置。				
	消防方法		尽可能将容器从火场移至空旷处。 灭火剂：雾状水、泡沫、干粉、二氧化碳、沙土。				
主要用途			用于制造管、棒、板、薄膜、中空制品及各种工农业用品和日用品。				

225. 聚醋酸乙烯酯：CAS 9003-20-7

品名	聚醋酸乙烯酯	别名			英文名	Polyvinyl acetate
理化性质	分子式	$C_4H_6O_2$	分子量	86.089 2	熔点	60℃
	沸点	80.2℃	相对密度	（水=1）1.19（25℃）	蒸气压	0.151 kPa（25.9℃）
	外观性状	无色黏稠液或淡黄色透明玻璃状颗粒				
	溶解性	不能与脂肪酸和水互溶，可与乙醇、醋酸互溶				

稳定性和危险性	稳定性：对光和热稳定，加热到250℃以上会分解出醋酸。 危险性：可燃，加热分解释放刺激烟雾。

毒理学资料	急性毒性：大鼠经口半数致死剂量（LD_{50}）：25 mg/kg； 急性中毒表现：吸入、食入或皮肤接触该物质可引起迟发反应。

安全防护措施	工程控制：密闭操作，提供良好的通风条件。 呼吸系统防护：空气中浓度超标时，必须佩戴自吸过滤式防尘口罩。 眼睛防护：必要时，戴化学安全防护眼镜。 身体防护：穿一般作业防护衣。 手防护：戴一般作业防护手套。 其他防护：工作现场严禁吸烟。注意个人清洁卫生。

应急措施	急救措施	皮肤接触：脱去并隔离被污染的衣服和鞋。用肥皂和清水清洗皮肤。注意患者保暖并且保持安静。 眼睛接触：如果皮肤或眼睛接触该物质，应立即用清水冲洗至少20 min。 吸入：移患者至空气新鲜处，就医。如果患者呼吸停止，给予人工呼吸。如果呼吸困难，给予吸氧。 食入：吸入、食入该物质可引起迟发反应。确保医务人员了解该物质相关的个体防护知识，注意自身防护。
	消防方法	如果该物质或被污染的流体进入水路，通知有潜在水体污染的下游用户，通知地方卫生、消防官员和污染控制部门。使用干粉、抗醇泡沫、二氧化碳灭火。在安全防爆距离以外，使用雾状水冷却暴露的容器。

主要用途	用作聚乙烯醇、醋酸乙烯-氯乙烯共聚物、醋酸乙烯-乙烯共聚物的原料，涂料、黏合剂、泡泡糖等。

226. 碳酸二乙酯：CAS 105-58-8

品名	碳酸二乙酯	别名		碳酸乙酯	英文名	Ethyl carbonate
理化性质	分子式	$C_6H_{10}O_3$	分子量	118.13	熔点	–43℃
	沸点	125.8℃	相对密度	（水=1）：1.0	蒸气压	1.33 kPa（23.8℃）
	外观性状	无色液体，略有气味				
	溶解性	不溶于水，可混溶于醇、酮、酯等多数有机溶剂				
稳定性和危险性	稳定性：稳定。危险性：易燃，遇高热、明火有引起燃烧的危险。其蒸气比空气重，能在较低处扩散到相当远的地方，遇火源会着火回燃。					
环境标准	我国暂无相关标准。					
监测方法	高效液相色谱法					
毒理学资料	大鼠经口半数致死剂量（LD_{50}）：1 570 mg/kg。					
安全防护措施	工程控制：生产过程密闭，全面通风。提供安全淋浴和洗眼设备。呼吸系统防护：空气中浓度超标时，建议佩戴自吸过滤式防毒面具（半面罩）。眼睛防护：戴安全防护眼镜。身体防护：穿防静电工作服。手防护：戴橡胶耐油手套。其他防护：工作现场严禁吸烟。工作完毕，淋浴更衣。注意个人清洁卫生。					
应急措施	急救措施	皮肤接触：脱去污染的衣着，用肥皂水和清水彻底冲洗皮肤。眼睛接触：提起眼睑，用流动清水或生理盐水冲洗。就医。吸入：迅速脱离现场至空气新鲜处。保持呼吸道通畅。如呼吸困难，给输氧。如呼吸停止，立即进行人工呼吸。就医。食入：饮足量温水，催吐。就医。				
	泄漏处置	迅速撤离泄漏污染区人员至安全区，并进行隔离，严格限制出入。切断火源。建议应急处理人员戴自给正压式呼吸器，穿防静电工作服。尽可能切断泄漏源。防止流入下水道、排洪沟等限制性空间。小量泄漏：用活性炭或其他惰性材料吸收。也可以用不燃性分散剂制成的乳液刷洗，洗液稀释后放入废水系统。大量泄漏：构筑围堤或挖坑收容。用泡沫覆盖，降低蒸气灾害。用防爆泵转移至槽车或专用收集器内，回收或运至废物处理场所处置。				
	消防方法	喷水冷却容器，可能的话将容器从火场移至空旷处。灭火剂：泡沫、干粉、二氧化碳、沙土。				
主要用途		用作溶剂及用于有机合成。				

227．碳酸氢钠：CAS 144-55-8

品名	碳酸氢钠	别名		酸式碳酸钠	英文名	Sodium bicarbonate
理化性质	分子式	NaHCO$_3$	分子量	84.00	熔　点	270℃
	沸　点		相对密度	2.16	蒸气压	
	外观性状	白色、有微咸味、粉末或结晶体				
	溶解性	溶于水，不溶于乙醇等				
稳定性和危险性	危险性：受热分解。未有特殊的燃烧爆炸特性。					
环境标准	我国暂无相关标准。					
毒理学资料	大鼠经口半数致死剂量（LD$_{50}$）：4 220 mg/kg					
安全防护措施	工程控制：生产过程密闭，加强通风。 呼吸系统防护：空气中粉尘浓度较高时，建议佩戴自吸过滤式防尘口罩。 眼睛防护：戴化学安全防护眼镜。 身体防护：穿一般作业防护服。 手防护：戴一般作业防护手套。 其他防护：及时换洗工作服，注意个人清洁卫生。					
应急措施	急救措施	皮肤接触：脱去污染的衣着，用大量流动清水冲洗。 眼睛接触：提起眼睑，用流动清水或生理盐水冲洗。就医。 吸入：脱离现场至空气新鲜处。如呼吸困难，给输氧。就医。 食入：饮足量温水，催吐。就医。				
	泄漏处置	隔离泄漏污染区，限制出入。建议应急处理人员戴防尘面具（全面罩），穿一般作业工作服。避免扬尘，小心扫起，置于袋中转移至安全场所。 大量泄漏：用塑料布、帆布覆盖。收集回收或运至废物处理场所处置。				
	消防方法	尽可能将容器从火场移至空旷处。				
主要用途		分析化学用试剂，镀金、镀铂、鞣革、处理羊毛、丝、灭火剂、医药消化剂等，也用作乳油保存剂、木材防熏剂。				

228. 碳酸氢铵：CAS 1066-33-7

品名	碳酸氢铵	别名	酸式碳酸铵		英文名	Ammonium acid carbonate
理化性质	分子式	NH_4HCO_3	分子量	79.06	熔　点	36～60℃
	相对密度	1.59				
	外观性状	白色单斜或斜方晶体				
	溶解性	溶于水，200 g/L（20℃），不溶于乙醇等				
稳定性和危险性	稳定性：稳定。 危险性：受热分解产生有毒的烟气。					
环境标准	我国暂无相关标准。					
毒理学资料	毒性分级：中毒； 急性毒性：小鼠静脉半数致死剂量（LD_{50}）：245 mg/kg。					
安全防护措施	工程控制：提供良好的自然通风条件。 呼吸系统防护：高浓度粉尘环境中，应该佩戴自吸过滤式防尘口罩。 眼睛防护：戴化学安全防护眼镜。 身体防护：穿防毒物渗透工作服。 手防护：戴橡胶手套。 其他防护：及时换洗工作服，注意个人清洁卫生。					
应急措施	急救措施	皮肤接触：脱去污染的衣着，用流动清水冲洗。 眼睛接触：提起眼睑，用流动清水或生理盐水冲洗。就医。 吸入：脱离现场至空气新鲜处。如呼吸困难，给输氧。就医。 食入：饮足量温水，催吐。就医。				
	泄漏处置	隔离泄漏污染区，限制出入。建议应急处理人员戴防尘面具（全面罩），穿防毒服。用洁净的铲子收集于干燥、洁净、有盖的容器中，转移至安全场所。 大量泄漏：收集回收或运至废物处理场所处置。				
	消防方法	消防人员必须穿全身耐酸碱消防服。灭火时尽可能将容器从火场移至空旷处。				
主要用途	用于制氨盐、灭火剂、除脂剂、药物、发酵粉。					

229. 碳酸铵：CAS 506-87-6

品名	碳酸铵		别名			英文名	Ammonium
理化性质	分子式	(NH₄)₂CO₃	分子量	96.09	熔　点		58℃
	相对密度			0.5~0.7			
	外观性状	无臭、无味，具吸湿性					
	溶解性	易于分散在水中成透明胶状溶液，在乙醇等有机溶剂中不溶					
稳定性和危险性	稳定性：容易分解。						
	危险性：高温产生有毒氮氧化物和氨烟雾。						
应急措施	急救措施	皮肤接触：立即脱掉被污染衣物，用大量清水冲洗皮肤；眼睛接触：用大量清水冲洗至少 15 min；吸入：将患者移至空气新鲜处；呼吸停止，施行呼吸复苏术，心跳停止，施行心肺复苏术；立即就医。					
	泄漏处置	用简便、安全的方法收集泄漏粉末至密封容器中。					
	消防方法	喷水。					
主要用途		本品具有黏合、增稠、增强、乳化、保水、悬浮等作用。					

230. 磷酸三异丁酯：CAS 126-71-6

分子式中 $C_{12}H_{27}O_4P$，分子量 266.314 1

品名	磷酸三异丁酯	别名	三异丁基磷酸酯		英文名	Tri-isobutyl phosphate
理化性质	分子式	$C_{12}H_{27}O_4P$	分子量	266.314 1	蒸气压	0.019 1 mmHg/25℃
	沸点	261.2℃	相对密度	（水=1）：0.982（25℃）		
	外观性状	无色透明液体				
稳定性和危险性	危险性：遇高热、明火或与氧化剂接触，有引起燃烧的危险。受热分解产生剧毒的氧化磷烟气。					
毒理学资料	急性毒性：大鼠经口半数致死剂量（LD₅₀）：>5 000 mg/kg。					
安全与劳动保护措施	工程防护：防治烟雾产生。密闭系统和通风。储运注意事项：设置沿地面通风。个人防护措施：吸入防护：设置通风，局部排气或呼吸防护器；皮肤防护：使用防护手套，防护服；眼睛防护：使用安全护目镜或面罩；摄食防护：工作室不得进食、饮水或吸烟。					
消防及灭火方法	灭火剂：干粉、水成膜泡沫、泡沫、二氧化碳等。					
主要用途	用作纺织助剂、渗透剂、染料助剂等。					

231. 磷酸铵：CAS 10361-65-6

品名	磷酸铵	别名			英文名	Ammonium phosphate fertilizer
理化性质	分子式	$(NH_4)_3PO_4$	分子量	149.086	熔点	155℃
	相对密度	（水=1）：1.6（25℃）				
	外观性状	白色晶体				
	溶解性	易溶于水，微溶于稀氢氧化铵，不溶于乙醇、丙酮、氨水和乙醚				
稳定性和危险性	稳定性：磷酸铵物理性好，吸湿性小，不易结块，可以长期贮存。					
安全防护措施	呼吸系统防护：必要时戴防尘面具或自给式呼吸器。 眼睛防护：护目镜。 身体防护：工作服。 手防护：须穿戴手套。					
应急措施	急救措施	皮肤接触：脱去被污染的衣物，用水冲洗至少 5 min。 眼睛接触：用水冲洗至少 15 min；就医。 吸入：将患者移至新鲜空气处，输氧或施行人工呼吸；就医。 食入：给饮大量的水和牛奶；必要时就医。				
	泄漏处置	隔离现场；清扫泄漏物；用惰性物质吸收泄漏液体至专用容器中。				
主要用途	磷酸铵是生产混合肥料的一种理想的基础肥料。磷酸铵中氮素为铵态氮，磷素几乎都是水溶态，适合于各种作物和土壤施用，应深施。宜作基肥和种肥施用。因磷酸铵的含磷量为含氮量的 3~4 倍，故除了豆科作物之外，施用时必须配施一定量纯氮肥。					